新工科人才培养系列丛书·人工智能

Python
应用开发技术

廖建尚　莫乐群　廖艺咪◎编著

电子工业出版社·
Publishing House of Electronics Industry
北京·BEIJING

内 容 简 介

本书主要介绍 Python 应用开发技术，包括 Python 编程基础、Python 编程进阶、Python 嵌入式应用开发、Python 通信应用开发、Python 机器视觉应用开发和 Python 综合应用开发等内容。本书先深入浅出地介绍相关的理论知识，再进行案例的开发实践，将理论知识的学习和案例开发的实践紧密地结合起来，有助于读者快速掌握相关技术。本书给出了完整的案例开发代码，读者可以在开发代码的基础上快速地进行二次开发。

本书既可作为高等院校相关专业的教材或教学参考书，也可供相关领域的工程技术人员查阅。对于人工智能开发、嵌入式系统开发、物联网系统开发的爱好者来说，本书也是一本深入浅出、贴近社会应用的技术读物。

本书提供详尽的开发代码和配套的 PPT，读者可登录华信教育资源网（www.hxedu.com.cn）免费注册后下载。

图书在版编目（CIP）数据

Python 应用开发技术 / 廖建尚，莫乐群，廖艺咪编著. —北京：电子工业出版社，2022.12
（新工科人才培养系列丛书. 人工智能）
ISBN 978-7-121-44736-5

Ⅰ. ①P… Ⅱ. ①廖… ②莫… ③廖… Ⅲ. ①软件工具—程序设计 Ⅳ. ①TP311.561

中国版本图书馆 CIP 数据核字（2022）第 243586 号

责任编辑：田宏峰
印　　刷：北京虎彩文化传播有限公司
装　　订：北京虎彩文化传播有限公司
出版发行：电子工业出版社
　　　　　北京市海淀区万寿路 173 信箱　邮编 100036
开　　本：787×1 092　1/16　印张：20.25　字数：515 千字
版　　次：2022 年 12 月第 1 版
印　　次：2023 年 12 月第 3 次印刷
定　　价：88.00 元

凡所购买电子工业出版社图书有缺损问题，请向购买书店调换。若书店售缺，请与本社发行部联系，联系及邮购电话：（010）88254888，88258888。

质量投诉请发邮件至 zlts@phei.com.cn，盗版侵权举报请发邮件至 dbqq@phei.com.cn。

本书咨询联系方式：（010）88254457，tianhf @phei.com.cn。

前　　言

近年来，人工智能、物联网、移动互联网、大数据和云计算的迅猛发展，改变了社会的生产方式，大大提高了生产效率和社会生产力。为加强人工智能领域标准化顶层设计，推动人工智能产业技术研发和标准制定，促进产业健康可持续发展，国家标准化管理委员会、中央网信办、国家发展改革委、科技部、工业和信息化部于 2021 年联合印发了《国家新一代人工智能标准体系建设指南》。该指南指出了国家新一代人工智能标准体系建设目标：在 2021 年，明确人工智能标准化顶层设计，研究标准体系建设和标准研制的总体规则，明确标准之间的关系，指导人工智能标准化工作的有序开展，完成关键通用技术、关键领域技术、伦理等重点标准的预研工作；在 2023 年，初步建立人工智能标准体系，重点研制数据、算法、系统、服务等急需标准，并率先在制造、交通、金融、安防、家居、养老、环保、教育、医疗健康、司法等重点行业和领域推进。该指南为人工智能技术和相关产业的发展指出了一条鲜明的道路。

本书采用案例式和任务式驱动的方法，详细介绍 Python 应用开发技术，旨在大力推动人工智能领域的人才培养。本书主要内容包括 Python 编程基础、Python 编程进阶、Python 嵌入式应用开发、Python 通信应用开发、Python 机器视觉应用开发和 Python 综合应用开发。本书利用贴近社会和生活的案例，由浅入深地介绍各种 Python 应用开发技术。每个案例均有完整的开发代码，读者可在开发代码的基础上快速地进行二次开发，能方便地将这些案例转化为各种比赛和创业项目。本书给出的案例不仅为高等院校相关专业师生提供了教学实践，也可方便工程技术开发人员和科研工作人员参考。

本书具体内容安排如下：

第 1 章为 Python 编程基础。本章引导读者初步了解 Python 的发展历史、特点和应用场景，首先介绍 Python 环境的安装，接着讲解 Python 基础语法、Python 程序的特点、Python 程序运行的方式，使读者能完成简单的编程。

第 2 章为 Python 编程进阶。本章主要介绍文件的基本操作、文件的高级用法、面向对象程序设计、模块的设计和使用，以及 Python 网络开发等。

第 3 章为 Python 嵌入式应用开发。本章主要介绍 Python 嵌入式应用开发，首先介绍 MicroPython 的基础知识，然后结合 MicroPython 分别进行空气质量传感器和 LED 的应用开发、九轴传感器与语音合成芯片的应用开发、OLED 与点阵显示的应用开发等。

第 4 章为 Python 通信应用开发。本章以串口通信和蓝牙通信为例介绍 Python 的通信应用开发，首先介绍串口通信和蓝牙通信的基础知识，然后介绍应用设计与开发，最后通过上位机串口通信实现读写应用，以及实现基于串口的蓝牙通信应用。

第 5 章为 Python 机器视觉应用开发。本章主要介绍 Python 机器视觉应用，主要内容包括机器视觉的基础开发、图像处理技术的应用与开发、人脸识别技术的应用与开发、目标跟踪技术和颜色跟踪技术的应用与开发、卷积神经网络技术的应用与开发。

第 6 章为 Python 综合应用开发。本章主要结合前面章节的学习内容，介绍 Python 综合应用开发，首先利用多种传感器进行智能小车自动避障应用的开发，然后利用 AprilTag 标记进行智能小车视觉应用的开发。

本书将常见 Python 应用开发技术和生活中实际案例结合起来，使读者边学习理论知识边开发，有助于读者快速掌握相关技术。本书既可作为高等院校相关专业的教材或教学参考书，也可供相关领域的工程技术人员查阅。对于人工智能开发、嵌入式系统开发、物联网系统开发的爱好者来说，本书也是一本深入浅出、贴近社会应用的技术读物。

本书在编写过程中，借鉴和参考了国内外专家、学者和技术人员的相关研究成果，我们尽可能按学术规范予以说明，但难免会有疏漏之处，在此谨向有关作者表示深深的敬意和谢意。如有疏漏，请及时通过出版社与我们联系。

本书的出版得到了广东省自然科学基金项目（2021A1515011701）和广东省普通高校重点领域科研项目（2020ZDZX3084）的资助。感谢中智讯（武汉）科技有限公司在本书编写过程中提供的帮助，特别感谢电子工业出版社的编辑在本书出版过程中给予的大力支持。

由于本书涉及知识面广，限于我们的水平和经验，疏漏之处在所难免，恳请广大读者和专家批评指正。

作　者

2022 年 10 月

目　　录

第1章
Python 编程基础

Python 是一种跨平台、开源的、免费的、解释型的高级编程语言。Python 的功能非常强大，受到了众多使用者的好评，在 Web 开发、人工智能、图像处理、自动化运维、云计算、游侠等领域得到了广泛的应用。

本章引导读者初步了解 Python 的发展历史、特点和应用场景。在读者对 Python 有一定的了解后，本章将开启 Python 编程之旅，首先介绍 Python 环境的安装，接着讲解 Python 基础语法、Python 程序的特点、Python 程序运行的方式，使读者能完成简单的编程。

1.1　Python 概述

Python 是一种面向对象的编程语言，具有良好的阅读性、解释性和编译性。Python 最初是用于编写自动化脚本（Shell）的。随着 Python 版本的不断更新和功能的不断添加，Python 越来越多地用于开发独立的大型项目。

1.1.1　Python 语言简介

使用 Python 语言编写的程序具有良好的可读性。相比于其他编程语言经常使用关键字以及标点符号，Python 语言的语法特征更加接近伪代码。

Python 是一种解释型的语言，使用 Python 语言编写的程序无须像 C、C++等语言那样需要编译为二进制代码才能运行，Python 程序是可以直接运行的。

Python 是开源语言，是自由/开源软件（Free/Libre and Open Source Software， FLOSS）之一。使用者可以自由地发布 Python 程序的备份，阅读并修改其源代码，把 Python 的一部分用于新的开源软件中。目前，Python 已经被移植到了多种平台上，如果程序的运行不依赖于操作系统的环境特征，那么无须修改程序就可以在多个操作系统上运行，如 Windows、FreeBSD、Linux、Mac OS X 等。

Python 是面向对象的编程语言，既支持面向对象的编程，也支持面向过程的编程。与 C++和 Java 相比，Python 面向对象编程更加简单、高效。

Python 是一种高级语言，在使用 Python 编程时无须考虑底层细节，如资源调度、内存管理等，因此被广泛地应用于程序开发，如简单的文字处理、Web 开发、游戏开发等。

Python 的 Logo 如图 1.1 所示。

图 1.1 Python 的 Logo

1.1.1.1 Python 的发展历程

Python 是由荷兰数学和计算机科学研究学会的吉多·范罗苏姆（Guido van Rossum）于 20 世纪 90 年代初设计的。在设计 Python 语言时，吉多·范罗苏姆以 ABC 语言作为主要研究对象，并吸收了 Modula-3 的特点，融入了 C 与 UNIX Shell 的习惯。Python 在后续的发展过程中，参考了不少其他语言的优点，如 C++、Algol-68、SmallTalk 和 Peal 等高级语言及脚本语言等。

1995 年，吉多·范罗苏姆在弗吉尼亚州的国家创新研究公司（CNRI）继续他在 Python 上的工作，并发布了多个版本。

2000 年 5 月，吉多·范罗苏姆和 Python 的核心开发团队转到 BeOpen.com 并组建了 BeOpen PythonLabs 团队。同年 10 月，BeOpen PythonLabs 团队转到 Digital Creations（现为 Zope Corporation）。

Python 2.0 于 2000 年 10 月 16 日发布，增加了实现完整的垃圾回收，并且支持 Unicode。

2001 年，Python 软件基金会（PSF）成立，是一个专为拥有 Python 相关知识产权而创建的非营利组织。

Python 3.0 于 2008 年 12 月 3 日发布，此版本不完全兼容之前的 Python 源代码，但很多新特性后来也被移植到 Python 2.6/2.7 版本。

1.1.1.2 Python 的特点

易于学习：Python 是一种代表简单主义思想的设计语言，关键字相对较少，虽然段落格式要求严格，但语法结构简单，具有伪代码特征，学习起来更加简单。

易于阅读：Python 代码定义清晰，强制的缩进式代码具有极佳的可读性。

易于维护：Python 的成功在于它属于高级语言，在编程时无须考虑底层细节，使得代码维护相对容易。

丰富的标准库：Python 的最大优势之一是拥有庞大的标准库，可以解决各类工作问题。

可移植：基于开源的本质，使得 Python 可以相对轻松地移植到许多平台。

可扩展：如果需要一段运行很快的关键代码，或者需要编写一些不愿公开的算法，可以先使用 C 或 C++语言编写相关的代码，然后在 Python 程序中调用编译后的 C 或 C++程序。

数据库支持：Python 支持主要商业数据库的应用开发，并提供了相关的数据使用接口。

GUI 编程：Python 拥有许多第三方高质量的库，可以进行图形化界面开发，支持跨平台移植 GUI。

可嵌入：Python 代码可以嵌入 C/C++程序，使得这些程序具有一定的"脚本化"能力。

1.1.1.3　Python 的应用

Python 作为一种强大的编程语言，因其简单易学而受到很多开发者的青睐。

系统编程：Python 提供了大量的 API，便于系统维护和管理，是很多系统管理员的理想编程语言。

图形处理：Python 支持 PIL、Tkinter 等图形库，能方便进行图形处理。

数学处理：NumPy 扩展大量的标准数学库接口。

文本处理：Python 提供的 re 模块可支持正则表达式；Python 还提供 SGML、XML 分析模块，可用于 XML 程序的开发。

数据库编程：通过遵循 PythonDB-API（数据库应用程序编程接口）规范的模块，Python 可以和 SQL Server、Oracle、Sybase、DB2、MySQL、SQLite 等数据库通信。Python 自带的 Gadfly 模块可提供一个完整的 SQL 环境。

网络编程：Python 提供了丰富的支持 Sockets 编程的模块，可用于快速开发分布式应用程序。很多大规模软件（如 Zope、Mnet 及 BitTorrent.Google 等）的开发都在使用 Python。

Web 编程：Python 支持最新的 XML 技术。

多媒体应用：Python 的 PyOpenGL 模块封装了 OpenGL 应用程序编程接口，能进行二维图像处理和三维图像处理。

游戏编程：Python 的 Pygame 模块可用于游戏编程。

1.1.1.4　Python 与人工智能

人工智能是计算机科学的一个分支，企图了解智能的本质，并生产出一种新的、能够以人类智能相似的方式做出反应的智能机器。人工智能的研究主要包括机器人、语言识别、图像识别、自然语言处理和专家系统等。

Python 不仅具备简洁、表达力强、易学等特点，还拥有丰富的第三方扩展库，受到很多领域专业人士的喜爱。Python 有很多可用于机器学习、深度学习的基础框架，如 NumPy、SciPy、Pandas、Scikit-Learn、PyBrain 等库，非常适合人工智能和科学计算，成为人工智能领域首选的编程语言。

1.1.2　Python 环境的安装

1.1.2.1　Python 下载与安装

开发者可以在 Python 官网查看 Python 的最新版本、文档、资讯等，Python 官网页面如图 1.2 所示。

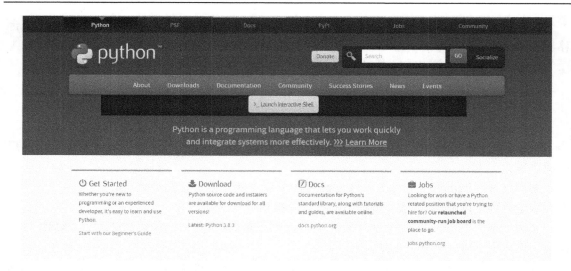

图 1.2 Python 官网页面

在 Python 官网页面中，单击"Documentation"可以下载 Python 的相关文档；单击"Downloads"可以下载 Python 的版本。

1）Python 的安装

Python 可以安装在多个平台上，开发者需要根据自己使用的平台下载相应的安装包。不同平台的安装方式可能会有不同，如果所用的平台不支持二进制代码运行，则可以通过安装 C 语言编译器来手动编译安装 Python。在手动编译安装 Python 的过程中，开发者可以有更多的选择性。相对于自动安装 Python 包，手动编译安装 Python 更适合平台的应用开发。

不同平台 Python 安装包的下载页面如图 1.3 所示。

图 1.3 不同平台 Python 安装包的下载页面

图 1.3 中，"Source code"对应的安装包适合在 UNIX、Linux 平台上手动编译安装 Python，其他的安装包可自动安装 Python。下面给出了在不同平台上安装 Python 的步骤。

（1）在 UNIX、Linux 平台上手动编译安装 Python 的步骤如下：

① 在 Python 官网页面上单击"Downloads"→"Source code"。

② 选择适合 UNIX、Linux 平台的 Python 版本。

③ 单击对应版本的"Gzipped source tarball"可下载 Python-3.x.x.tgz，其中的 3.x.x 表示 Python 的版本号。

④ 手动编译安装 Python。如果需要自定义一些选项，则可以对 Modules/Setup 进行修改。注意：在手动编译安装 Python 前，必须确保平台已经安装了 C 编译器（如 gcc）以及一些依赖包，以避免在安装过程中出错。例如，安装 Python 3.6.1 的命令如下：

```
# tar -zxvf Python-3.6.1.tgz
# cd Python-3.6.1
# ./configure
# make && make install
```

这里要注意的是，如果平台中已经安装了其他版本的 Python，如 Python 3.1，则最好使用"make && make altinstall"，这样可以避免平台中同时存在两个不同版本的 Python。

检查 Python 3.6.1 是否正常可用的命令如下：

```
# python3 -V
Python 3.6.1
```

（2）在 Windows 平台上安装 Python。下面给出了在 Windows 平台上安装 Python 3.8.3 的步骤。

① 在 Python 官网页面上单击"Downloads"→"Windows"。

② Windows 平台需要下载"executable installer"版本的 Python 安装包。安装包下载链接中的 x86 表示该安装包适合 32 位的 Windows 平台，x86-64 表示该安装包适合 64 位的 Windows 平台。适合 64 位 Windows 平台的 Python 3.8.3 版本如图 1.4 所示。如果要在 Python 语言中使用 MATLAB 等软件的 API（Application Programming Interface），则需要使用适合 64 位 Windows 平台的 Python 版本。

图 1.4　适合 64 位 Windows 平台的 Python 3.8.3 版本

③ 双击下载的 Python 安装包（python-3.8.3-amd64.exe）即可自动安装 Python。注意：在安装过程中请勾选"Add Python 3.8 to PATH"（见图 1.5），这样安装程序会自动在环境变量中添加 Python 3.8.3 的安装路径，使得 Windows 平台的用户可在命令行工作模式（CMD 模式）下直接运行 Python 程序并进入交互工作模式。

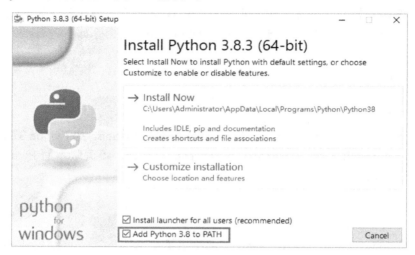

图 1.5　勾选"Add Python 3.8 to PATH"

④ 按快捷键 Win+R，可进入 CMD 模式窗口（见图 1.6），输入"python"后按下回车键。

图 1.6　CMD 模式窗口

当 CMD 模式窗口出现">>>"提示符时，说明 Python 安装成功，当前正处于 Python 的交互工作模式。此时输入任何字符或者 Python 程序代码，按回车键后会立刻得到响应。输入"exit()"后按回车键，可以退出 Python 交互工作模式（直接关闭 CMD 模式窗口也可以退出 Python 交互工作模式）。

在 Windows 的开始菜单中搜索"IDLE"的应用程序，可通过 IDLE 应用程序进入 Python 交互工作模式，如图 1.7 所示。

（3）在 Mac OS X 平台上安装 Python。Mac OS X 平台通常都带有 Python 2.7，如果想安装 Python 3.x，则可以在 Python 官网页面下载并自动安装 Python 3.x。开发者也可以手动编译安装 Python 3.x。

图 1.7　通过 IDLE 应用程序进入 Python 交互工作模式

2）使用 pip 管理 Python 库

（1）右键单击 Windows 的开始菜单，在弹出的右键菜单中选择"运行"，可打开"运行"对话框，在该对话框中输入"cmd"可进入命令行工作模式；开发者也可以在按下快捷键 Win+R 后，在"运行"对话框中输入"cmd"，进入命令行工作模式。对于 Linux 或者 Mac OS X 平台，需要进入终端窗口 Terminal。

（2）在 Windows 命令行工作模式中，运行命令"pip install 模块名"，即可安装第三方开发的 Python 库。图 1.8 所示为在 Windows 平台通过 pip 安装 django 模块（一种 Python Web 应用开发库）。使用 pip 来安装 Python 库的方式对网络稳定性的要求相当高，当网络不稳定时，极易导致安装失败。通常情况下，Python 自带的 pip 版本较低，这很容易导致安装失败。在使用 pip 安装 Python 库时，首先要保证网络的稳定性，其次要通过命令"pip --update"将 pip 升级到最新版本。

图 1.8　在 Windows 平台通过 pip 安装 django 模块

（3）验证 Python 库是否安装成功。通过下面两种方式可以验证 Python 库是否安装成功：

① 首先在命令行工作模式中输入"python"，进入 Python 的交互工作模式，然后在">>>"提示符后输入"import 模块名"。如果没有任何提示，则说明 Python 库已安装成功；如果计算机反馈了信息，则说明 Python 库没有安装成功。

② 首先在命令行工作模式中输入"pip list"，然后在安装列表中查看前面通过 pip install

方式安装的 Python 库。如果安装列表中出现安装的 Python 库，则表示安装成功；否则表示安装失败。

（4）Python 库的安装位置。在 Python 的交互工作模式下，分别输入"import sys"和"sys.path"，就可以看到 Python 库的安装位置，如图 1.9 所示。

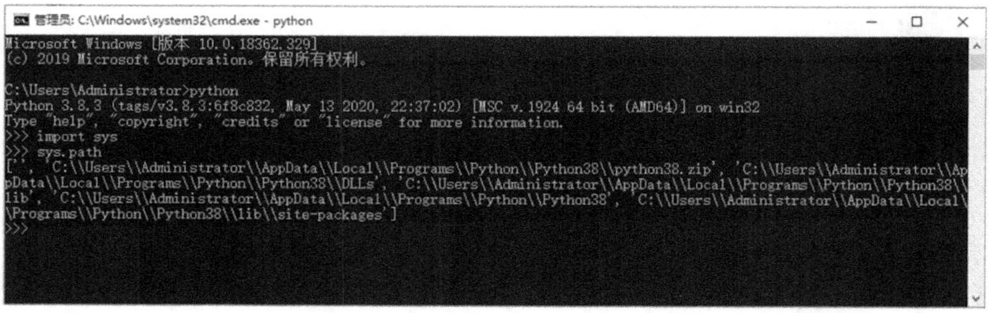

图 1.9　查看 Python 库的安装位置

1.1.2.2　Python 环境变量配置

1）环境变量配置

开发者在安装 Python 时可以根据自定义安装路径，无须将 Python 安装到指定的路径下，因此有可能发生 Python 解释器调用出错或者找不到 Python 解释器的问题。若发生这类问题，则可通过修改环境变量来解决。

环境变量中的路径变量是由操作系统维护的一个字符串，用于存放各种应用程序或可执行文件所在的文件目录。若在路径变量中设置了 Python 解释器的文件目录，则可通过命令行工作模式直接调用 Python 解释器。

UNIX 或 Windows 中路径变量为 PATH（UNIX 区分大小写，Windows 不区分大小写）。在 Mac OS X 中，安装程序过程中改变了 Python 的安装路径。如果需要在其他目录引用 Python，则必须在 Path 中添加 Python 目录。

（1）在 UNIX、Linux 中设置环境变量。

在 Csh Shell 中输入下面的命令，然后按下回车键，即可设置环境变量。

```
setenv PATH "$PATH:/usr/local/bin/python"
```

在 Bash Shell（Linux）中输入下面的命令，然后按下回车键，即可设置环境变量。

```
export PATH="$PATH:/usr/local/bin/python"
```

在 Sh 或者 Ksh Shell 中输入下面的命令，然后按下回车键，即可设置环境变量。

```
PATH="$PATH:/usr/local/bin/python"
```

注意：在上面的三条命令中，"/usr/local/bin/python"是 Python 的安装目录（开发者在安装 Python 时可以设置其他目录）。

（2）在 Windows 中设置环境变量。在 CMD 模式窗口中输入命令"path=%path%;C:\Python"后按回车键，即可在环境变量中添加 Python 安装目录，如图 1.10 所示。注意，此处的"C:\Python"

是 Python 安装目录。

图 1.10　在环境变量中添加 Python 安装目录

通过下面的步骤，也可以在环境变量中添加 Python 安装目录：

① 右键单击"计算机"或"此电脑"，在弹出的右键菜单中选择"属性"，可进入系统工作面板。

② 单击"高级系统设置"可弹出"系统属性"对话框。

③ 单击"系统属性"对话框中的"环境变量"按钮，可弹出"环境变量"对话框。双击"系统变量"栏中的"Path"，可弹出"编辑环境变量"对话框。

④ 在"编辑环境变量"对话框的"变量名"中输入"Path"，在"变量值"中添加 Python 安装路径。这里要注意的是，任意两个文件路径之间需要用分号";"隔开。

图 1.11 所示为在 Windows 7 中添加环境变量的示意图。如果开发者使用的是 Windows 10，则双击 Path 变量就可以直接新建路径。

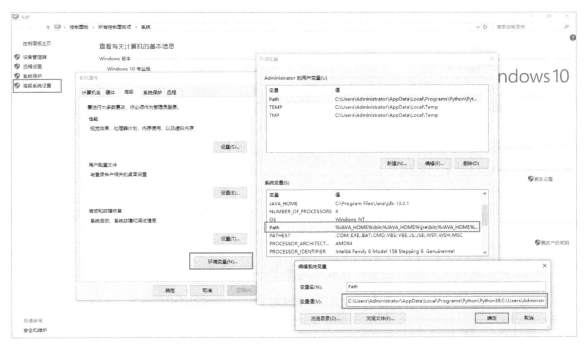

图 1.11　在 Windows 7 中添加环境变量的示意图

⑤ 设置成功后,在 CMD 模式窗口输入命令"python",如图 1.12 所示,就可以看到 Python 的相关信息。

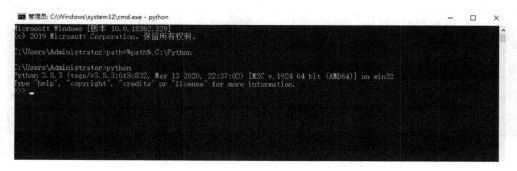

图 1.12　在 CMD 模式窗口输入命令"python"

2)常用的 Python 环境变量

常用的 Python 环境变量如表 1.1 所示。

表 1.1　常用的 Python 环境变量

序　号	变　量　名	描　述
1	PYTHONPATH	PYTHONPATH 是 Python 搜索路径,Python 自带的模块在默认情况下都可以从 PYTHONPATH 中寻找
2	PYTHONSTARTUP	启动 Python 后,先寻找 PYTHONSTARTUP 环境变量,再运行此变量指定文件中的代码
3	PYTHONCASEOK	加入 PYTHONCASEOK 的环境变量后,Python 在导入模块时不区分大小写
4	PYTHONHOME	Python 的另一个模块搜索路径,通常内嵌于 PYTHONSTARTUP 或 PYTHONPATH 目录中,使得两个模块更容易切换

3)运行 Python 程序

运行 Python 程序的常用方式有以下三种:

(1)Python 解释器。在 Windows 中,开发者可以通过命令行工作模式进入 Python 交互工作模式,并且在 Python 交互工作模式中编写 Python 代码,Python 解释器会即时运行程序代码。同样的操作还可以在 UNIX、Linux 或任何其他提供了命令行工作模式或者 Shell 的系统中编写 Python 代码,例如:

```
$ python # Unix/Linux
```

或者

```
C:>python # Windows/DOS
```

表 1.2 所示为进入 Python 交互工作模式时 Python 命令可携带的选项。

表 1.2　进入 Python 交互工作模式时 Python 命令可携带的选项

序　号	选　项	描　述
1	-d	在解析时显示调试信息

续表

序　号	选　项	描　述
2	-O	生成优化代码（.pyo 文件）
3	-S	启动 Python 时不查找 Python 路径的位置
4	-V	输出 Python 版本号
5	-X	从 Python 1.6 之后基于内建的异常（仅仅用于字符串）已过时
6	-c cmd	运行 Python 脚本，并将运行结果作为 cmd 字符串
7	file	在给定的 Python 文件运行 Python 脚本

（2）命令行脚本。在命令行工作模式下，可以应用 Python 解释器直接运行 Python 脚本，如下所示：

```
$ python script.py # Unix/Linux
```

或者

```
C:>python script.py # Windows/DOS
```

注意：在运行 Python 脚本时，请检查是否有足够的权限来使用 Python 脚本访问的系统资源。

（3）PyCharm。PyCharm 是由 JetBrains 公司开发的一款支持跨平台（Mac OS X、Windows、UNIX、Linux）的 Python IDE。PyCharm 拥有较为完善的项目开发功能，包括程序调试、语法高亮、项目管理、代码跳转、智能提示、单元测试、版本控制等。PyCharm 的下载页面如图 1.13 所示。

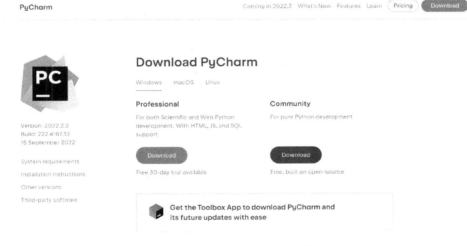

图 1.13　PyCharm 的下载页面

开发者可以根据所使用的平台（如 Windows、macOS、Linux）在 JetBrains 官网下载相应的 PyCharm，并且每个平台都可以选择下载 Professional 版或 Community 版，这两个版本的主要区别在于：

● 收费的区别：Professional 版是付费使用的；Community 版是免费使用的，并且是开源的。

● 主要用途的区别：Professional 版集成了 Python IDE 的所有功能并支持 Web 开发，对开发者来说是一款十分适合用于专业项目开发的工具；Community 版集成了一个轻量级的 Python IDE，可以用来解决科学方面的问题，适用于教学。

安装 PyCharm 的过程很简单，只需要运行下载的安装程序，按照安装向导提示一步步进行操作即可。PyCharm 的安装过程如下：

（1）双击下载的安装文件，即可进入"Welcome to PyCharm Setup Wizard"对话框，如图 1.14 所示。

图 1.14　"Welcome to PyCharm Setup Wizard"对话框

（2）单击图 1.14 中的"Next"按钮，可进入"Choose Install Location"（选择安装目录）对话框，如图 1.15 所示。

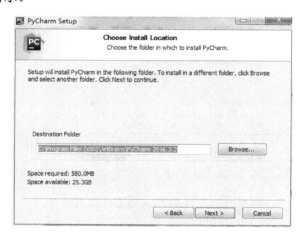

图 1.15　"Choose Install Location"对话框

（3）单击图 1.15 中的"Next"按钮，可进入"Installation Options"对话框，如图 1.16 所示，在该对话框中可创建桌面快捷方式、设置文件关联。

（4）单击图 1.16 中的"Next"按钮，可进入"Choose Start Menu Folder"对话框，如图 1.17 所示，在该对话框中可以设置开始菜单的内容。

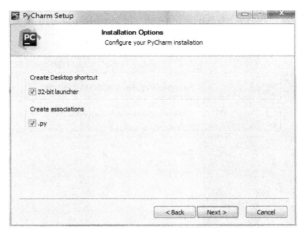

图 1.16　"Installation Options" 对话框

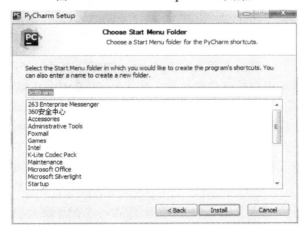

图 1.17　"Choose Start Menu Folder" 对话框

（5）单击图 1.17 中的 "Install" 按钮，可进入 "Installing" 对话框，如图 1.18 所示，并开始安装 PyCharm。

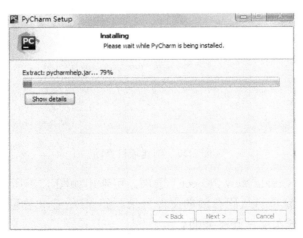

图 1.18　"Installing" 对话框

（6）安装完成后单击"Next"按钮，可进入"Completing the PyCharm Setup Wizard"对话框，如图 1.19 所示。

图 1.19 "Completing the PyCharm Setup Wizard"对话框

成功安装 PyCharm 后，双击桌面上的 PyCharm 图标，就可以使用 PyCharm 了。在首次使用 PyCharm 时，会提示用户接受安装协议。如果是 Professional 版的 PyCharm，则会提示使用许可证激活各项功能，否则只能免费使用 30 天；如果是 Community 版的 PyCharm，则会直接进入 PyCharm 启动界面。PyCharm 在完成首次启动后会进入创建项目界面，如图 1.20 所示，用户可以选择创建一个新项目或者打开已经存在的项目。用户在第一次使用 PyCharm 时，建议选择创建一个新项目并完成第一个 HelloWorld 程序的编写，以便测试 PyCharm 是否能正常工作。

图 1.20 创建项目界面

单击图 1.20 中的"Create New Project"选项，可弹出如图 1.21 所示的"New Project"对话框，在该对话框中设置项目代码存放的文件目录，如"D:\工作\物联网\Python 应用技术"，单击"Create"按钮可进入项目开发界面。

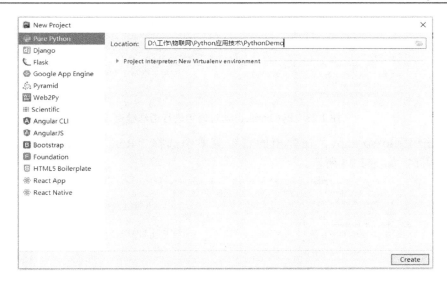

图 1.21　"New Project" 对话框

项目创建完成后，右键单击创建的 Python 文件（这里的文件是 PythonDemo），在弹出的右键菜单中选择 "New" → "Python File"，可弹出 "New Python file" 对话框，在该对话框的 "Name" 中输入 "HelloWorld"，在 "Kind" 中选择 "Python file"，单击 "OK" 按钮后即可在项目开发界面中看到创建的 Python 文件，即 HelloWorld.py。创建 Python 文件的过程如图 1.22 所示。

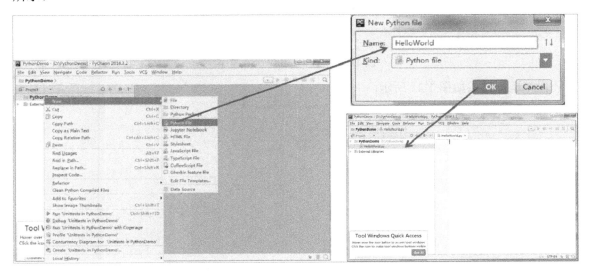

图 1.22　创建 Python 文件的过程

在 HelloWorld.py 文件中输入下列语句：

```
print("Hello World!")
```

此时，PyCharm 会自动对语句进行语法检查，如图 1.23 所示，如果没有异常提示，则表示检查通过。接下来就可以解析运行的第一个 Python 程序了。

图 1.23　PyCharm 自动对语句进行语法检查

右键单击 HelloWorld.py，在弹出的右键菜单中选择"Run 'HelloWorld'"，即可运行
HelloWorld 程序，如图 1.24 所示。

图 1.24　运行 HelloWorld 程序

程序运行结果如图 1.25 所示。

图 1.25　HelloWorld 程序的运行结果

1.1.3 Python 基础语法

1.1.3.1 Python 程序格式

1）Python 的标识符

在开发过程中，程序员往往需要在程序中表示一些事物，或者定义一些符号或名称，这些事物的表示、符号以及名称等被称为标识符。在 Python 语言中，标识符是由字母、数字以及下画线组成的，其命名方式需要遵循下述规则：

（1）标识符由字母、数字以及下画线组成，不能以数字开头。例如，hao123 就是一个合法的标识符，而 hao-123 或者 123hao 都是不合法的标识符。

（2）标识符对字母的大小写是敏感的。例如，jason 和 Jason 是两个不同的标识符。

（3）标识符不允许与 Python 语言中的关键字重名。例如，import 就不能用于标识符。

此外，如果使用以下画线开头的标识符，则要特别注意该标识符与 Python 语言中的一些默认接口访问方式的定义是否重名。例如，以单下画线开头的_foo 在 Python 语言中表示不能直接访问的类属性，只有通过类提供的接口才能进行访问，而且不能使用 import 的方式导入类属性。此外，以双下画线开头的接口（如__foo）和以双下画线开头和结尾的接口（如__foo__）都具有特殊含义，前者代表类的私有成员，后者代表 Python 语言中函数方法专用的标识，如__init__()代表类的构造函数。

2）行和缩进

Python 语言与 C、Java 等其他语言的最大区别是，Python 语言的代码块不使用大括号{}。例如，类、函数以及其他逻辑判断等。Python 最具特色的就是用缩进来写模块。缩进的数量是可变的，所有代码块语句必须包含相同的缩进数量，必须严格遵守。

```
if True:
    print ("True")
else:
    print ("False")
```

当代码块语句未严格缩进时，在运行前会被检查出错误，如图 1.26 所示。

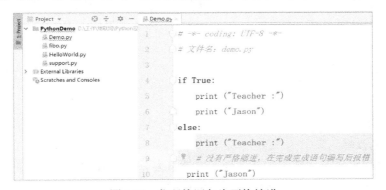

图 1.26　代码块语句为严格缩进

当 PyCharm 中出现红色波浪线时，表示发生了错误。如果此时将鼠标光标放到红色波浪线上，则会看到 PyCharm 给出的错误提示，如图 1.27 所示。

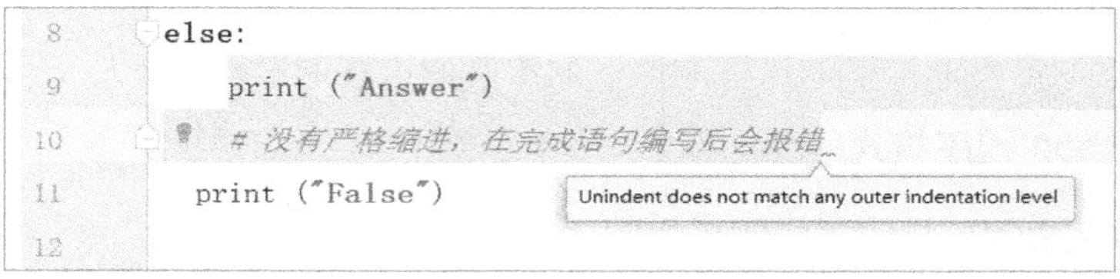

图 1.27　PyCharm 给出的错误提示

图 1.27 中的错误提示为 "Unindent does not match any outer indentation level"，表示图中第 9 行语句和第 11 行语句使用的缩进方式不一致（图 1.27 中，第 9 行语句使用的是 Tab 键缩进，第 11 行语句使用的是空格缩进），将缩进方式改为一致即可。Python 语言对缩进格式要求非常严格，因此，在 Python 程序的代码块中必须使用相同的缩进方式，不建议在编写代码时使用 Tab 键缩进，也不要混合使用 Tab 键缩进和空格缩进。

3）语句换行

Python 程序的每行语句长度建议不要超过 80 个字符，对于过长的语句代码可以换行。可以使用多行连接符 "\" 将一行语句分为多行，例如：

```
total = item_one + \
        item_two + \
        item_three
```

利用 Python 会对小括号、中括号或大括号中的语句进行隐式连接的特性，开发者无须使用多行连接符 "\" 就可以实现语句换行，例如：

```
days = ['Monday', 'Tuesday', 'Wednesday',
        'Thursday', 'Friday']
```

4）Python 的引号

Python 的引号常被用于定义字符串，单引号（'）、双引号（"）、三引号（'''或"""）均可用于定义字符串，但必须成对使用引号，即开始的引号与结束的引号必须是相同类型的，要么都是单引号，要么都是双引号或者三引号。三引号还可以定义多行文本，常用于定义文档字符串。如果仅仅使用三引号来定义字符串，而未对定义的字符串进行赋值，则定义的字符串会被当成程序中的注释信息。例如：

```
word = 'word'
sentence = "这是一个句子。"
paragraph = """这是一个段落
包含了多个语句"""
"""这是一个注释"""
```

5）Python 的注释

为了让程序代码易于后续维护或者便于二次开发，程序开发人员通常都会对其中的关键性语句进行功能性的说明。Python 语言中的单行注释符是 "#"，以 "#" 为开头的所有后续字符都会被当成程序代码的功能性说明文字，而不是真正要运行的语句。例如，下面代码中的两个注释是不会被 Python 解释器当成程序语句的。如果使用 "#" 进行单行注释，建议 "#" 与其后的说明文字之间留一个空格，"#" 和程序语句之间至少要有两个空格。

```
# -*- coding: UTF-8 -*-
# 文件名：demo.py

# 第一个注释
print ("Hello, Python!")  # 第二个注释
```

上述代码在 PyCharm 中的运行结果如图 1.28 所示。

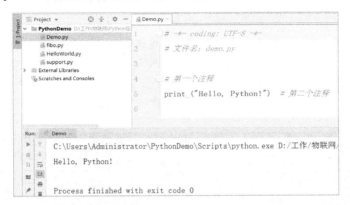

图 1.28　Python 注释运行结果

注释可以放在语句或表达式的后面，例如

```
name = "Madisetti"       # 这是一个注释
```

Python 语言中多行注释可使用三引号（3 个单引号或 3 个双引号），例如：

```
# -*- coding: UTF-8 -*-
# 文件名：demo.py

'''
这是多行注释，使用 3 个单引号
这是多行注释，使用 3 个单引号
这是多行注释，使用 3 个单引号
'''

"""
这是多行注释，使用 3 个双引号
这是多行注释，使用 3 个双引号
这是多行注释，使用 3 个双引号
"""
```

6）Python 的空行

在 Python 程序中，空行也是属于程序代码的一个组成部分，用来表示一段新代码的开始。例如，在定义函数或类的方法时，可用空行将其与其他代码分开。通常，在函数和类的入口之

间也会用一行空行分隔，以突出函数和类入口的开始。这里需要注意的是，空行的使用与代码缩进不同，空行并不是强制性的语法结构，在程序代码中不使用空行也不会出错。使用空行的目的是分隔两段不同功能或含义的代码，便于日后的程序版本迭代、维护及代码重构。

7）Python 的输入

Python 的输入语句因 Python 版本的不同有较大的差异。在 Python 2.x 中，raw_input()函数用来输入内容，如下面的代码所示。在 Python 3.x 中，不再使用 raw_input()函数，取而代之的是 input()函数。

```
# raw_input("按下 enter 键退出，其他任意键显示...\n")   Python 2.x 版本有效
input("按下 enter 键退出，其他任意键显示...\n")
```

在上述的代码中，"\n"是转义字符，用于实现换行，即代码运行后会输出提示信息，即双引号中的字符串内容，输出完毕后换行等待输入内容。若直接按下回车键则完成输入，若按其他键则显示该按键的内容。在 Python 3.x 的交互工作模式下，在按下回车键完成输入后，Python 会把所输入的内容以字符串的格式回显一次，如图 1.29 所示。

图 1.29　在按下回车键后将输入的内容以字符串的格式回显一次

如果在 PyCharm 中输入内容，则一定要在 input()的小括号中设定一个字符串，用于用户输入内容时的提示，因为 PyCharm 会因为鼠标聚焦而看不到输入光标，如果要显示输入光标，则需要单击一次鼠标。在 PyCharm 输入等待状态时，左下角的"■"（停止）按钮会变为红色，表示程序未结束。如果要强制终止程序，则可按下"■"按钮。此外，PyCharm 与上面的交互工作模式不同，输入内容是不会被回显的。

在 PyCharm 中，输入内容前的状态如图 1.30 所示，输入内容后的状态如图 1.31 所示。

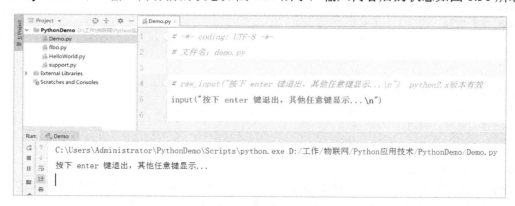

图 1.30　输入内容前的状态

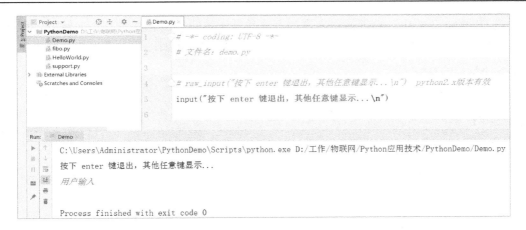

图 1.31　输入内容后的状态

8）在同一行中显示多条语句

Python 不但可以逐行解析运行每一条语句，还可以解析运行在同一行中的多条语句。如果要在同一行中解析运行多条语句，则需要使用 ";" 分开每条语句，例如：

```
>>> print ('hello');print ('人工智能');        # print()为 Python 的输出语句，用于输出小括号内的内容
```

在 PyCharm 中，在同一行中解析运行多条语句的效果如图 1.32 所示，图中第 1 行语句的运行效果与第 3、4 行语句的运行效果是一样的。

图 1.32　在同一行中解析运行多条语句的结果

9）Python 的输出

Python 是使用 print()函数输出内容的，print()函数会在输出小括号中的内容后自动换行。如果要进行不换行的连续输出，则不同的 Python 版本有不同的命令格式。在 Python 2.x 中，需要在输出内容的末尾加上逗号，如希望输出 x 的值后继续输入 y 的值，可使用语句 print(x,)

实现；在 Python 3.x 中，单纯地在末尾加上逗号是无效的，还需要加上"end=""""，即 print (x,end="")，表示输出行末尾没有任何特殊符号（换行符）。例如：

```
# -*- coding: UTF-8 -*-

x="Python"
y="应用技术"


print (x)
print (y)


print ('---------')
# 换行输出与不换行输出
print (x,)
print (x,end="")
print (y,)


print ('---------')
# 不换行输出
print (x,y)
```

上述代码在 PyCharm 中的运行结果如图 1.33 所示。

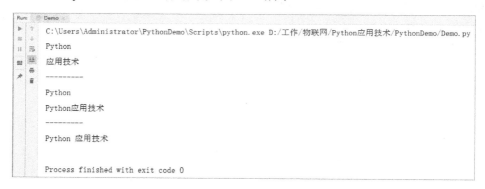

图 1.33 换行输出和不换行输出的运行结果

此外，这里还要注意"print(x, end=);print(y)"的运行结果和"print(x,y)"的运行结果是不同的，后者是通过 print()函数实现多个变量输出的，此时 print()函数会自动用空格将这些变量间隔开。

1.1.3.2 Python 的编程方式

1）交互式编程

交互式编程是在交互工作模式下进行编程的方式，是一种便捷的程序编写方式，它不需要创建脚本文件，通过 Python 解释器即可解析运行代码。在 linux 平台中，只需要在命令行工作模式下输入"python"即可进入交互工作模式，提示如下：

```
$ python
```

```
Python 2.7.6 (default, Sep   9 2014, 15:04:36)
[GCC 4.2.1 Compatible Apple LLVM 6.0 (clang-600.0.39)] on darwin
Type "help", "copyright", "credits" or "license" for more information.
>>>
```

在 Window 平台中安装 Python 时，会同时安装交互式编程的启动菜单，本书中的交互式编程的启动菜单是"Python 3.8(64-bit)"，如图 1.34 所示。

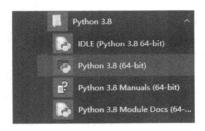

图 1.34　"Python 3.8(64-bit)"

只需单击"Python 3.8(64-bit)"菜单，即可直接进入交互工作模式，并在提示符">>>"后输入代码：

```
>>> print ("Hello, Python!")
```

按回车键后即可看到上述代码的运行结果，如图 1.35 所示。

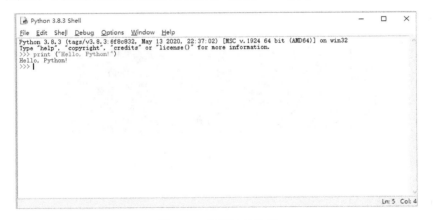

图 1.35　代码运行结果

2）脚本式编程

编写 Python 脚本程序后调用 Python 解释器编译运行 Python 脚本，是一种常见的 Python 程序开发方式。这种方式的优点是编程过程不会受到编译器运行反馈的影响，可以在编写若干条语句、完成一定功能后再统一运行所有的程序。

这里以一个简单的 Python 脚本程序为例进行说明。首先通过记事本将文本内容保存为以 .py 为扩展名的文件 HelloWorld.py，或者通过记事本新建一个名为 HelloWorld.py 的文件，然后将以下的代码复制到 HelloWorld.py 文件中。

```
print ("Hello, Python!")
```

由于在安装 Python 时已经设置了 Python 解释器的 Path 变量，因此可以直接在命令行工作模式下使用以下命令运行程序：

```
python HelloWorld.py
```

也可以先编写系统可运行的脚本，再调用 Python 解释器运行 Python 脚本程序 HelloWorld.py。在 Windows 平台下的系统可运行的脚本 autopython.bat 如下所示：

```
python HelloWorld.py
pause
```

系统脚本的运行方式如图 1.36 所示。

图 1.36　系统脚本的运行方式

脚本运行结果如图 1.37 所示。

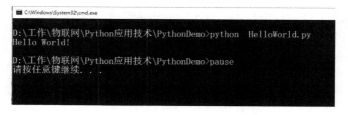

图 1.37　脚本运行结果

1.1.4　开发实践

Python 是一种跨平台的编程语言，能够运行在多种主要的平台上。在不同平台上安装 Python 的方法略有差异。本节主要介绍 Python 的安装、编写简单的 Python 程序——Hello World，以及 pip 的常用命令。

1）Python 的安装

开发者可以在 Python 官网查看并下载 Python 的最新版本、文档、资讯等。在 Windows 平台上安装 Python（以 Python 3.5.2 为例）的步骤如下：

（1）在 Python 官网下载 Python 3.5.2 的安装包（python-3.5.2-amd64.exe）。

（2）双击 python-3.5.2-amd64.exe，可打开 Python 的安装向导界面，如图 1.38 所示，勾选"Add Python 3.5 to PATH"（添加环境变量）后单击"Customize installation"（自定义安装），

可弹出"Optional Features"界面。

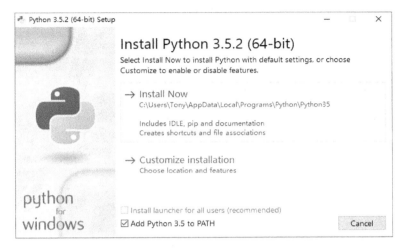

图 1.38 Python 的安装向导界面

（3）在"Optional Features"界面（见图 1.39）中，勾选所有的选项后单击"Next"按钮，可进入"Advanced Options"界面。

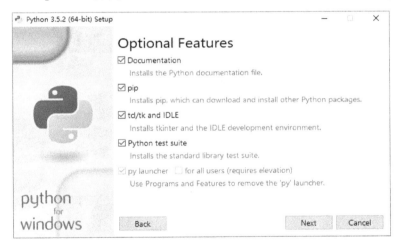

图 1.39 "Optional Features"界面

（4）"Advanced Options"界面（见图 1.40）的功能比较多，开发者选择自己需要的功能，以及安装目录后，单击"Install"按钮即可进入"Setup Progress"界面（见图 1.41）。

（5）安装完成后可进入"Setup was successful"界面，如图 1.42 所示，单击"Close"按钮后开发者就可以使用 Python 了。

（6）右键单击 Windows 平台的"开始"菜单，在弹出的右键菜单中选择"运行"，可弹出如图 1.43 所示的"运行"对话框，输入"cmd"后单击"确定"按钮，可进入命令行工作模式，输入"python"后按回车键可查看 Python 安装是否成功，如图 1.44 所示。

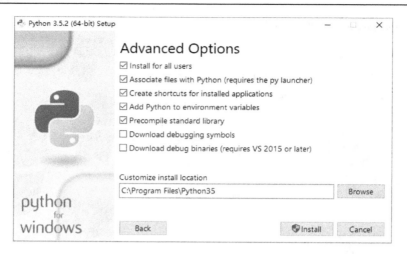

图 1.40 "Advanced Options" 界面

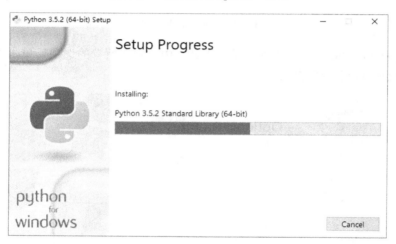

图 1.41 "Setup Progress" 界面

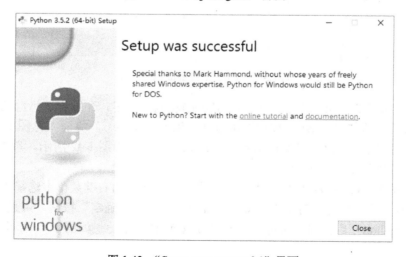

图 1.42 "Setup was successful" 界面

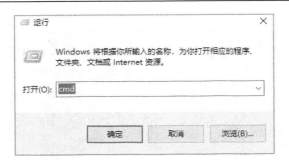

图 1.43　"运行"对话框

图 1.44　查看 Python 安装是否成功

2）编写简单的 Python 程序——Hello World

（1）在 Windows 平台的 D 盘（或其他盘符）新建一个"Python 实验代码"目录，在该目录下新建 helloWorld.py。开发者可以新建一个文本文件，将其后缀名改为 py，如图 1.45 所示。

图 1.45　新建 helloWorld.py 文件

（2）使用 Notepad++软件打开 helloWorld.py，输入如图 1.46 所示的代码。

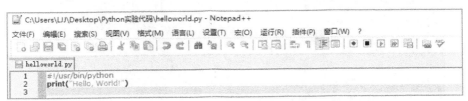

图 1.46　在 helloWorld.py 文件中输入的代码

（3）保存 helloWorld.py 文件后，在命令行工作模式下输入"cd d:"进入 D 盘，输入"cd Python 实验代码"进入"Python 实验代码"目录。

（4）输入"python helloWorld.py"运行 helloWorld.py 文件，运行结果如图 1.47 所示。

图 1.47　helloWorld.py 文件的运行结果

3）pip 的常用命令

在 Windows 的命令行工作模式下输入"pip -help"，可查看 pip 的常用命令，如图 1.48 所示。

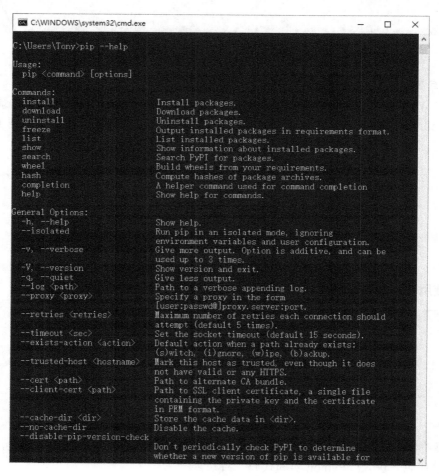

图 1.48　pip 的常用命令

1.1.5　小结

本节首先简要介绍了 Python 语言及其应用场景；然后详细介绍了 Python 的安装方法，以及 Python 的基础语法（包括注释、代码缩进、编码规范等）；最后介绍了如何使用 Python 自带的 IDLE，以及常用的第三方开发工具。本节的重点是 Python 环境的安装、IDLE 的使用、Python 的基础语法。通过本节的学习，读者能够完成 Python 环境的安装，并编写一个简单的 Python 程序。

1.1.6　思考与拓展

（1）运行 Python 的方法有哪些？

（2）什么是 Python 解释器？

（3）简要介绍 Python 的特点。

（4）函数之间或类的方法之间用空行分隔，表示什么含义？

1.2　Python 的基础数据类型及其使用

1.2.1　Python 的变量类型和基础数据类型

1.2.1.1　Python 的变量类型

变量是用来存储数据的。当声明一个变量时，Python 解释器会在创建变量的同时向计算机操作系统申请使用一个新的内存空间来存放该变量。为了充分利用内存空间，Python 解释器允许在这些被变量使用的内存空间存放不同的数据，因此变量可以指定为不同的数据类型，如整数、小数或字符等。

1）变量赋值

Python 语言在为变量赋值时无须声明类型。变量类型会被自动设置为所赋值的类型。在内存空间中创建的每一个变量都包括变量标识、名称和数据等信息。只有在为变量赋值时，变量才会被创建。赋值符是 "="，"=" 左边是变量名，右边是存储在变量中的值。例如：

```
price = 100                    # 赋值整型变量
number = 1000.0                # 赋值浮点型变量
product_name = "pork"          # 赋值字符串变量


print (product_name)
print (price)
print (number)
```

在上面的代码中，"100""1000.0""pork" 分别被赋值给变量 price、number 和 product_name，运行结果如图 1.49 所示。

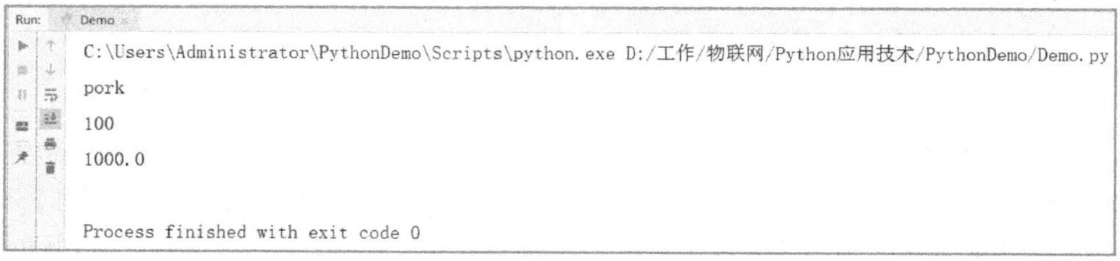

图 1.49　赋值示例代码的运行结果

第一次使用 "=" （赋值符）为变量赋值也称为定义一个变量。此时，Python 解释器会在内存中创建一个空间来存储被赋予的值，这意味着变量被创建了。例如，在下面的代码中，first_var 和 second_var 在赋值的同时被创建了。

```
first_var = 1
second_var = 1.0
```

变量是带有类型属性的，在创建变量后可以通过下面的代码查看变量类型：

```
print(type(first_var), first_var)
print(type(second_var), second_var)
```

如果不再需要所创建的变量，则可以通过 del 语句删除单个或多个变量，例如：

```
del first_var
'''
```

如果需要同时删除多个变量，则可以使用 "," 来隔开每个变量，例如：

```
del first_var, second_var
'''
```

删除变量可释放内存空间。

2）多个变量赋值

Python 允许通过连等的方式为多个变量同时赋予同一个值，例如：

```
a = b = c = 1
```

运行上面的代码后，Python 解释器会在内存中创建一个整型数（值为 1），并且通过赋值的方式将该整型数同时存储到 a、b 和 c 三个变量所在的内存空间。

除了可以为多个变量赋予同一个值，还可以同时为多个变量赋予不同的值，例如：

```
a, b, c = 1, 2.0, "3-4"
```

在上面的代码中，"=" 左边是以逗号为间隔的多个变量，右边是要赋予的值，值的个数与变量的个数相同，这些值同样以逗号间隔。整型数 1 和浮点型数 2.0 分别分配给变量 a 和 b，字符串 "3-4" 分配给变量 c。

多个变量赋值的示例运行结果如图 1.50 所示。

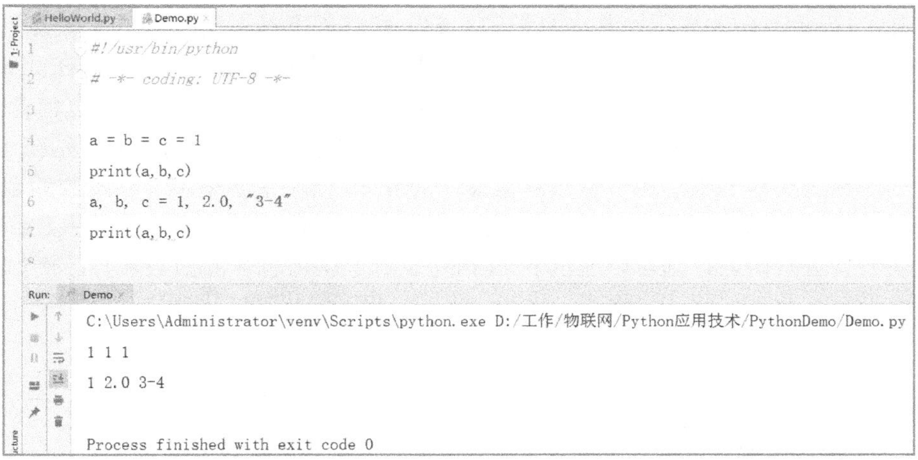

图 1.50　多个变量赋值的示例运行结果

1.2.1.2　Python 的数据类型

为了更好地描述程序处理对象，在内存中存储的数据应该是包含多种类型的。例如，在存储某个人的相关数据时，他的年龄可以用数字来存储，他的名字可以用字符串来存储。Python 定义了一些数据类型，用于存储各种类型的数据，常见的数据类型包括 Numbers（数字）、String（字符串）、List（列表）、Tuple（元组）、Dictionary（字典）等。

1）数字类型

Python 支持 4 种数字类型，不同数字类型的示例如表 1.3 所示。

表 1.3　Python 支持的 4 种数字类型示例

序　　号	int	long	float	complex
1	10	51924361L	0.0	3.14j
2	100	−0x19323L	15.20	45.j
3	−786	0122L	−21.9	9.322e−36j
4	080	0xDEFABCECBDAECBFBAEL	32.3e+18	.876j
5	−0490	535633629843L	−90.	−.6545+0J
6	−0x260	−052318172735L	−32.54e100	3e+26J
7	0x69	−4721885298529L	70.2E−12	4.53e−7j

（1）整型数字类型（int）：通常被称为整型或整数，可以是正整数或负整数，不包括小数点。

（2）长整型数字类型（long）：大小不受限制的整数，最后是一个大写字母 L。尽管长整型数字类型不区分大小写，但是建议使用大写"L"，以免与数字"1"混淆。

（3）浮点型数字类型（float）：包含整数部分与小数部分，除了可以采用常见的十进制小数形式，还可以使用科学计数法的形式，如 2e−2（表示 2×10^{-2}）。

（4）复数型数字类型（complex）：由实数部分（实部）和虚数部分（虚部）构成，可以

用 $a+bj$ 或者 complex(a,b)表示，其中复数的实部 a 和虚部 b 都属于浮点型数字类型。

  Python 语言中关于数学运算的函数是非常丰富的，这些函数基本上都集中在 math 模块和 cmath 模块。math 模块提供了许多关于整数和浮点数的数学运算函数，其中也包含一些用于复数运算的函数。cmath 模块的函数和 math 模块的函数基本类似。两者的区别在于，cmath 模块针对的对象主要是复数，用于复数的运算，而 math 模块主要是用于浮点数的运算函数。要使用 math 模块或 cmath 模块中的函数，就必须通过 import 将函数库导入程序。如果不清楚这两个模块包含哪些函数，则可以通过 print 语句查看其中所包含的函数名称。例如：

```
import math
import cmath

# 单行显示 math 中所有函数
print(*dir(math),sep=",")
# 分行显示 cmath 中所有函数
for i in range(len(dir(cmath))):
    print(dir(cmath)[i],end=",")
    if i % 8 == 0 : print()
```

  图 1.51 所示的代码可查看 math 模块包含的函数。在 PyCharm 中，由于在 run 模式下无法在输出时进行自动换行，因此要想在窗口中将 math 模块或 cmath 模块中的函数完整地显示出来，就需要使用 for 语句或者 while 语句进行分行显示。

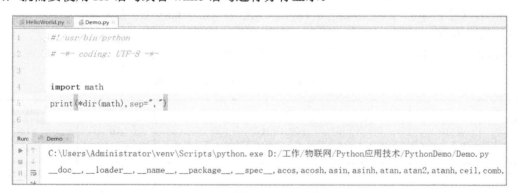

图 1.51 查看 math 模块包含的函数

  通过循环语句分行查看 cmath 模块中的函数，如图 1.52 所示。

2）字符串类型

  在 Python 语言中，字符串被定义为字符的集合，通常是由数字、字母、下画线组成的一串字符，这些字符被引号所包含，引号可以是单引号、双引号和三引号，一般采用双引号，例如：

```
s = "a1a2…an"              # n>=0
```

  Python 语言没有字符类型，单个字符也会被当成字符串，字符串经常被用于表示文本类型的数据。如果要访问字符串中的内容，则需要使用下标。在访问字符串时，通常有从头到尾和从尾到头两种方向，如图 1.53 所示。

```
HelloWorld.py    Demo.py

1    import cmath
5    for i in range(len(dir(cmath))):
6        print(dir(cmath)[i], end=",")
7        if i % 8 == 0 : print()

for i in range(len(dir(cmath)))  > if i % 8 == 0

Run:    Demo

C:\Users\Administrator\venv\Scripts\python.exe D:/工作/物联网/Python应用技术/PythonDemo/Demo.py
__doc__,
__loader__, __name__, __package__, __spec__, acos, acosh, asin, asinh,
atan, atanh, cos, cosh, e, exp, inf, infj,
isclose, isfinite, isinf, isnan, log, log10, nan, nanj,
phase, pi, polar, rect, sin, sinh, sqrt, tan,
tanh, tau,
Process finished with exit code 0
```

图 1.52　通过循环语句分行查看 cmath 模块中的函数

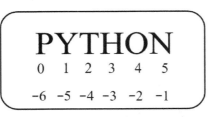

图 1.53　访问字符串的两种方向

（1）从头到尾（即图 1.53 中的从左到右）：下标从 0 开始，最大取值是字符串长度-1。

（2）从尾到头（即图 1.53 中的从右到左）：下标从-1 开始，最小取值是字符串长度×(-1)。

如果要从字符串中截取一段子字符串，则可以通过切片的方式，利用"[头下标:尾下标]"来截取相应的子字符串，头下标从 0 开始计算，尾下标可以是正数或负数。此外，头下标或尾下标还可以为空，表示从头开始截取或截取到末尾。切片语法格式如下：

[头下标: 尾下标: 步长]

需要注意的是，切片方式时遵循的是左闭右开的原则，即截取的子字符串包含头下标对应的字符，不包含尾下标对应的字符。也就是说，截取的字符串从头下标对应的字符开始，到尾下标对应的字符之前的那个字符为止。例如：

```
# -*- coding: UTF-8 -*-
# 文件名：demo.py


s = "abcdef"
print(s[1:5])
```

当采用切片方式截取一段子字符串时，Python 解释器会同时创建一个新的对象存放截取的子字符串，并将新建的对象返回给程序使用。此时，可以直接打印输出或者用于变量赋值。采用切片方式截取子字符串的示例如图 1.54 所示。

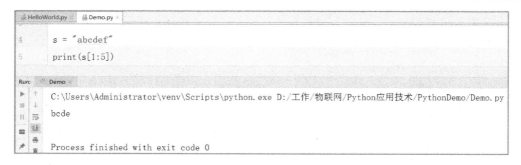

图 1.54　采用切片方式截取子字符串的示例

图 1.54 中，根据下标索引访问得到的第一个值为 s[1] 的值，即 "b"，而根据下标最大值索引访问得到的最后一个值并非尾下标的取值 s[5]，而是 s[5] 的前一个下标 s[4] 的值，即 "e"。不同下标索引得到的值如图 1.55 所示。

从尾到头索引：	−6	−5	−4	−3	−2	−1
从头到尾索引：	0	1	2	3	4	5
	a	b	c	d	e	f
从头到尾截取：		1	2	3	4	5
从尾到头截取：		−5	−4	−3	−2	−1

图 1.55　不同下标索引得到的值

通过切片方式截取字符串的类似操作还有：

```
s = "abcdef"
print(s[1:5:2])            # 取下标为 1,3 的字符
print(s[3:5])             # 取下标为 3,4 的字符
print(s[1:-1])            # 取下标为 1 到倒数第 2 个字符之间的所有字符
print(s[3:])              # 取下标为 3 开始到最后的字符
print(s[::-1])            # 倒序输出
```

通过切片方式截取字符串的类似操作的运行结果如图 1.56 所示。

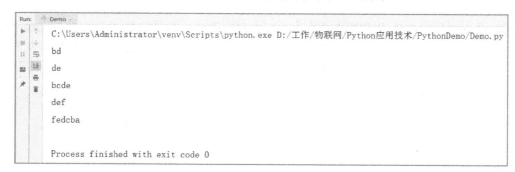

图 1.56　通过切片方式截取字符串的类似操作的运行结果

3）列表类型

列表是 Python 语言中最常见的一种内置数据类型，另外一种内置数据类型是元组。列表

是 Python 特有的一种数据类型，可以存储不同类型的数据，支持数字、布尔值、字符串，甚至还可以包含元组、列表（嵌套）和字典。列表可以看成一种复合数据类型，其创建方式很简单，只要用方括号"[ ]"把数据项包括即可，"[ ]"中的数据项需要用逗号分隔，例如：

```
mylist = [1, True, "abcdef", (1, 2), [3, 4], {"name": "python"}]
```

列表的访问方式和字符串的访问方式类似，通过"[头下标:尾下标]"的方式可以截取列表中对应位置的数据项。同样与字符串的索引值类似，列表从头到尾（从左到右）的第一个数据项的下标值默认为 0，从尾到头（从右到左）的第一个数据项的下标值默认为-1。在截取列表中的数据项时，下标可以为空，表示从头取或取到尾。列表截取示例如图 1.57 所示。

$$x = [\ 'a',\qquad 'b',\qquad 'c',\qquad 'd',\qquad 'e',\qquad 'f'\ ]$$

$$索引\quad \begin{matrix} 0 & 1 & 2 & 3 & 4 & 5 \\ -6 & -5 & -4 & -3 & -2 & -1 \end{matrix}$$

>>> t = [1:4]的结果为['b', 'c', 'd', 'e']　　　　>>> t = [3:]的结果为['d', 'e']

图 1.57　列表截取示例

在对列表进行操作时，加号"+"是列表连接运算符，星号"*"是列表重复运算符，例如：

```
mylist_1 = [ 'python', 786 , 2.23, 'a', True ]
mylist_2 = [123, ['abc']]

print (mylist_1)              # 输出列表 mylist_1 的所有数据项
print (mylist_1[0])          # 输出列表 mylist_1 的第 1 个数据项
print (mylist_1[1:3])        # 输出列表 mylist_1 中第 2 个数据项和第 3 个数据项
print (mylist_1[2:])         # 输出列表 mylist_1 中从第 3 个数据项至列表末尾的所有数据项
print (mylist_2 * 2)         # 将列表 mylist_2 与自身连接在一起并输出连接后的新列表
print (mylist_1 + mylist_2)  # 将列表 mylist_1 与 mylist_2 连接在一起并输出连接后的新列表
```

注意：在上述代码中，只有"print(mylist_1[0])"可以输出列表中的所有数据项，其他输出语句的结果均为列表的部分数据项。此外，"print(mylist_1 * 2)"相当于先创建新列表变量 mylist_3，然后令 mylist_3 = mylist_1 *2，最后输出列表 mylist_3 的所有数据项。"print(mylist_1 + mylist_2)"的工作方式与"print(mylist_1 *2)"类似，也是先创建新列表变量再输出数据项。

列表操作的示例运行结果如图 1.58 所示。

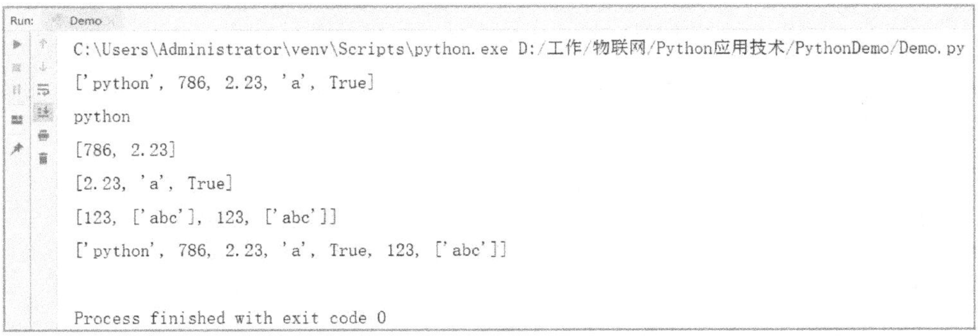

```
Run:    Demo
    C:\Users\Administrator\venv\Scripts\python.exe D:/工作/物联网/Python应用技术/PythonDemo/Demo.py
    ['python', 786, 2.23, 'a', True]
    python
    [786, 2.23]
    [2.23, 'a', True]
    [123, ['abc'], 123, ['abc']]
    ['python', 786, 2.23, 'a', True, 123, ['abc']]

    Process finished with exit code 0
```

图 1.58　列表操作的示例运行结果

（1）更新列表。通过 append()方法可在列表中添加新数据项，新添加的数据项位于列表的末尾，例如：

```
mylist_1 = []                           # 空列表
print(mylist_1)                         # 添加数据项之前的列表
mylist_1.append('物联网')                # 通过 append()方法添加数据项
mylist_1.append('工业机器人')
print(mylist_1)                         # 添加数据项之后的列表
```

添加新数据项的运行结果如图 1.59 所示。

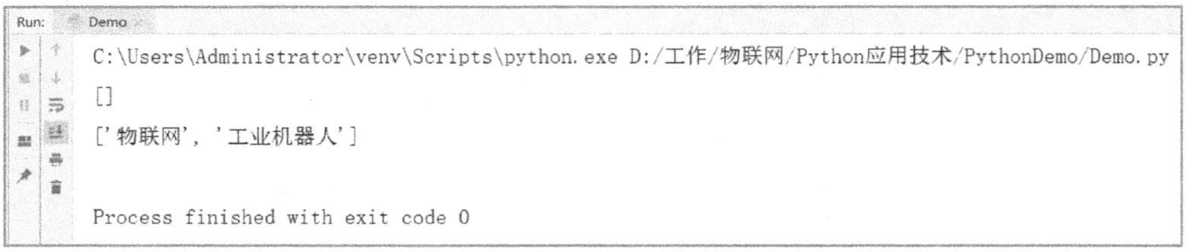

```
Run:    Demo

    C:\Users\Administrator\venv\Scripts\python.exe D:/工作/物联网/Python应用技术/PythonDemo/Demo.py
    []
    ['物联网', '工业机器人']

    Process finished with exit code 0
```

图 1.59　添加新数据项的运行结果

使用等号"="可以修改列表中的数据项，例如：

```
mylist_1 = ['物联网', '工业机器人']        # 定义列表 mylist_1
print(mylist_1[0])                      # 修改之前的数据项
mylist_1[0] = 'python 应用技术'           # 修改列表的第 1 个数据项
print(mylist_1, mylist_1[0])            # 修改之后的数据项
```

修改列表中数据项的运行结果如图 1.60 所示。

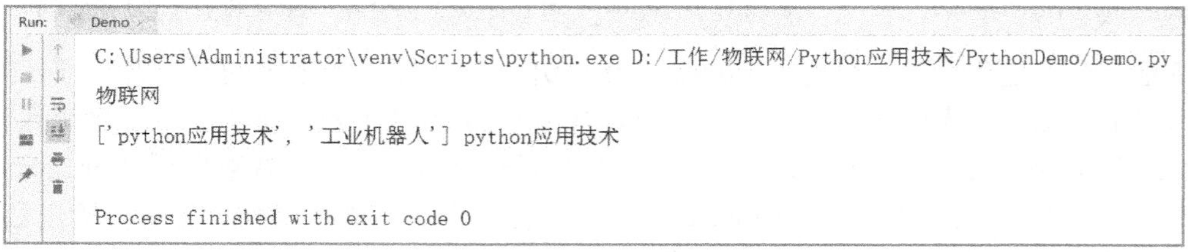

```
Run:    Demo

    C:\Users\Administrator\venv\Scripts\python.exe D:/工作/物联网/Python应用技术/PythonDemo/Demo.py
    物联网
    ['python应用技术', '工业机器人'] python应用技术

    Process finished with exit code 0
```

图 1.60　修改列表中数据项的运行结果

（2）删除列表中的数据项。通过 del 语句或者 remove()方法可删除列表中的数据项，del 语句用于删除指定下标的数据项，remove()方法可以删除指定内容的列表数据项。此外，del 语句还可以删除整个列表。利用 del 语句删除单个数据项的示例如下：

```
mylist_1 = ['python 应用技术', '工业机器人', 2020, 9.1]
print('删除前：', mylist_1)               # 删除数据项之前的列表
del mylist_1[2]                         # 删除列表的第 3 个数据项
print('删除后：', mylist_1)               # 删除指定数据项之后的列表
```

利用 del 语句删除单个数据项的运行结果如图 1.61 所示。

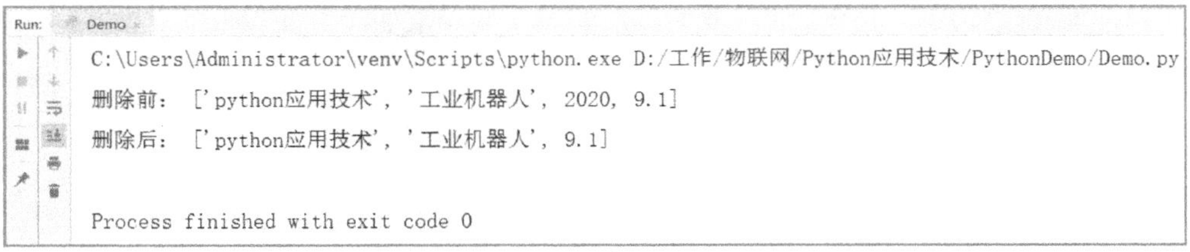

图 1.61　利用 del 语句删除单个数据项的运行结果

利用 remove()方法删除单个数据项的示例如下：

```
mylist_1 = ['python 应用技术', '工业机器人', 2020, 9.1]
print('删除前：', mylist_1)                          # 删除数据项之前的列表
mylist_1.remove('工业机器人')                        # 删除列表中包含"工业机器人"的数据项
print('删除后：', mylist_1)                          # 删除数据项之后的列表
```

利用 remove()方法删除单个数据项的运行结果如图 1.62 所示。

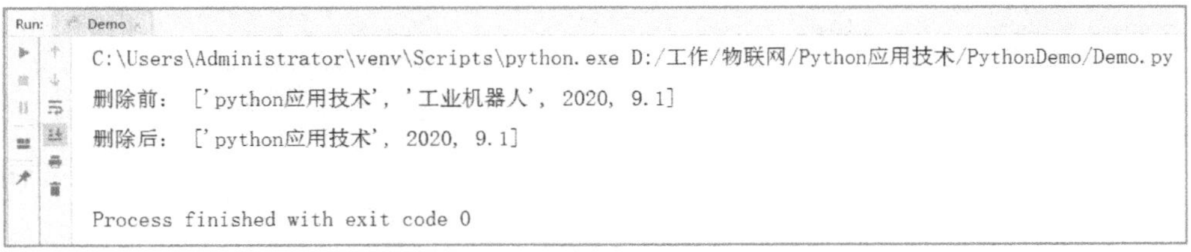

图 1.62　利用 remove()方法删除单个数据项的运行结果

4）元组类型

元组是一种类似于列表的数据类型。元组的表示方法和数据项的访问方式都与列表十分类似。列表使用方括号"[ ]"包含数据项，元组则使用圆括号"( )"包含数据项；两者都使用下标索引的方式访问数据项，不同之处在于元组的数据项不能被修改。元组的创建方式很简单，只要用方括号"( )"把数据项包括起来即可，其中数据项需要用","分隔，例如：

```
mytuple_1 = ( 'python', 786 , 2.23, 'a', True )
mytuple_2 = (123, ['abc'])


print (mytuple_1)                    # 输出元组 mytuple_1 的所有数据项
print (mytuple_1[0])                 # 输出元组 mytuple_1 的第 1 个数据项
print (mytuple_1[1:3])               # 输出元组 mytuple_1 中第 2 个与第 3 个数据项
print (mytuple_1[2:])                # 输出元组 mytuple_1 中从第 3 个数据项到元组末尾的所有数据项
print (mytuple_1 * 2)                # 将元组 mytuple_2 与自身连接在一起并输出所有的数据项
print (mytuple_1 + mytuple_2)        # 将元组 mytuple_1 和 mytuple_2 连接在一起并输出所有的数据项
```

元组访问的示例运行结果如图 1.63 所示。

从上面的叙述可以看出，元组的操作与列表类似。如果不指定下标输出，如"print(tuple[0])"，那么将会输出元组的所有数据项；"print(mytuple_1 * 2)"相当于先创建了一个新元组变量 mytuple_3，再令"mytuple_3 = mytuple_1 * 2"，最后输出 mytuple_3 的所有数据项。"print(mytuple_1 + mytuple_2)"的工作方式与"print(mytuple_1 * 2)"类似，也是先生成新元组变量再输出数据项。

```
Run: Demo
C:\Users\Administrator\venv\Scripts\python.exe D:/工作/物联网/Python应用技术/PythonDemo/Demo.py
('python', 786, 2.23, 'a', True)
python
(786, 2.23)
(2.23, 'a', True)
('python', 786, 2.23, 'a', True, 'python', 786, 2.23, 'a', True)
('python', 786, 2.23, 'a', True, 123, ['abc'])

Process finished with exit code 0
```

图 1.63　元组访问的示例运行结果

需要注意的是，元组是不允许更新的，而列表允许更新，例如：

```
mylist_1 = ['python', 786, 2.23, 'a', True]
mytuple_1 = ('python', 786, 2.23, 'a', True)
mylist_1[2] = 1000                              # 在列表中更新是合法应用
mytuple_1[2] = 1000                             # 在元组中更新是非法应用
```

在更新元组时会提示错误信息，如图 1.64 所示。在运行代码时会产生类型错误的提示，错误原因为元组不支持赋值指派。

```
Run: Demo
C:\Users\Administrator\venv\Scripts\python.exe D:/工作/物联网/Python应用技术/PythonDemo/Demo.py
Traceback (most recent call last):
  File "D:/工作/物联网/Python应用技术/PythonDemo/Demo.py", line 6, in <module>
    tuple1[2] = 1000  # 元组中是非法应用
TypeError: 'tuple' object does not support item assignment

Process finished with exit code 1
```

图 1.64　在更新元组时的错误信息

5）字典类型

字典是 Python 语言中除列表外最灵活的一种内置数据类型。从数据的逻辑组织来看，列表是一种基于顺序存储结构的数据容器，字典则是一种无序的数据存储容器，但这两种数据类型不但都可以存储多个数据项，而且还可以快速定位到某个数据项。字典和列表的区别是：字典中的数据项是通过键-值对进行存取的，列表是通过下标进行存取的。字典用大括号“{ }”包括数据项，这些数据项都是由键（key）及其对应的值（value）组成的，并且数据项之间用逗号“,”分隔，例如：

```
    mydict_1 = {}                              #定义一个空字典 mydict_1
    mydict_1['one'] = "i like linux"           #往字典 mydict_1 添加新数据项，key = 'one' : value = "i like
linux"
    mydict_1[2] = "there are many robot"       #往字典 mydict_1 添加新数据，key = 2 : value = "there are
many robot"
```

```
mydict_2 = {'name': '张三', 'stu_code': 12345, 'dept': 'computer'}        # 创建一个包含数据项的字典 mydict_2

print(mydict_1['one'])                            # 输出键为 one 的值
print(mydict_1[2])                                # 输出键为 2 的值
print(mydict_2)                                   # 输出字典中的所有数据项
print(mydict_2.keys())                            # 输出字典中的所有键
print(mydict_2.values())                          # 输出字典中的所有值
```

字典访问的示例运行结果如图 1.65 所示。

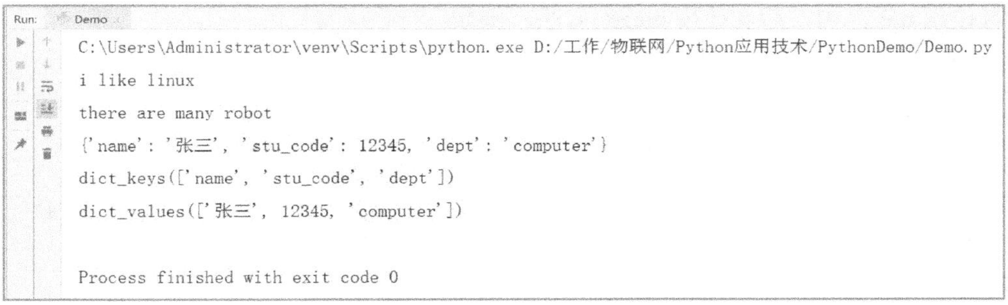

图 1.65　字典访问的示例运行结果

上面的字典访问示例定义了一个包含数据项的字典 mydict_2，字典中的每个数据项都是由键和值组成的，键和值之间用 "：" 分隔，如键 name 对应的值为张三，表示为 "'name'：'张三'"。如果字典中存在多个数据项，则用 "，" 隔开这些数据项。如果需要输出键所对应的值，则可以通过 "print(dict[key])" 来实现，如 "print(mydict_1['one'])" 就可以输出字典 mydict_1 中键 "one" 所对应的值。此外，如果要往字典中添加新数据项，则可以通过为键赋值的方式来实现，如 "mydict_1['one'] = "i like linux"" 就可以在字典 mydict_1 中增加一个键 "one"，这个键所对应的值为 "i like linux"。需要注意的是，如果 mydict_1 已经存在键 "one"，则会修改键的值。

（1）新增和修改字典中的数据项。新增或修改字典中的数据项的方法是增加新的键-值对或修改已有的键-值对，例如：

```
mydict_1 = {'Name': '张三', 'Age': 20, 'gender': 'Male'}

mydict_1['Age'] = 18                              # 修改 Age 的值
mydict_1['work'] = "student"                      # 添加一个新键-值对 "work : student"

print("mydict_1['Age']: ", mydict_1['Age'])
print("mydict_1['work']: ", mydict_1['work'])
```

新增和修改字典中的数据项的示例运行结果如图 1.66 所示。

在上面的示例中，如果需要修改字典中键所对应的值，则可以通过赋值的方式完成。例如，要将张三的年龄修改为 18，则通过 "mydict_1['Age'] = 18" 即可。如果字典中不存在键 "work"，则 "mydict_1['work'] = "student"" 就会在字典 mydict_1 中添加一个新数据项 "work: student"。

```
Run:    Demo ×
        C:\Users\Administrator\venv\Scripts\python.exe D:/工作/物联网/Python应用技术/PythonDemo/Demo.py
        dict1['Age']:  18
        dict1['work']:  student


        Process finished with exit code 0
```

图 1.66　新增和修改字典中的数据项的示例运行结果

（2）删除字典中的数据项。删除字典中的数据项操作包括删除某个数据项和清空整个字典，前者使用 del 语句，后者使用 clear()方法，例如：

```
mydict_1 = {'Name': 'Zara', 'Age': 7, 'Class': 'First'}

print(mydict_1)                # 删除数据项之前的字典 mydict_1 中的内容
del mydict_1['Name']           # 删除键 "Name" 对应的数据项
print(mydict_1)                # 删除键 "Name" 对应的数据项之后的字典 mydict_1 中的内容
mydict_1.clear()               # 清空字典 mydict_1 中的所有数据项
print(mydict_1)                # 清空后的字典 mydict_1
del mydict_1                   # 删除字典 mydict_1
```

删除字典中的数据项的示例运行结果如图 1.67 所示。

```
Run:    Demo ×
        C:\Users\Administrator\venv\Scripts\python.exe D:/工作/物联网/Python应用技术/PythonDemo/Demo.py
        {'Name': 'Zara', 'Age': 7, 'Class': 'First'}
        {'Age': 7, 'Class': 'First'}
        {}


        Process finished with exit code 0
```

图 1.67　删除字典中的数据项的示例运行结果

在上面的示例中，不能在 " del mydict_1" 输出字典 mydict_1 中的内容，即 "print(mydict_1)" 会引发程序运行异常。在 "del mydict_1" 后，字典 mydict_1 连同其对应的内存空间会被 Python 解释器删除，不再存在。

（3）字典的键的特性。键-值对中的值是没有任何约束的，既可以是标准的数据类型对象，如数字、布尔、列表等，也可以是用户定义的数据类型，如枚举等。键-值对中键的使用是有要求的，在字典中不允许同一个键出现两次，若同一个键被赋值两次，则后一个值会被记住，例如：

```
mydict_1 = {'Name': '张三', 'Age': 7, 'Name': '李四'}
print("mydict_1['Name']: ", mydict_1['Name'])
print(mydict_1)
```

同一个键被赋值两次的运行结果如图 1.68 所示。

在上面的示例中，字典 mydict_1 重复出现了键 Name，此时字典 mydict_1 会自动进行去重处理，保留最后一次的赋值结果。

```
Run:    Demo
    C:\Users\Administrator\venv\Scripts\python.exe D:/工作/物联网/Python应用技术/PythonDemo/Demo.py
    dict1['Name']: 李四
    {'Name': '李四', 'Age': 7}

    Process finished with exit code 0
```

图 1.68　同一个键被赋值两次的运行结果

字典的键必须是不可变的，因此只可以用数字、字符串或元组充当键。列表的长度是可变的，不允许用于键的定义。例如：

```
mydict_1 = {['Name']: '张三', 'Age': 7}
print("mydict_1['Name']: ", mydict_1['Name'])
```

字典中的键的定义示例运行结果如图 1.69 所示。

```
Run:    Demo
    C:\Users\Administrator\venv\Scripts\python.exe D:/工作/物联网/Python应用技术/PythonDemo/Demo.py
    Traceback (most recent call last):
      File "D:/工作/物联网/Python应用技术/PythonDemo/Demo.py", line 3, in <module>
        dict1 = {['Name']: '张三', 'Age': 7}
    TypeError: unhashable type: 'list'

    Process finished with exit code 1
```

图 1.69　字典中的键的定义示例运行结果

在上面的示例中，由于['Name']是一个列表变量，所以无法进行 Hash 处理，从而引发了定义过程的类型错误异常。

1.2.2　基础数据类型组合使用

Python 语言中有三种组合数据类型在程序设计时会经常被用到，分别是集合类型、序列类型和映射类型。集合类型是一个元素集合，元素之间无序，相同元素在集合中唯一存在。序列类型是一个元素向量，元素之间存在先后关系，通过序列号访问，元素之间不排他。序列类型的典型代表是字符串类型和列表类型（详见 1.2.1.2 节）。映射类型是键-值对的组合，每一个元素是一个键-值对，表示为 key:value。映射类型的典型代表是字典类型（详见 1.2.1.2 节）。

集合类型是一个具体的数据类型，序列类型和映射类型是一类数据类型的总称。

1.2.2.1　集合类型

Python 语言中集合和其他语言的集合类似，表示一个无序的不重复元素集，即不可以使用下标索引的方式读取数据，集合中不存在重复的数据。Python 的集合可支持数学运算，如并集、交集、差集和对称差集等。

Python 可以通过两种方式创建集合：使用大括号"{ }"包含元素或者使用 set()方法创建

集合。需要注意的是，如果只是创建一个空集，则必须使用 set()方法，不能使用"{ }"包含元素。因为字典的表示方法也是用"{ }"包含元素的，所以使用"{ }"包含元素创建的字典被认为创建了一个空字典。

集合的两种创建方式为：

```
myset = {value_1, value_2, …, value_n}
# 或者
set(value)
例如：
# -*- coding: UTF-8 -*-
# 文件名：demo.py

country = {"China", "Korea","Japan","USA"}
mycountry = set('china')        #以字符串为目标，通过 set()函数定义一个集合
print(country)
print(mycountry)
number = set([1,2,3,2,1])           #以列表为目标，通过 set()函数定义一个集合
print(number)
```

集合创建的示例运行结果如图 1.70 所示。

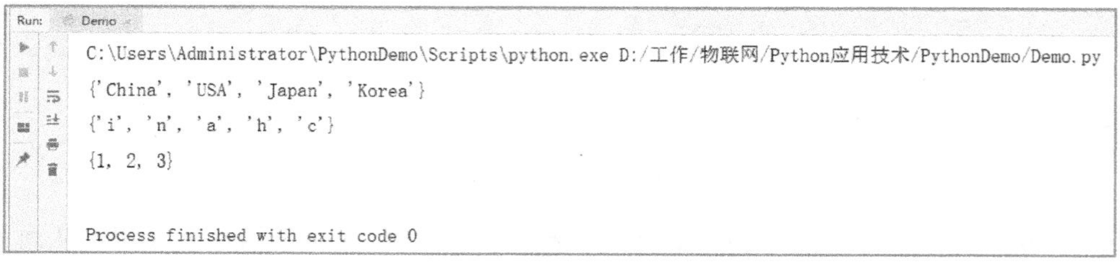

图 1.70 集合创建的示例运行结果

在上面的示例中，"{ }"是集合的表示符，如果用"{ }"来定义一个集合，那么该集合会自动进行去重处理，处理后的元素次序会发生变动；如果使用 set()方法来定义一个集合，则 set()方法会先将其中的目标对象自动分解为基本元素，然后使用"{ }"重新定义一个包含所有基本元素的集合，最后对集合中的元素进行去重处理。

定义集合时需要注意以下几点：

（1）在使用"{ }"或者 set()方法定义一个集合时，该集合中不会包含重复的元素，并且元素的次序是乱序。

（2）在使用 set()方法定义集合时，操作的对象不能是数字，因为 set()方法在分解数字时会引发异常。

（3）尽管集合的表示符"{ }"与字典的表示符"{ }"相同，但其内部元素的结构有较大的差异，集合的元素是用逗号分隔的，字典采用的是键-值对；集合可以进行数学运算，字典只能进行数据读取。

集合操作示例如下：

```
myset_1 = set('it is the python world!')
```

```
myset_2 = set('python')

print(myset_1)
print(myset_1 - myset_2)                    # 集合 myset_1 中包含的元素，集合 myset_2 中不包含的元素
print(myset_1 | myset_2)                    # 集合 myset_1 或 myset_2 包含的元素
print(myset_1 & myset_2)                    # 集合 myset_1 和 myset_2 都包含的元素
print(myset_1 ^ myset_2)                    # 不同时包含于 myset_1 和 myset_2 的元素
```

集合操作的示例运行结果如图 1.71 所示。

```
Run:    Demo
C:\Users\Administrator\PythonDemo\Scripts\python.exe D:/工作/物联网/Python应用技术/PythonDemo/Demo.py
{'i', 'h', 'p', 'r', 's', 'y', 'o', 'n', 'l', 'e', 'w', 't', ' ', '!', 'd'}
{'i', 'r', 'l', 'e', 'w', 's', ' ', '!', 'd'}
{'h', 'p', 'r', 'n', 'l', 's', 't', 'd', 'i', 'y', 'o', 'e', 'w', ' ', '!'}
{'h', 'p', 'y', 'n', 'o', 't'}
{'i', 'r', 's', 'l', 'e', 'w', ' ', '!', 'd'}

Process finished with exit code 0
```

图 1.71　集合操作的示例运行结果

此外，与列表支持推导式类似，集合同样支持推导式，例如：

```
myset = {x for x in '中国国家足球队' if x not in '中国'}
print(myset)
```

集合推导式的运行结果如图 1.72 所示。

```
Run:    Demo
C:\Users\Administrator\venv\Scripts\python.exe D:/工作/物联网/Python应用技术/PythonDemo/Demo.py
{'家', '球', '队', '足'}

Process finished with exit code 0
```

图 1.72　集合推导式的运行结果

1.2.2.2　集合的基本操作

1）添加元素

通过 add()方法可在集合中添加元素，用法如下：

```
s.add( x )
```

其中，s 为需要添加元素的集合；x 为待添加的元素。在使用 add()方法将元素 x 添加到集合 s 中时，需要注意的是，若集合 s 中已经存在元素 x，则会因为集合的自动去重功能而使 s.add(x)运行后无实质效果。例如：

```
phone_set = set(("HuaWei", "XiaoMi", "OPPO"))
print(phone_set)                            # 添加元素前的集合 phone_set
```

```
phone_set.add("VIVO")
print(phone_set)                                    # 添加元素后的集合 phone_set
```

通过 add()方法添加元素的示例运行结果如图 1.73 所示。

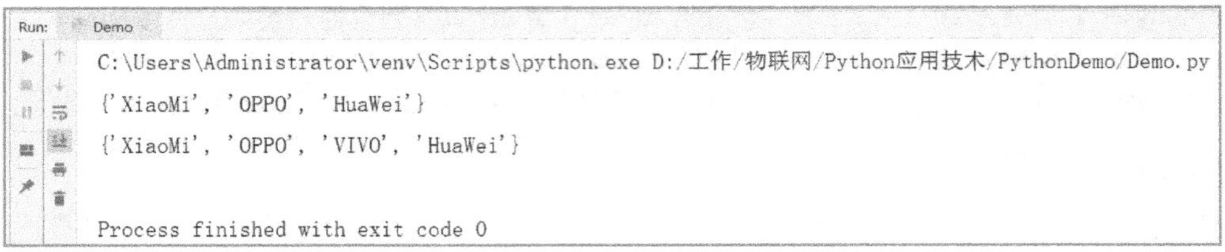

图 1.73　通过 add()方法添加元素的示例运行结果

此外，使用 update()函数也可以为集合添加新元素，用法如下：

```
s.update( x )
```

其中，s 为需要添加元素的集合；x 为待添加的元素，可以是列表、元组和字典等，若 x
中包含多个数据项，则可以用逗号分隔这些数据项。例如：

```
phone_set = set(("HuaWei", "XiaoMi", "OPPO"))
print(phone_set)                                    # 添加元素前的集合 phone_set

phone_set.update({1,3,7})
print(phone_set)                                    # 添加元素后的集合 phone_set
phone_set.update([1,2,3,4],[5,6,7])
print(phone_set)
```

通过 update()方法添加元素的示例运行结果如图 1.74 所示。

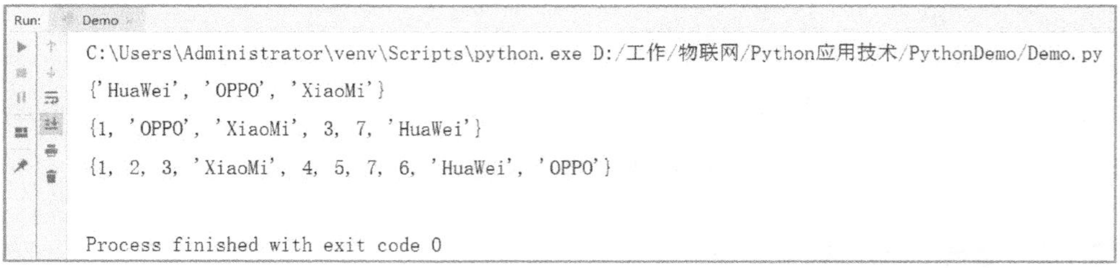

图 1.74　通过 update()方法添加元素的示例运行结果

由于集合中的数据都是基本数据类型，如数字、布尔及字符串等，所以在向集合中添加
列表、集合等时，Python 解释器会将其中的数据项提取出来，在进行去重处理后合并到集合
phone_set 中。

2）删除元素

通过 remove()方法可以删除集合中的元素，用法如下：

```
s.remove( x )
```

其中，s 为需删除元素的集合；x 为要删除的元素。使用 remove()方法虽然可以将元素 x

从集合 s 中删除，但如果待删除的元素不在集合中，则会引发异常。例如：

```
phone_set = set(("HuaWei", "XiaoMi", "OPPO"))
print(phone_set)                          # 删除元素前的集合 phone_set

phone_set.remove("XiaoMi")
print(phone_set)                          # 删除元素后的集合 phone_set

phone_set.remove("XiaoMi")                # 重复删除会引发异常
```

通过 remove()方法删除元素的示例运行结果如图 1.75 所示。

图 1.75　通过 remove()方法删除元素的示例运行结果

从图 1.75 所示的运行结果来看，两句"print(phone_set)"均被正常运行，表示若集合中存在被删除的元素，通过 remove()方法可以删除这些元素；最后一句在删除不存在的元素时引发了异常。在通过 remove()方法删除集合中的元素前必须确定待删除的元素是存在的，这可以通过 in 语句进行判定，如"if "XiaoMi" in phone_set: phone_set.remove("XiaoMi")"。

如果不希望在删除元素的过程中产生异常，则可以通过 discard()方法来删除集合中的元素。使用 discard()方法时，即使待删除的元素不存在也不会引发异常。discard()方法的用法如下：

```
s.discard( x )
```

其中，s 为需要删除元素的集合；x 为待删除的元素。例如：

```
phone_set = set(("HuaWei", "XiaoMi", "OPPO"))
phone_set.discard("Apple")                # 删除不存在的元素
print("删除 Apple 后，", phone_set)
phone_set.discard("OPPO")                 # 删除存在的元素
print("删除 OPPO 后，", phone_set)
```

通过 discard()方法删除元素的示例运行结果如图 1.76 所示。

此外，通过读取–删除的方式也可以将元素从集合中删除，读取–删除的方式与"数据结构"课程中的链表操作类似，用法如下：

```
s.pop()
```

```
Run:  Demo
C:\Users\Administrator\venv\Scripts\python.exe D:/工作/物联网/Python应用技术/PythonDemo/Demo.py
删除Apple后， {'HuaWei', 'OPPO', 'XiaoMi'}
删除OPPO后， {'HuaWei', 'XiaoMi'}

Process finished with exit code 0
```

图 1.76　通过 discard()方法删除元素的示例运行结果

其中，s 为需要删除元素的集合，pop()方法会将 s 中的第 1 个元素弹出。例如：

```
phone_set = {"HuaWei", "XiaoMi", "OPPO"}
print(phone_set)                    # 通过 pop()弹出第 1 个元素前的集合
x = phone_set.pop()                 # 通过 pop()方法把集合中第 1 个元素弹出并赋值给变量 x
print(x)
print(phone_set)                    # 通过 pop()方法弹出第 1 个元素后的集合
```

通过 pop()方法删除元素的示例运行结果如图 1.77 所示。

```
Run:  Demo
C:\Users\Administrator\venv\Scripts\python.exe D:/工作/物联网/Python应用技术/PythonDemo/Demo.py
{'OPPO', 'HuaWei', 'XiaoMi'}
OPPO
{'HuaWei', 'XiaoMi'}

Process finished with exit code 0
```

图 1.77　通过 pop()方法删除元素的示例运行结果

由图 1.77 所示的结果可以看出，当定义一个集合时，集合中的元素是乱序排序的。也就是说，通过 set()方法或者“{ }”定义集合时，集合中的元素排序是随机的，如上面示例中的 phone_set 的第 1 个元素是“HuaWei”，Python 解释器在生成变量 phone_set 时对其中的元素进行了乱序排序，第 1 个元素变成了“OPPO”，所以通过 pop()方法删除了集合中的第 1 个元素“OPPO”。

3）计算集合元素的个数

通过 len()方法可计算集合元素的个数，用法如下：

```
len(s)
```

其中，s 为需要计算元素个数的集合。例如：

```
phone_set = {"HuaWei", "XiaoMi", "OPPO"}
lens = len(phone_set)
print("phone_set 的元素个数为：", lens)
```

通过 len()方法计算集合元素个数的示例运行结果如图 1.78 所示。

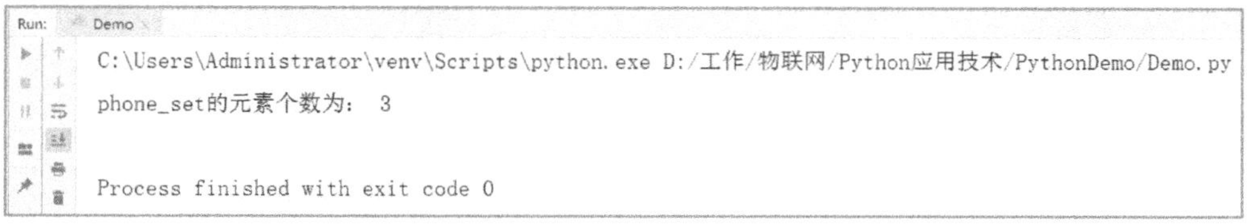

图 1.78　通过 len()方法计算集合元素个数的示例运行结果

4）清空集合

通过 clear()方法可清空集合中的元素，用法如下：

s.clear()

其中，s 为需要清空元素的集合。例如：

```
phone_set = {"HuaWei", "XiaoMi", "OPPO"}
print("清空前的集合:",phone_set)                    # 清空元素前的集合
phone_set.clear()
print("清空后的集合:",phone_set)                    # 清空元素后的集合
```

通过 clear()方法清空集合元素的示例运行结果如图 1.79 所示。

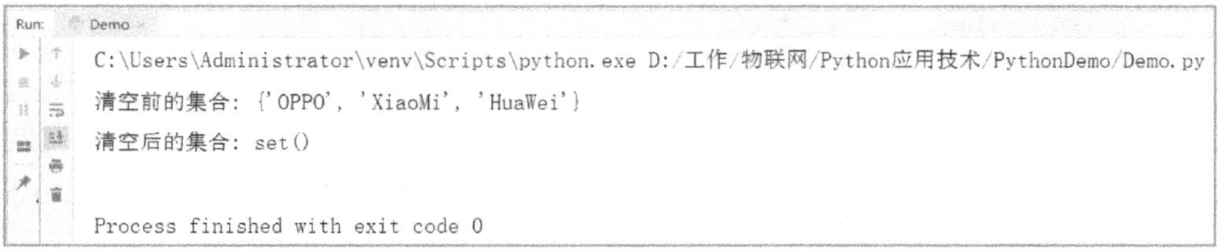

图 1.79　通过 clear()方法清空集合元素的示例运行结果

通过 clear()方法清空集合中的元素后，集合会变为空集。如果此时输出集合的内容，则显示的结果是"set()"。

5）判断元素是否在集合中

通过成员运算符 in 可判断元素是否在集合中，用法如下：

x in s

其中，s 为目标集合；x 为任意元素；in 为成员运算符。在 Python 语言中，成员运算符用于判断指定序列中是否包含某个值，如果包含则返回 True，否则返回 False。例如：

```
phone_set = {"HuaWei", "XiaoMi", "OPPO"}
my_phone = "Apple"
print("my_phone 在集合中的判断是：",my_phone in phone_set)
```

通过成员运算符 in 判断元素是否在集合中的示例运行结果如图 1.80 所示。

在上面的示例中，"my_phone in phone_set"是一个判断运算，判断结果是 True 或 False。

集合内置的方法如表 1.4 所示。

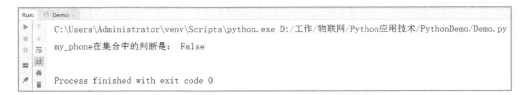

图 1.80　通过成员运算符 in 判断元素是否在集合中的示例运行结果

表 1.4　集合内置的方法

序号	方　法	描　述
1	add()	在集合中添加元素
2	clear()	清空集合
3	copy()	复制集合
4	difference()	返回多个集合的差集
5	difference_update()	删除集合中的元素，该元素在指定的集合中存在
6	discard()	删除集合中指定的元素
7	intersection()	返回集合的交集
8	intersection_update()	更新为交集
9	isdisjoint()	判断两个集合是否包含相同的元素，如果没有则返回 True，否则返回 False
10	issubset()	判断指定集合是否为该方法参数集合的子集
11	issuperset()	判断该方法的参数集合是否为指定集合的子集
12	pop()	删除集合中的第 1 个元素
13	remove()	删除指定的元素
14	symmetric_difference()	返回两个集合中不重复的元素集合
15	symmetric_difference_update()	删除当前集合与指定集合相同的元素，并将指定集合中的不同元素插入当前集合
16	union()	返回两个集合的并集
17	update()	更新集合

1.2.3　数据类型内置方法的使用

1.2.3.1　数字类型的常用方法

1）字符串转换为整型

字符串类型的变量可以转换为数字类型的变量，用法如下：

```
int(x,base=10)
```

其中，x 为字符串类型的变量或数字类型中非整型的数字；base 为进制数，默认为十进制。例如：

```
num_str = "12345"
n = int(num_str)              # 当进制数为十进制时，可以不写第 2 个参数 base
```

```
print(type(num_str), num_str)
print(type(n), n)
```

通过 int()方法进行类型转换的示例运行结果如图 1.81 所示。

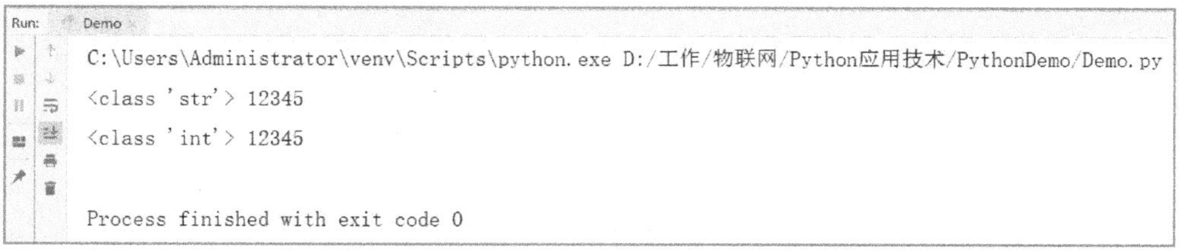

```
Run:    Demo
    C:\Users\Administrator\venv\Scripts\python.exe D:/工作/物联网/Python应用技术/PythonDemo/Demo.py
    <class 'str'> 12345
    <class 'int'> 12345

    Process finished with exit code 0
```

图 1.81　通过 int()方法进行类型转换的示例运行结果

2）获取整型数字的二进制长度

通过 bit_length()方法可以获取整型数字对应的二进制数的长度，用法如下：

```
x.bit_length()
```

其中，x 为整型数字。bit_length()方法将会返回 x 对应的二进制数占用的比特（bit）的数量，即对应的二进制数的长度。例如：

```
n = 15
b_len=n.bit_length()
print(n,"的二进制长度为", b_len, end=' ')
print(bin(n))                    #输出 n 对应的二进制数
```

通过 bit_length()方法获取整型数字对应的二进制数的长度示例运行结果如图 1.82 所示。

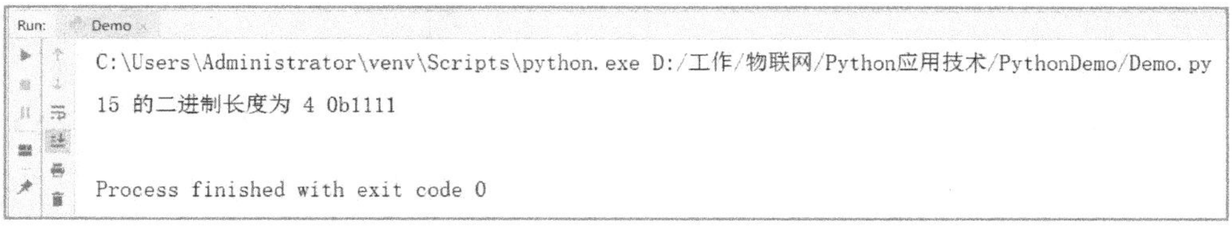

```
Run:    Demo
    C:\Users\Administrator\venv\Scripts\python.exe D:/工作/物联网/Python应用技术/PythonDemo/Demo.py
    15 的二进制长度为 4 0b1111

    Process finished with exit code 0
```

图 1.82　通过 bit_length()方法获取整型数字对应的二进制数的长度示例运行结果

图 1.82 中，0b 表示二进制格式，即 0b1111 为 15 对应的二进制数。与之类似的进制输出还有八进制和十六进制，如 print(oct(n))的结果是 0o17，print(hex(n))的结果是 0xf。

1.2.3.2　字符串类型的常用方法

1）实现字符串首字母的大写

通过 capitalize()方法可实现字符串首字母的大写，用法如下：

```
s.capitalize()
```

其中，s 为目标字符串。capitalize()方法将 s 的首字母转换为大写形式，例如：

```
words = "hello, python world!"
new_words = words.capitalize()          # 将字符串 words 的首字母大写并赋值给变量 new
```

```
print(words)
print(new)
```

通过 capitalize()方法可实现字符串首字母大写的示例运行结果如图 1.83 所示。

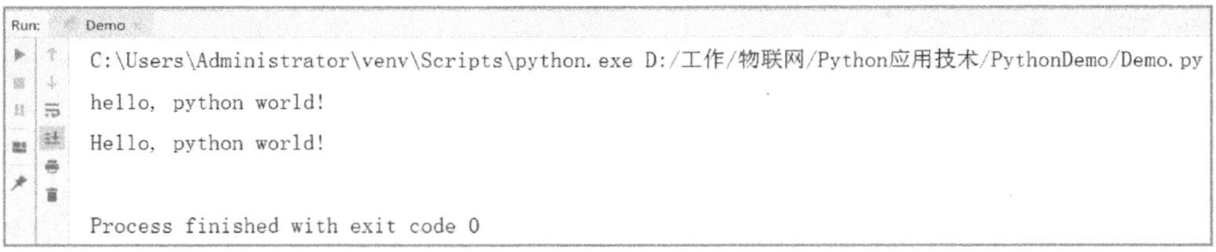

图 1.83　通过 capitalize()方法可实现字符串首字母大写的示例运行结果

2）将字符串中的字母全部变为小写

通过 casefold()或 lower()方法可将字符串中的字母全部变为小写，用法如下：

```
s.casefold()
# 或
s.lower()
```

其中，s 为目标字符串。casefold()和 lower()方法都可以将 s 中的字母全部转换为小写，二者的区别在于，当程序采用 Unicode 编码时必须用 casefold()方法，而 lower()方法只对 ASCII 编码有效。这两种方法只对大写字母 A～Z 有效。例如：

```
iden = "High School Student"
c_casefold = iden.casefold()              # 使用 casefold()方法进行转换
c_lower = iden.lower()                    # 使用 lower()方法进行转换
print(c_casefold)
print(c_lower)
```

通过 casefold()和 lower()方法将字符串中的字母变为小写的示例运行结果如图 1.84 所示。

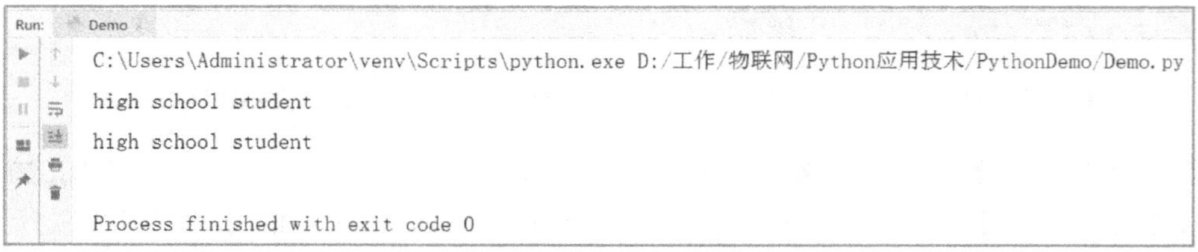

图 1.84　通过 casefold()和 lower()方法将字符串中的字母变为小写的示例运行结果

3）将字符串的内容居中处理

通过 center()方法将字符串的内容居中处理，用法如下：

```
s.center(width[, fillchar])
```

其中，s 为目标字符串；width 为新生成字符串的总宽度；当 width 大于 s 的长度时，fillchar 是用来填充的字符（默认为空格）。center()方法将返回一个指定宽度 width 的字符串，在该字符串中，原字符串内容会被置为居中。如果 width 小于原字符串的长度，则直接返回原字符串；否则使用 fillchar 去填充多出来的位置。例如：

```
web_site = " https://www.gdcp.com /"
new_str = web_site.center(60,"*")
print(new_str)
```

通过 center()方法将字符串的内容居中处理的示例运行结果如图 1.85 所示。

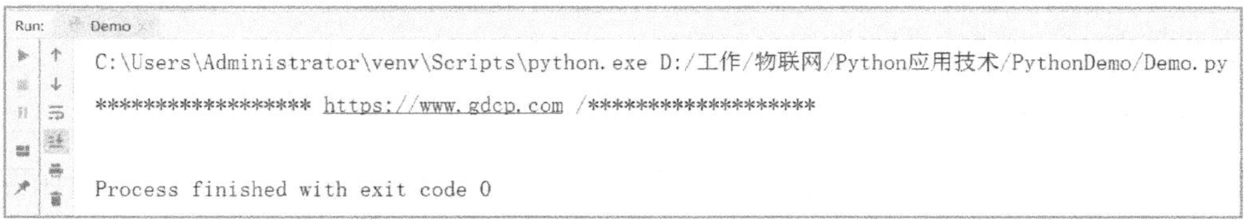

图 1.85　通过 center()方法将字符串的内容居中处理的示例运行结果

若 width 小于原字符串的长度，如"web_site.center(10,"*")"，则 center()方法不会做任何处理。

4）统计字符串中子字符串的出现次数

通过 count()方法可以统计字符串中子字符串的出现次数，用法如下：

```
s.count(sub, start= 0,end=len(string))
```

其中，s 为目标字符串；sub 为要搜索的字符串（目标字符串的子字符串）；start 表示从 s 中开始搜索子字符串的位置，默认为第一个字符，其索引值为 0；end 为 s 中结束搜索子字符串的位置，默认为字符串的最后一个位置。例如：

```
web_site = " https://www.gdcp.com /"
n_times = web_site.count("p")
print("字符  p  出现的次数为", n_times)
```

通过 count()方法统计字符串中子字符串的出现次数的示例运行结果如图 1.86 所示。

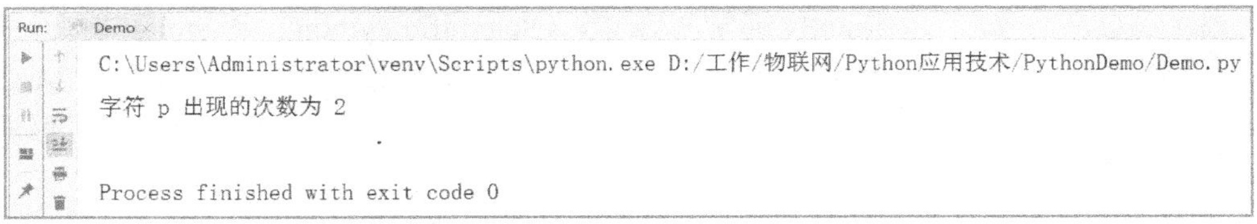

图 1.86　通过 count()方法统计字符串中子字符串的出现次数的示例运行结果

5）判断字符串是否以指定的子字符串开头或结尾

通过 startswith()和 endswith()方法可以判断字符串是否以指定的子字符串开头和结尾，用法如下：

```
s.startswith(str1, beg=[0,end=len(string)])
s.endswith(str1, beg=[0,end=len(string)])
```

其中，s 为目标字符串；str1 为指定的子字符串（Python 语言没有字符类型，字符被认为字符串）；beg 为 s 中开始搜索的位置，默认为第一个字符，其索引值为 0；end 为 s 中结束搜索的位置，默认为字符串的最后一个位置；若存在参数 beg 和 end，则在 beg 到 end 的范围内搜索子字符串，否则在整个字符串中搜索子字符串。如果通过 endswith()和 startswith()方法检测到了子字符串，则返回 True；否则返回 False。例如：

```
pic = "python.jpg"
result = pic.endswith("jpg")
if result == True:
    print(pic,"是一个图片文件")
else:
    print("没有找到")
```

通过 endswith()方法判断字符串是否以指定的子字符串结尾的示例运行结果如图 1.87 所示。

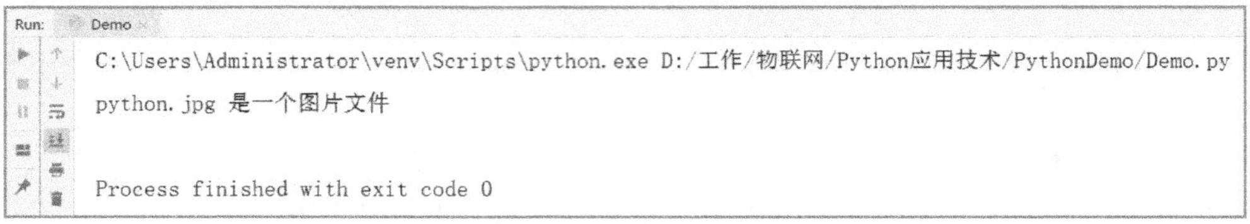

图 1.87 通过 endswith()方法判断字符串是否以指定的子字符串结尾的示例运行结果

1.2.4 Python 的数值计算

1.2.4.1 NumPy 的应用与安装

NumPy 是 Python 用于数值计算的一个扩展库，支持高维数组的运算，在科学计算领域被用于协助存储和处理大型矩阵。NumPy 的 Logo 如图 1.88 所示。

1）NumPy 的应用

NumPy 通常与 SciPy（Scientific Python）、Matplotlib（绘图库）一起使用，这种组合广泛用于科学计算领域，有逐渐取代 MATLAB 的趋势。在人工智能领域，NumPy 已成为深度学习或者机器学习的必备库。

SciPy 是一个开源的 Python 算法库和数学工具包，其函数库的应用领域相当广，如最优化计算、线性代数、积分、插值、特殊函数、快速傅里叶变换、信号处理和图像处理、常微分方程求解，以

图 1.88 NumPy 的 Logo

及其他科学与工程中常用的计算函数。

Matplotlib 是 Python 及其扩展包 NumPy 的可视化操作界面，为利用通用图形用户界面工具包（如 Tkinter、wxPython、Qt 或 GTK+）向应用程序嵌入绘图提供了应用程序接口（API）。

2）NumPy 的安装

使用 pip 安装 NumPy 的方法如下：

```
python -m pip install --user numpy scipy matplotlib ipython jupyter pandas sympy nose
```

其中，选项"--user"可以将 NumPy 安装在当前的用户下，而不是写入系统目录。使用 pip 安装 NumPy 的界面如图 1.89 所示。

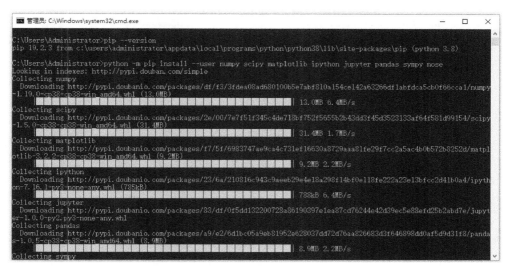

图 1.89　使用 pip 安装 NumPy 的界面

（1）在 Linux 平台安装 NumPy。在 Ubuntu & Debian 中安装 NumPy 的命令如下：

sudo apt-get install python-numpy python-scipy python-matplotlib ipython ipython-notebook python-pandas python-sympy python-nose

在 CentOS、Fedora 中安装 NumPy 的命令如下：

sudo dnf install numpy scipy python-matplotlib ipython python-pandas sympy python-nose atlas-devel

（2）在 Mac OS X 平台安装 NumPy。Mac OS X 平台的 Homebrew 不包含 NumPy 或其他科学计算包，在 Mac OS X 平台安装 NumPy 的命令如下：

python -m pip install numpy scipy matplotlib

安装验证方法如下：

```
>>> from numpy import *
>>> eye(4)
array([[1., 0., 0., 0.],
       [0., 1., 0., 0.],
       [0., 0., 1., 0.],
       [0., 0., 0., 1.]])
```

其中，"from numpy import *"用于导入 NumPy 库；"eye(4)"用于生成对角矩阵。

（3）在 PyCharm 中安装 NumPy。打开 PyCharm 后，选择菜单"File"→"Setting"可以对 PyCharm 的系统参数进行调整，包括安装第三方插件。由于 NumPy 并非 Python 的自带库，所以需要在项目解释器（Project Interpreter）中安装 NumPy。在项目解释器中安装第三方插件如图 1.90 所示，图中的项目名称为 PythonDemo，首先要在左边的菜单栏中找到"Project:PythonDemo"，然后单击其中的"Project Interpreter"，这样就可以为 PyCharm 中各个项目解释器安装不同的第三方插件了。

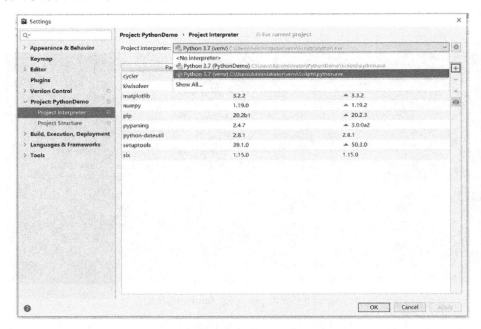

图 1.90　在项目解释器中安装第三方插件

在图 1.90 中，"Project Interpreter"的下拉菜单栏中有多个项目解释器可供选择。根据项目名称选择与本项目相关的相关解释器后，即"Python 3.7(PythonDemo)"，如图 1.91 所示，就可以安装第三方插件了。

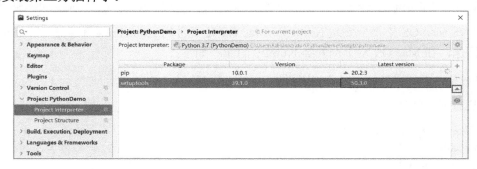

图 1.91　选择与具体项目相关的相关解释器

安装第三方插件的步骤如下：

① 将现有的 pip 与 setuptools 升级到最新版本，单击最右边功能栏中的"▲"按钮可升级对应的软件。

② 单击最右边功能栏中的"+"按钮，可弹出如图 1.92 所示的"Available Packages"对话框，通过该对话框可在项目解释器中添加第三方插件。

③ 在"Available Packages"对话框的搜索栏目中输入"numpy"，找到 NumPy 后，单击左下方的"Install Package"按钮即可安装 NumPy。

④ 安装完成后，在"Project Interpreter"栏中可以看到最新版的 NumPy，如图 1.93 所示。

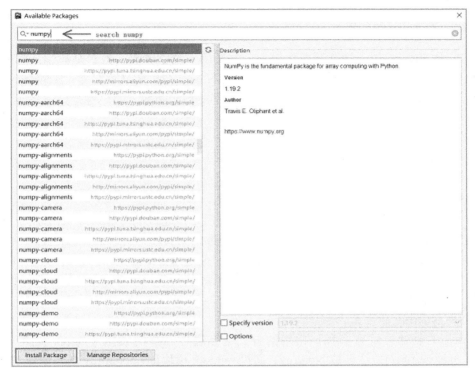

图 1.92　"Available Packages" 对话框

图 1.93　在 "Project Interpreter" 栏中看到的最新版的 NumPy 安装完成

成功安装 NumPy 后，在 "PythonDemo" 项目的任意 py 文件内，只要输入 "import num" 就会看到相关的补全提示，如图 1.94 所示，表示 NumPy 可以在项目中正常使用。

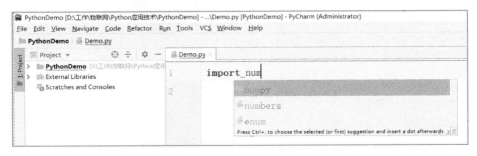

图 1.94　相关的补全提示

1.2.4.2　NumPy 的数组类——Ndarrray

NumPy 是 Python 的一种开源扩展模块，主要用于科学计算。数组是科学计算中最基本的一种数据结构，NumPy 中的数组类就是被称为 Ndarray 的 N 维数组类。Ndarray 是一种高性能的多维数组对象，无论在运算速度方面，还是在功能函数方面，都是列表等类型望尘莫及的。

1）Ndarray 的特点

Ndarray 的特点如下：

（1）数组中所有元素的数据类型都是相同的。

（2）每个元素占用的内存空间大小都是相同的。

（3）数组的核心属性为 shape 和 dtype，前者用于描述数组"形状"，后者用于描述元素的数据类型。对于一维数组而言，shape 描述的是数组的长度；对于二维数组而言，shape 描述的是数组的长度和宽度；对于三维数组而言，shape 描述的是数组的长度、宽度和高度；对于四维及更高维的数组而言，虽然无法准确地表达每个维数的名字，但 shape 同样可以描述每个维数上的元素数量。

2）创建 Ndarray 的方式

Ndarray 的创建方式有多种，常用的方式包括通过已有的数据（列表、元组等）创建 Ndarray、通过 arange()方法创建 Ndarray、通过 random 模块创建 Ndarray 等。创建 Ndarray 的示例如下：

```
import numpy as np                                          # 导入 NumPy 库

# 通过已有的数据（列表、元组等）创建 Ndarray
mylist = [1, 5, 3, 10]
nd_01 = np.array(mylist)
print(nd_01)
print('----------------')


# 通过 arange()方法生成 0～9，共 10 个数字，然后用这 10 个数字创建 2×5 的数组
nd_02 = np.arange(10).reshape(2,5)
print(nd_02)
print('----------------')


# 通过 random 模块生成 1 以内的随机数，然后生成的随机数 2×3 的数组
nd_03 = np.random.random([2,3])
print(nd_03)
print('----------------')


# 创建特定形状的多维数组
# 创建全为 0 的 3×4 的数组
nd_04 = np.zeros([3, 4])
print(nd_04)
print('----------------')
```

```
# 创建全为 1 的 3×4 的数组
nd_05 = np.ones([3,4])
print(nd_05)
print('----------------')

# 创建用数字 9 填充的 3×4 的数组
# 创建一个由常数填充的数组，第 1 个参数是数组的形状，第 2 个参数是数组中填充的常数。
nd_06 = np.full((3,4),9)
print(nd_06)
print('----------------')
print(type(nd_01),type(nd_02),type(nd_03))
print(type(nd_04),type(nd_05),type(nd_06))
```

创建 Ndarray 的示例运行结果如图 1.95 所示。

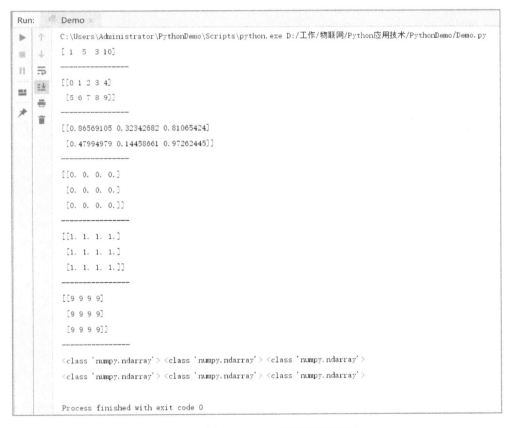

图 1.95　创建 Ndarray 的示例运行结果

1.2.4.3　NumPy 的数组操作

1）Ndarray 的常用属性

在进行科学计算时，Ndarry 的常用属性包括 size（数组元素的个数）、shape（数组的形状）、ndim（数组的维数）和 dtype（数组元素的类型）等。下面以创建一个 3 行 4 列（3×4）的 Ndarray

数组对象为例，介绍 Ndarray 的常用属性。

```
import numpy as np                          # 导入 NumPy 库

"""
创建 0～24、步长为 2 的 3×4 数组
np.arange([start, ]stop, [step, ]dtype=None)
    start：起始值，当忽略该参数时，默认从 0 开始
    stop：结束值，生成的元素不包括结束值
    step：步长，当忽略该参数时，默认步长为 1
    dtype：用于设置元素的数据类型，默认为 None
"""
mynd_1 = np.arange(0,24,2,dtype=np.int32).reshape(3,4)
print(mynd_1)
print("数组的元素个数", mynd_1.size)
print("数组的形状：", mynd_1.shape)
print("数组的维数：", mynd_1.ndim)
print("数组元素的类型：", mynd_1.dtype)
print("数据类型：", mytype(nd_1))
```

介绍 Ndarray 的常用属性的示例运行结果如图 1.96 所示。

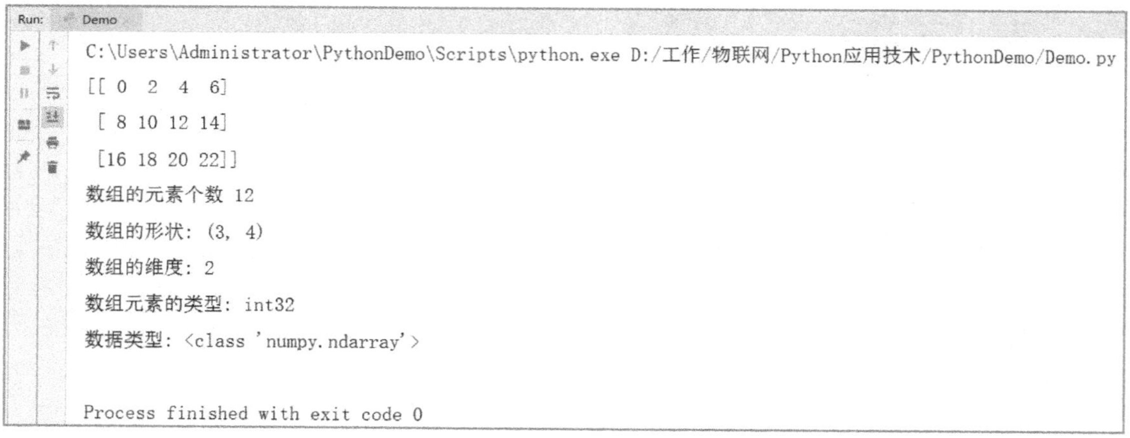

图 1.96　介绍 Ndarray 的常用属性的示例运行结果

2）Ndarray 数组与列表的互相转换

在创建 NumPy 数组时，有时需要从文本文件或者数据库导入数据，此时就会涉及 Python 的一些数据结构（如列表等）与 Ndarray 数组之间的转换。通过 array()方法或 tolist()方法可实现 Ndarray 数组与列表的相互转换，一旦将列表转换成 Ndarray 数组，列表中各元素之间的逗号就会消失，取而代之的是行与列。列表与 Ndarray 数组相互转换的示例如下：

```
import numpy as np                          # 导入 NumPy 库

mylist = [[1,2,3],[4,5,6],[7,8,9]]
print(type(mylist), '\n', mylist)           # 转换前列表 mylist 的结构
```

```
print('------------------------')

mynd = np.array(mylist)                    # 将列表 mylist 转换为 Ndarray 数组 mynd
print(type(mynd), '\n', mynd)
print('------------------------')

mylist_new=mynd.tolist()                   # 将 Ndarray 数组 mynd 转换为列表 mylist_new
print(type(mylist_new), '\n', mylist_new)
```

列表与 Ndarray 数组相互转换的示例运行结果如图 1.97 所示。

```
Run:    Demo
  C:\Users\Administrator\PythonDemo\Scripts\python.exe D:/工作/物联网/Python应用技术/PythonDemo/Demo.py
  <class 'list'>
  [[1, 2, 3], [4, 5, 6], [7, 8, 9]]
  ------------------------
  <class 'numpy.ndarray'>
  [[1 2 3]
  [4 5 6]
  [7 8 9]]
  ------------------------
  <class 'list'>
  [[1, 2, 3], [4, 5, 6], [7, 8, 9]]

  Process finished with exit code 0
```

图 1.97　列表与 Ndarray 数组相互转换的示例运行结果

3）Ndarray 数组形状的修改

数组的维数决定了数组的形状，Ndarray 数组形状的索引也称为轴，即如果要判断一个数组是几维数组，则只需要看数组中有多少对括号，有几对括号就表示该数组是几维数组。在进行科学计算时，有时需要修改 Ndarray 数组的形状，通过 NumPy 的 reshape()方法，可以在不改变数据类型的情况下修改 Ndarray 数组的形状，用法如下：

numpy.reshape(arr, newshape, order='C')

其中，arr 为要修改形状的 Ndarray 数组；newshape 为新的 Ndarray 数组的形状，并且新的 Ndarray 数组形状必须兼容原 Ndarray 数组的形状；order 表示按不同的索引顺序读取 Ndarray 数组的元素，可选值为 C、F、A，C 表示用 C 类索引顺序读写元素（即按行优先的方式读取），F 表示用 FORTRAN 类索引顺序读写元素（按列优先的方式读取），A 表示索引顺序读写元素的方式与原数组的数据存储方式有关。修改 Ndarray 数组形状的示例如下：

```
import numpy as np                          # 导入 NumPy 的库

nd_01 = np.arange(12)                       # 包含 0~11（共 12 个元素）的一维数组
print(type(nd_01), nd_01)
print('--------------------')
```

```
nd_02 = np.reshape(nd_01,(3,4))          # 将一维数组转换为 3 行 4 列的二维数组，共 12 个元素
print(nd_02)
print('--------------------')
nd_01 = np.arange(24)                     # 生成包含 24 个元素的二维数组
nd_03 = np.reshape(nd_01,(2,3,4))         # 包含 2 个 3 行 4 列数组的三维数组
print(nd_03)
```

修改 Ndarray 数组形状的示例运行结果如图 1.98 所示。

```
Run:    Demo
        C:\Users\Administrator\PythonDemo\Scripts\python.exe D:/工作/物联网/Python应用技术/PythonDemo/Demo.py
        <class 'numpy.ndarray'>  [ 0  1  2  3  4  5  6  7  8  9 10 11]
        --------------------
        [[ 0  1  2  3]
         [ 4  5  6  7]
         [ 8  9 10 11]]
        --------------------
        [[[ 0  1  2  3]
          [ 4  5  6  7]
          [ 8  9 10 11]]

         [[12 13 14 15]
          [16 17 18 19]
          [20 21 22 23]]]

        Process finished with exit code 0
```

图 1.98　修改 Ndarray 数组形状的示例运行结果

在上面的示例中，在为 nd_01 赋值时使用了 arrange()方法，其目的是生成可以满足修改 Ndarray 数组形状需要的元素。上面示例中的 reshape()方法的功能可以看成对 Ndarray 数组进行重新定义，因为该方法的运行结果是生成一个新的 Ndarray 数组，reshape()方法中的 newshape 参数是一个元组结构，其中的参数代表轴方向上的元素个数，如 reshare(nd_01, (3,4)) 中的参数(3,4)表示修改形状后的 Ndarray 数组在 x 轴上有 3 个元素、在 y 轴上有 4 个元素，合起来就是一个 3×4 的数组。nd_03 的定义方式与之类似。此外，在 reshape()方法中，默认的是按 C 类索引顺序读写元素。

4）Ndarray 数组的切片

与 Python 语言中的字符串和列表类似，通过下标索引或切片的方式也可以读取 Ndarray 数组中的元素。例如，通过 ndarray[n]（0≤n≤len(ndarray)）可以以下标索引的方式读取 Ndarray 数组中的元素；通过 ndarray[n, m]（0≤n, m≤len(ndarray)）的方式可以从原 Ndarray 数组中"切割"出一个新的 Ndarray 数组，"切割"所用的参数与字符串、列表一样，格式均为[start: end: step]，其中 start 为"切割"的起始位置，end 为"切割"的结束位置的后一位，step 为"切割"的方向和步长。

通过下标索引方式读取 Ndarray 数组中的元素的示例如下：

```
import numpy as np                                      # 导入 NumPy 的库

nd_num1 = np.arange(6)
nd_num2 = np.arange(12).reshape(3,4)                    # 生成一个包含 12 个元素的二维数组
nd_num3 = np.arange(24).reshape(2,3,4)                  # 生成一个包含 24 个元素的三维数组
print(nd_num1)
print('------------------------')
print(nd_num2)
print('------------------------')
print(nd_num3)
print('------------------------')
# 获得指定索引下的元素
print('nd_num1[1]\n', nd_num1[1])                       # 读取一维数组中的第 1 个元素
print('nd_num2[1]\n', nd_num2[1])                       # 读取二维数组中第 1 行的所有元素
print('nd_num3[1]\n', nd_num3[1])                       # 读取三维数组中的 0 轴值为 1 的所有元素
```

通过下标索引方式读取 Ndarray 数组中的元素的示例运行结果如图 1.99 所示。

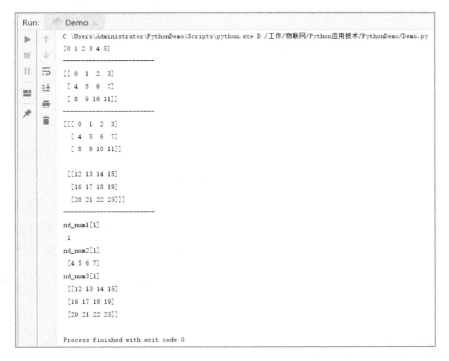

图 1.99　通过下标索引方式读取 Ndarray 数组中的元素的示例运行结果

通过下标索引方式读取 Ndarray 数组中的元素，有点类似于对不同维数的 Ndarray 数组进行单一维数的"切割"，从而降低 Ndarray 数组的维数。例如，用 nd_num1[1] 对 Ndarray 数组 nd_num1 进行读取时，由于 nd_num1 的维数是 1，因此 nd_num1 的维数将由 1 降低成 0，nd_num1[1] 的结果是 nd_num1 中的元素；用 nd_num2[1] 对 Ndarray 数组 nd_num2 进行读取时，由于 nd_num2 的维数是 2，因此 nd_num2 的维数将由 2 降低成 1，nd_num2[1] 的结果是一个一维数组；对 nd_num3 中元素的读取与此类似。

通过切片方式读取 Ndarray 数组中的元素的示例如下：

```
import numpy as np                                    # 导入 NumPy 的库

nd_num1 = np.arange(6)
nd_num2 = np.arange(12).reshape(3,4)                  # 生成一个包含 12 个元素的二维数组
nd_num3 = np.arange(24).reshape(2,3,4)                # 生成一个包含 24 个元素的三维数组

print('nd_num1[1:3]\n', nd_num1[1:3])
print('nd_num2[1:3]\n', nd_num2[1:3])
print('nd_num3[1:3]\n', nd_num3[1:3])
```

通过切片方式读取 Ndarray 数组中的元素的示例运行结果如图 1.100 所示。

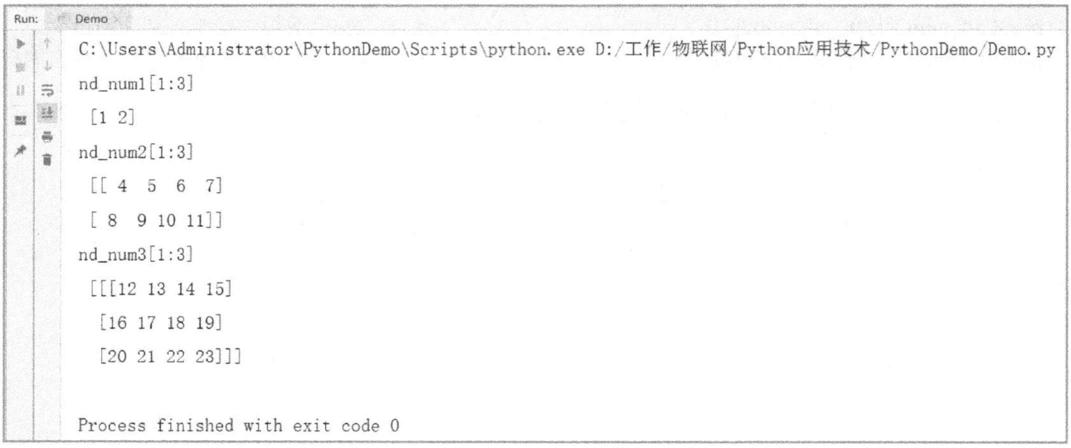

图 1.100　通过切片方式读取 Ndarray 数组中的元素的示例运行结果

在上面的示例中，nd_num1[1:3]表示将数组 nd_num1 中下标索引为 1 到 2 内容截取出来，所以截取结果是一维数组的一个部分[1 2]；同理，nd_num2[1:3]也是将下标索引为 1 到 2 内容截取出来，由于截取的是一个片段，所以保留了原有格式，结果为二维数组中下标索引为 1 和 2 的两个元素。

采用切片方式读取字符串中的数据时，可以省略参数。同样，采用切片方式读取 Ndarray 数组中的元素时，也可以省略参数。例如：

```
# [:1]表示 0 到 1，但不包括 1 的元素
print('nd_num1[:1]\n',nd_num1[:1])                    # 第 1 个元素
print('nd_num2[:1]\n',nd_num2[:1])                    # 第 1 行
print('nd_num2[:1]\n',nd_num3[:1])                    # 第 1 个 3×4 的数组
```

通过省略参数的切片方式读取 Ndarray 数组中的元素的示例运行结果如图 1.101 所示。

如果要读取多维数组中的某个元素，必须明确指明该元素的下标，二维数组中的元素下标为[x, y]，三维数组中的元素下标为[x, y, z]。读取多维数组中的元素的示例如下：

```
Run:    Demo
        C:\Users\Administrator\PythonDemo\Scripts\python.exe D:/工作/物联网/Python应用技术/PythonDemo/Demo.py
        nd_num1[:1]
         [0]
        nd_num2[:1]
         [[0 1 2 3]]
        nd_num2[:1]
         [[[ 0  1  2  3]
          [ 4  5  6  7]
          [ 8  9 10 11]]]

        Process finished with exit code 0
```

图 1.101　通过省略参数的切片方式读取 Ndarray 数组中的元素的示例运行结果

```
# 第 1 行第 2 列
print('nd_num2[1, 2]\n', nd_num2[1, 2])
# 0 轴索引为 0 元素，1 轴索引为 2 元素，2 轴索引为 1 元素
print('nd_num3[0,2,1]\n', nd_num3[0, 2,1])
```

读取多维数组中的元素的示例运行结果如图 1.102 所示。

```
Run:    Demo
        C:\Users\Administrator\PythonDemo\Scripts\python.exe D:/工作/物联网/Python应用技术/PythonDemo/Demo.py
        nd_num2[1, 2]
         6
        nd_num3[0, 2, 1]
         9

        Process finished with exit code 0
```

图 1.102　读取多维数组中的元素的示例运行结果

通过上面的示例可以看出，多维数组中的元素读取方式与列表类似，都是通过下标索引读取的，在读取多维数组中的元素时，只需要引用该元素所对应的各轴索引值即可。

5）随机数操作

（1）random.rand()方法。在 NumPy 中，通过 random.rand()方法可以按照均匀分布的方式生成随机数数组。生成一个元素在［0，1）之间服从均匀分布数组的示例如下：

```
import numpy as np                     # 导入 NumPy 的库

nd_1 = np.random.rand()               # 生成一个随机数
nd_2 = np.random.rand(10)             # 生成一个包含 10 个随机数的一维数组
nd_3 = np.random.rand(3, 2)           # 生成一个 3×2 的数组
print(type(nd_1), nd_1)
print('---------------------')
print(type(nd_2), '\n', nd_2)
print('---------------------')
print(type(nd_3), '\n', nd_3)
```

生成一个元素在［0, 1）之间服从均匀分布数组的示例运行结果如图 1.103 所示。

```
Run:    Demo
    C:\Users\Administrator\PythonDemo\Scripts\python.exe D:/工作/物联网/Python应用技术/PythonDemo/Demo.py
    <class 'float'> 0.34146249907387094
    --------------------
    <class 'numpy.ndarray'>
     [0.24196299 0.45040253 0.46826887 0.48829318 0.62218088 0.96310702
     0.26855994 0.77561659 0.64665095 0.23883127]
    --------------------
    <class 'numpy.ndarray'>
     [[0.40027594 0.4167859 ]
     [0.1025637  0.48503555]
     [0.76840915 0.65592423]]

    Process finished with exit code 0
```

图 1.103　生成一个元素在［0, 1）之间服从均匀分布数组的示例运行结果

在上面的示例中，当 np.random.rand()方法省略参数时，该方法的运行结果是生成一个随机数；当有 *n* 个用逗号隔开的参数时，该方法的运行结果是生成相应的 *n* 维数组，数组的元素在［0, 1）之间服从均匀分布。

（2）random.randn()方法。在 NumPy 中，通过 random.randn()方法可以按照标准正态分布的方式生成随机数数组。生成一个元素服从标准正态分布的数组的示例如下：

```
import numpy as np                            # 导入 NumPy 的库

nd_4 = np.random.randn()                      # 生成一个随机数
nd_5 = np.random.randn(10)                    # 生成一个包含 10 个随机数的一维数组
nd_6 = np.random.randn(3, 2)                  # 生成一个 3×2 的数组
print(type(nd_4), nd_4)
print('--------------------')
print(type(nd_5), '\n', nd_5)
print('--------------------')
print(type(nd_6), '\n', nd_6)
```

生成一个元素服从标准正态分布的数组的示例运行结果如图 1.104 所示。

与 random.rand()方法类似，当 random.randn()方法省略参数时，该方法的运行结果是生成一个随机数；当设置参数时，该方法的结果是生成一个随机数数组，并且这些随机数服从标准正态分布。

（3）random.randint()方法。在 NumPy 中，通过 random.randint(low, high=None, size=None, dtype='l')方法可以在［low, high）中以离散均匀抽样方式生成一个随机数数组，其中 size 用于指定生成的数组形状，dtype 用于指定数据类型。在区间［0, 10）中以离散均匀抽样方式生成一个随机数数组的示例如下：

```
C:\Users\Administrator\PythonDemo\Scripts\python.exe D:/工作/物联网/Python应用技术/PythonDemo/Demo.py
<class 'float'> 0.6418981087606104
---------------------
<class 'numpy.ndarray'>
[-0.12818564 -0.53511501 -0.56397817  0.38198043 -0.86281788  0.15684552
 -0.98275919  0.23429418  0.82053207 -3.24284335]
---------------------
<class 'numpy.ndarray'>
[[ 0.64597153  0.51987933]
 [ 0.46187538  0.74199006]
 [ 0.84712825 -1.5469543 ]]

Process finished with exit code 0
```

图 1.104　生成一个元素服从标准正态分布的数组的示例运行结果

```
import numpy as np                           # 导入 NumPy 的库

nd_7 = np.random.randint(0, 10)             # 在［0, 10）中以离散抽样方式生成一个整数
nd_8 = np.random.randint(0, 10,size=(4))    # 在［0, 10）中以离散抽样方式生成一个包含 4 个数的
一维数组
nd_9 = np.random.randint(0, 10,size=(4,5))  # 在［0, 10）中以离散抽样方式生成一个 4×5 的数组

print(nd_7)
print('---------------------')
print(nd_8)
print('---------------------')
print(nd_9)
```

在区间［0，10）中以离散均匀抽样方式生成一个随机数数组的示例运行结果如图 1.105
所示。

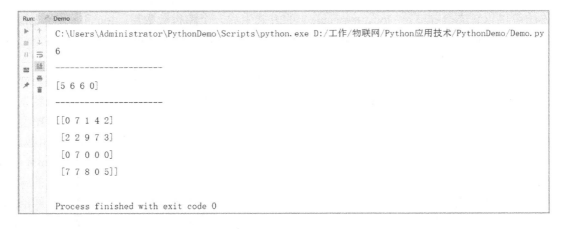

图 1.105　在区间［0，10）中以离散均匀抽样方式生成一个随机数数组的示例运行结果

在上面的示例中，参数 size=(n_1, n_2, n_3···)用于设置数组的维数，如果省略该参数，则会在半开区间［low, high）中进行离散均匀抽样，其中 high 不在抽样的范围，且 high 必须大于 low；否则在程序运行时会抛出异常。

（4）random.random()方法。在 NumPy 中，通过 random.random(size=None)方法可以在区间 ［0, 1）中以离散均匀抽样方式生成一个随机数数组，其中 size 用于设置所生成的数组的形状。在区间 ［0, 1）中以离散均匀抽样方式生成一个随机数数组示例如下：

```
import numpy as np                    # 导入 NumPy 的库

nd_10 = np.random.random(5)          # 在 ［0, 1）中以离散均匀抽样方式生成一个包含 5 个数的一维数组
nd_11 = np.random.random((2,3))      # 在 ［0, 1）中以离散均匀抽样方式生成 2×3 的数组
print(nd_10)
print('----------------------')
print(nd_11)
```

在区间［0, 1）中以离散均匀抽样方式生成一个随机数数组示例运行结果如图 1.106 所示。

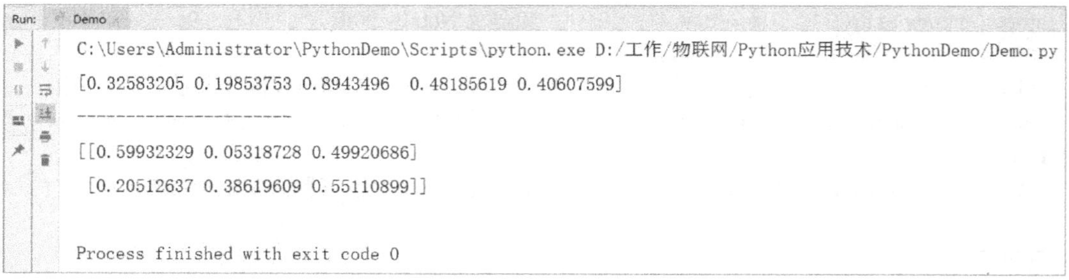

图 1.106　在区间 ［0, 1）中以离散均匀抽样方式生成一个随机数数组示例运行结果

在某种程度上，random.random()方法可以看成 random.rand()方法与 random.randint()方法的结合体，取值范围类似 random.rand()方法，数组设定方法类似 random.randint()方法，随机数的抽取服从均匀分布。

（5）random.normal()方法。在 NumPy 中，通过 random.normal(loc=0.0,scale=1.0,size=None)方法可以以正态分布（μ= loc、σ= scale）的方式生成一个随机数数组，loc 和 scale 均为浮点型数据，size 表示数组的形状，为整型或者整型元组数据，如果参数 size 缺省则该方法会返回一个正态分布的随机数。

（6）random.uniform()方法。在 NumPy 中，通过 random.uniform(low=0.0,high=1.0,size=None)方法可在区间 ［low, high）以均匀分布的方式生成一个随机数数组，其中，low 的默认值为 0.0，high 的默认值为 1.0，两者皆为浮点型数据；size 表示数组的形状，为整型或者整型元组数据，如果参数 size 缺省则该方法会返回一个在 ［low, high）上服从均匀分布的随机数。

（7）linspace()方法。在 NumPy 中，通过 linspace(start,stop,num=50,endpoint=True, retstep=False, dtype=None,axis=0)方法可以在区间 ［start, stop）中生成 num 个等间距的样本数据，并根据生成的数据构建数组。其中，start 为样本区间的开始点；stop 为样本区间的结束点；num 为生成的样本数据数量（默认为 50）；endpoint 为标识符，当 endpoint 为 True 时样本区间包含 stop，当 endpoint 为 False 时样本区间不包含 stop；retstep 为标识符，当 retstep 为

True 时 linspace()方法会给出数据间隔；dtype 用于设置数组元素的数据类型；axis 表示取数方向，取值为 0（默认取值，表示从小到大的方向）或-1。

random.normal()方法、random.uniform()方法和 linspace()方法的示例如下：

```
import numpy as np                                                    # 导入 NumPy 的库

# 生成 6 个服从正态分布（均值为 10、方差为 2）的随机数，并由生成的随机数构成 2×3 的数组
mynd_01 = np.random.normal(loc=10, scale=2, size=(2,3))
print(mynd_01)
print('----------------------')
# 在［20,50）中生成 12 个服从均匀分布的随机数，并由生成的随机数构成 3×4 的数组
mynd_02 = np.random.uniform(20, 50, (3, 4))
print(mynd_02)
print('----------------------')
# 在［0,100］中生成一个包含 5 个数字的等差序列，并存放在一维数组中
mynd_03 = np.linspace(0,100,5,dtype=int)
print(mynd_03)
```

random.normal()方法、random.uniform()方法和 linspace()方法的示例运行结果如图 1.107 所示。

```
Run:  Demo
C:\Users\Administrator\PythonDemo\Scripts\python.exe D:/工作/物联网/Python应用技术/PythonDemo/Demo.py
[[ 7.91677491 12.38342329  6.5087749 ]
 [ 9.16983596  8.83447625 10.62395397]]
----------------------
[[29.48490719 33.42173728 44.926262   34.08841847]
 [46.6333096  45.6139005  21.72971623 22.88160436]
 [41.31538648 47.66640868 39.01105368 48.34084411]]
----------------------
[  0  25  50  75 100]

Process finished with exit code 0
```

图 1.107　random.normal()方法、random.uniform()方法和 linspace()方法的示例运行结果

从上面的示例可以看出，random.normal()方法与 random.randint()方法类似，前者生成的随机数服从正态分布，后者生成的随机数服从均匀分布；random.uniform()方法与 random.randint()方法基本一样，只是参数设定少了 size=而已；使用 linspace()方法需要注意，数组的第一个元素必然为参数 start 的值，但数组的最后一个元素未必就是参数 stop 的值。

6）Ndarray 数组的转置

（1）低维数组转置。对于低维数组，如一维数组和二维数组，可以使用下列方法进行转置。

① 一维数组转置：通过 reshape()方法可以设置数组的形状，对一维数组进行转置，用法如下：

```
arr.reshape(arr.shape[0],1)
```

其中，arr 为需要转置的一维数组；shape()方法用于计算数组的长度。

② 二维数组转置：通过 NumPy 中的数组转置专用方法 T 可实现二维数组的转置。

一维数组转置和二维数组转置的示例如下：

```
import numpy as np                          # 导入 NumPy 的库

mynd_01 = np.arange(9)                       # 生产一个包含 0~8 的一维数组
mynd_02 = np.arange(9).reshape(3,3)          # 生成一个 3×3 的数组
print('转置前的一维数组 nd_01：', mynd_01)
print('用.T 方式进行一维数组 mynd_01 转置：', mynd_01.T)
print('nd_01.reshape(mynd_01.shape[0],1)转置后：\n', mynd_01.reshape(mynd_01.shape[0],1))
print('-----------------------')
print("转置前的二维数组 mynd_02：\n", mynd_02)
print('用.T 方式进行二维数组 mynd_02 转置：\n', mynd_02.T)
```

一维数组转置和二维数组转置的示例运行结果如图 1.108 所示。

图 1.108　一维数组和二维数组转置的示例运行结果

（2）高维数组转置。对于高维数组的转置，NumPy 提供相应的处理函数——transpose()方法。与数组转置专用方法 T 相比，transpose()方法需要借助一个由轴编号组成的元组来协助进行转置。高维数组转置示意图如图 1.109 所示。例如，要对一个三维数组进行转置，可使用元组结构将该三维数组表示为（0,1,2），对该三维数组进行转置后，可用（1, 0, 2）表示，即 0 轴与 1 轴调换，2 轴不变，所以实际使用的 transpose()方法为 transpose((1, 0, 2))。

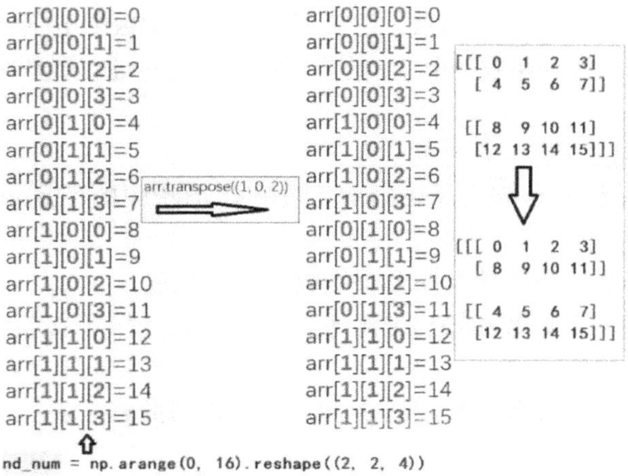

```
arr[0][0][0]=0          arr[0][0][0]=0
arr[0][0][1]=1          arr[0][0][1]=1          [[[ 0  1  2  3]
arr[0][0][2]=2          arr[0][0][2]=2           [ 4  5  6  7]]
arr[0][0][3]=3          arr[0][0][3]=3
arr[0][1][0]=4          arr[1][0][0]=4          [[ 8  9 10 11]
arr[0][1][1]=5          arr[1][0][1]=5           [12 13 14 15]]]
arr[0][1][2]=6          arr[1][0][2]=6
arr[0][1][3]=7   arr.transpose((1, 0, 2))  arr[1][0][3]=7
arr[1][0][0]=8          arr[0][1][0]=8          [[[ 0  1  2  3]
arr[1][0][1]=9          arr[0][1][1]=9           [ 8  9 10 11]
arr[1][0][2]=10         arr[0][1][2]=10
arr[1][0][3]=11         arr[0][1][3]=11         [[ 4  5  6  7]
arr[1][1][0]=12         arr[1][1][0]=12          [12 13 14 15]]]
arr[1][1][1]=13         arr[1][1][1]=13
arr[1][1][2]=14         arr[1][1][2]=14
arr[1][1][3]=15         arr[1][1][3]=15
       nd_num = np.arange(0, 16).reshape((2, 2, 4))
```

图 1.109　高维数组转置示意图

三维数组转置的示例如下：

```
import numpy as np                              # 导入 NumPy 的库

mynd_01 = np.arange(0, 16).reshape((2, 2, 4))
print(mynd_01)
print('-----------------------')
mynd_02 = mynd_1.transpose((1, 0, 2))
print(mynd_02)
```

三维数组转置的示例运行结果如图 1.110 所示。

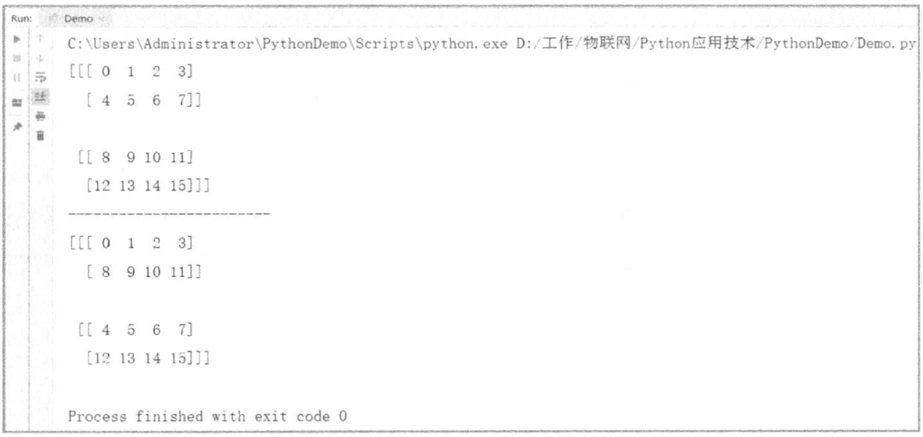

```
Run:    Demo
    C:\Users\Administrator\PythonDemo\Scripts\python.exe D:/工作/物联网/Python应用技术/PythonDemo/Demo.py
    [[[ 0  1  2  3]
      [ 4  5  6  7]]

     [[ 8  9 10 11]
      [12 13 14 15]]]
    -----------------------
    [[[ 0  1  2  3]
      [ 8  9 10 11]]

     [[ 4  5  6  7]
      [12 13 14 15]]]

    Process finished with exit code 0
```

图 1.110　三维数组转置的示例运行结果

1.2.4.4　NumPy 的广播（Broadcast）机制

NumPy 可以对不同形状的数组进行数值计算，对数组的数值计算都是在具体的元素上进行的。如果数组 a 和数组 b 的形状相同，即 a.shape 等于 b.shape，那么数组 a 乘以数组 b 的结果就是数组 a 与数组 b 对应的元素相乘，这就要求数组 a 和数组 b 的维数相同。当数组 a 和数组 b 的维数不相同时，就会触发 NumPy 的广播机制，即通过扩展数组的方法满足数组数值计算的要求。

NumPy 的广播机制如下：

（1）让所有的输入数组向形状最长的数组看齐，形状中的不足部分可通过在前面加 1 补齐。

（2）输出数组的形状是输入数组在各个维数上的最大值。

（3）若输入数组的某个维数和输出数组对应维数的长度相同或者长度为 1，则这个数组进行数值计算，否则会出错。

（4）当输入数组的某个维数的长度为 1 时，如果沿着此维数进行运算，则会使用该维数上的第 1 组值。

维数相同的两个数组相乘的示例如下：

```
import numpy as np

arr_1 = np.array([1, 2, 3, 4])
arr_2 = np.array([10, 20, 30, 40])
result = arr_1 * arr_2
print(arr_1,'*',arr_2)
print(result)
```

维数相同的两个数组相乘的示例运行结果如图 1.111 所示。

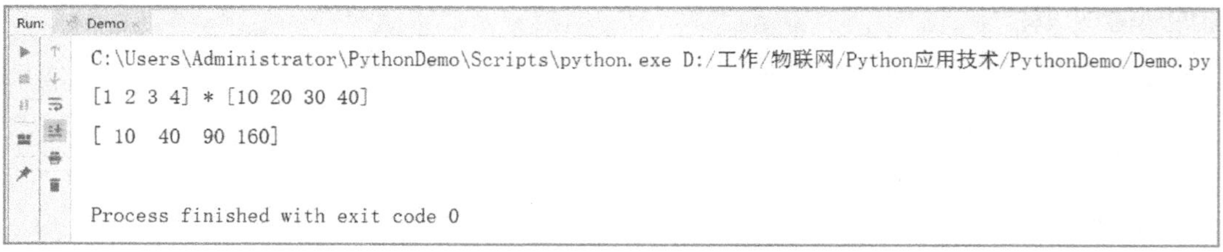

图 1.111　维数相同的两个数组相乘的示例运行结果

如果上面示例中的两个数组的形状不相同，即参与运算的两个数组的维数不相同，则在进行运算时会自动触发 NumPy 的广播机制，从而对数组进行扩展。维数不同的两个数组参与运算的示例如下：

```
import numpy as np

arr_1 = np.array([[0, 0, 0],
                  [10, 10, 10],
                  [20, 20, 20],
                  [30, 30, 30]])
arr_2 = np.array([1, 2, 3])
result = arr_1 + arr_2
print(arr_1, '+', arr_2)
print(result)
```

维数不同的两个数组参与运算的示例运行结果如图 1.112 所示。

```
Run:    Demo
        C:\Users\Administrator\PythonDemo\Scripts\python.exe D:/工作/物联网/Python应用技术/PythonDemo/Demo.py
        [[ 0  0  0]
         [10 10 10]
         [20 20 20]
         [30 30 30]] + [1 2 3]
        [[ 1  2  3]
         [11 12 13]
         [21 22 23]
         [31 32 33]]

        Process finished with exit code 0
```

图 1.112　维数不同的两个数组参与运算的示例运行结果

维数不同的两个数组相加时的广播机制如图 1.113 所示，其中数组 a 为 4×3 的二维数组，数组 b 为一维数组。当两个数组进行运算时，由于维数不相等，会自动触发 NumPy 的广播机制。

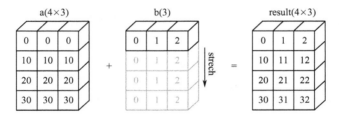

图 1.113　维数不同的两个数组相加时的广播机制

4×3 的二维数组 a 与长为 3 的一维数组 b 相加，等效于把数组 b 在数组 a 的二维上复制 4 次再进行相加运算，过程如下：

```
import numpy as np

a = np.array([[0, 0, 0],
              [10, 10, 10],
              [20, 20, 20],
              [30, 30, 30]])
b = np.array([1, 2, 3])
bb = np.tile(b, (4, 1))              # 将数组 b 在数组 a 的二维上复制 4 次
print("复制 b 后：\n", bb)
print("a + bb：\n", a + bb)
```

4×3 的二维数组 a 与长度为 3 的一维数组 b 相加的示例运算结果如图 1.114 所示。

```
Run:    Demo
        C:\Users\Administrator\PythonDemo\Scripts\python.exe D:/工作/物联网/Python应用技术/PythonDemo/Demo.py
        复制b后:
         [[1 2 3]
         [1 2 3]
         [1 2 3]
         [1 2 3]]
        a + bb:
         [[ 1  2  3]
         [11 12 13]
         [21 22 23]
         [31 32 33]]

        Process finished with exit code 0
```

图 1.114   4×3 的二维数组 a 与长度为 3 的一维数组 b 相加的示例运算结果

1.2.5   开发实践

1.2.5.1   开发设计

本节使用 Python 实现一个电话号码本，用户可以通过电话号码查询联系人的信息。开发设计步骤如下：

（1）在 IDLE 中创建一个名为 phone_book.py 的文件。

（2）使用字典类型创建一个空的电话号码本。

（3）使用 Python 实现简单的电话号码本功能，如添加、删除、查找、保存和提取等。

1.2.5.2   功能实现

在 IDLE 中创建一个名为 phone_book.py 的文件，代码如下：

```python
"""
使用 Python 基本数据结构，实现一个电话号码本
"""

# 使用字典类型，创建一个空的电话号码本
phoneBook = dict()

# 电话号码为 key，联系人姓名为 value，将联系人加入电话号码本
phoneBook['13876542390'] = 'Jack'
phoneBook['15789023456'] = 'Mary'
phoneBook['18909866789'] = 'Robert'

# 输出所有联系人信息
print("电话号码本信息：")
for phone in phoneBook:
    print("phoneNo: %s ==> %s" % (phone, phoneBook[phone]))
```

```
print("\n")

# 输入电话号码，输出联系人姓名
print("查询联系人：%s" % "13876542390")
print("查询结果：%s\n" % phoneBook['13876542390'])

# 重复加入已存在的电话号码，将替换原来的联系人信息
print("更新联系人: %s <== %s" % ("13876542390", 'Tony'))
phoneBook['13876542390'] = 'Tony'

# 确认联系人信息已更新
print("查询联系人：%s" % "13876542390")
print("查询结果：%s\n" % phoneBook['13876542390'])

# 检查某一电话号码是否存在
phoneNo = "13567890987"
print("检查某一电话号码是否存在: %s" % phoneNo)
if phoneNo in phoneBook:
    print("Found: %s\n" % phoneNo)
else:
    print("Not found: %s\n" % phoneNo)

# 删除联系人
print("删除联系人：%s\n" % "13876542390")
del phoneBook['13876542390']

# 输出所有的联系人信息，确认删除
print("删除后的电话号码本信息: ")
for phone in phoneBook:
print("phoneNo: %s ==> %s" % (phone, phoneBook[phone]))
```

1.2.5.3　开发验证

在 Windows 平台的命令行工作模式下，进入 phone_book.py 文件的目录并运行该文件，可看到文件 phone_book.py 的运行结果，如图 1.115 所示。

图 1.115　文件 phone_book.py 的运行结果

1.2.6 小结

本节主要介绍 Python 的基础数据类型、数据类型的组合使用，以及数据类型的内置函数。通过本节的学习，读者可以了解数字、字符串、列表、元组、字典等数据类型及其内置函数的使用方法。本节的重点是元组与字典数据类型，以及元组和字典的内置函数。

1.2.7 思考与拓展

（1）字典和列表的主要区别是什么？
（2）从列表中删除数据项有哪两种方法？
（3）如何从列表得到元组？如何从元组得到列表？
（4）转义字符"\n"和"\t"的作用是什么？

1.3 Python 的程序控制结构

1.3.1 Python 的运算符与流程控制语句

1.3.1.1 Python 运算符

简单来说，对数据进行加工变换的行为都可以称为运算，说明或者表示运算内容的符号都可以称为运算符。举个简单的例子，如 2×3 = 6 ，这个例子是加法运算，其中的 2 和 3 称为操作数，×称为乘法运算符。本节主要介绍常用的 Python 运算符，以及运算符的优先级。

1）算术运算符

算术运算符如表 1.5 所示，这里假设参与运算的两个变量 a 和 b 的取值分别为 21 和 10。

表 1.5　算术运算符

运　算　符	描　　　述	实　　　例
+	相加运算	a+b 的结果为 31
−	相减运算或取负值运算	a-b 的结果为 11；-a 的结果为-21
*	相乘运算	a*b 的结果为 210
/	相除运算	a/b 的结果为 2.1
%	取模运算，返回除法的余数	a%b 的结果为 1
**	a 的 b 次幂	a**b 的结果为 21^{10}
//	取整运算，返回商的整数部分（向下取整）	a/b 的结果为 2

算术运算符的示例如下：

```
a = 21
b = 10
```

```
result = 0

result = a + b
print("1 - a = ",a," b = ",b," result = a - b 的值为：", result)

result = a - b
print("2 - a = ",a," b = ",b," result = a + b 的值为：", result)

result = a * b
print("3 - a = ",a," b = ",b," result = a * b 的值为：", result)

result = a / b
print("4 - a = ",a," b = ",b," result = a / b 的值为：", result)

result = a % b
print("5 - a = ",a," b = ",b," result = a % b 的值为：", result)

# 修改变量 a 、b 的值
a = 2
b = 3
result = a ** b
print("6 - a = ",a," b = ",b," result = a ** b 的值为：", result)

a = 10
b = 5
result = a // b
print("7 - a = ",a," b = ",b," result = a // b 的值为：", result)
```

算术运算符的示例运行结果如图 1.116 所示。

```
Run:  Demo
C:\Users\Administrator\PythonDemo\Scripts\python.exe D:/工作/物联网/Python应用技术/PythonDemo/Demo.py
1 - a =  21  b =  10  result = a - b 的值为： 31
2 - a =  21  b =  10  result = a + b 的值为： 11
3 - a =  21  b =  10  result = a * b 的值为： 210
4 - a =  21  b =  10  result = a / b 的值为： 2.1
5 - a =  21  b =  10  result = a % b 的值为： 1
6 - a =  2  b =  3  result = a ** b 的值为： 8
7 - a =  10  b =  5  result = a // b 的值为： 2


Process finished with exit code 0
```

图 1.116　算术运算符的示例运行结果

注意：在 Python 2.x 中，整数除以整数的结果只能是整数，如果要得到结果的小数部分，则需要把参与除法运算的变量类型改为浮点数。例如，1/2，在 Python 2.x 中的结果为 0，而 1.0/2 的结果为 0.5。在 Python 3.x 中，1/2 的结果为 0.5。根据上面的示例运行结果可知，在

Python 语言中，算术运算符的优先级均高于赋值运算符。

```
>>> 1/2
0
>>> 1.0/2
0.5
>>> 1/float(2)
0.5
```

2）比较运算符

比较运算符如表 1.6 所示，这里假设参与运算的两个变量 a 和 b 的取值分别为 21 和 10。

表 1.6　比较运算符

运　算　符	描　述	实　例
==	比较两个变量是否相等	a == b 的结果是 False
!=	比较两个变量是否不相等	(a != b) 的结果是 True
<>	比较两个变量是否不相等，Python 3.x 已废弃该运算符	a <> b 的结果是 True，类似于 !=
>	运算符左侧的变量是否大于运算符右侧的变量	a > b 的结果是 True
<	运算符左侧的变量是否小于运算符右侧的变量	a < b 的结果是 False
>=	运算符左侧的变量是否大于或等于运算符右侧的变量	(a >= b) 的结果是 True
<=	运算符左侧的变量是否小于或等于运算符右侧的变量	(a <= b) 的结果是 False

注意：比较运算符返回 1 表示真，返回 0 表示假。

比较运算符用于比较两个变量，结果只能是 True 或 False。比较运算符的示例如下：

```
a = 21
b = 10
print("a = ", a, " b = ", b)
if a == b:
    print("1 - a 等于 b")
else:
    print("1 - a 不等于 b")
if a != b:
    print("2 - a 不等于 b")
else:
    print("2 - a 等于 b")
if a < b:
    print("4 - a 小于 b")
else:
    print("4 - a 大于等于 b")
if a > b:
    print("5 - a 大于 b")
else:
    print("5 - a 小于等于 b")
print("--------------------")
# 修改变量 a 和 b 的值
```

```
a = 5
b = 20
print("a = ", a, " b = ", b)
if a <= b:
    print("6 - a  小于等于  b")
else:
    print("6 - a  大于    b")
if b >= a:
    print("7 - b  大于等于  a")
else:
    print("7 - b  小于  a")
```

比较运算符的示例运行结果如图 1.117 所示。

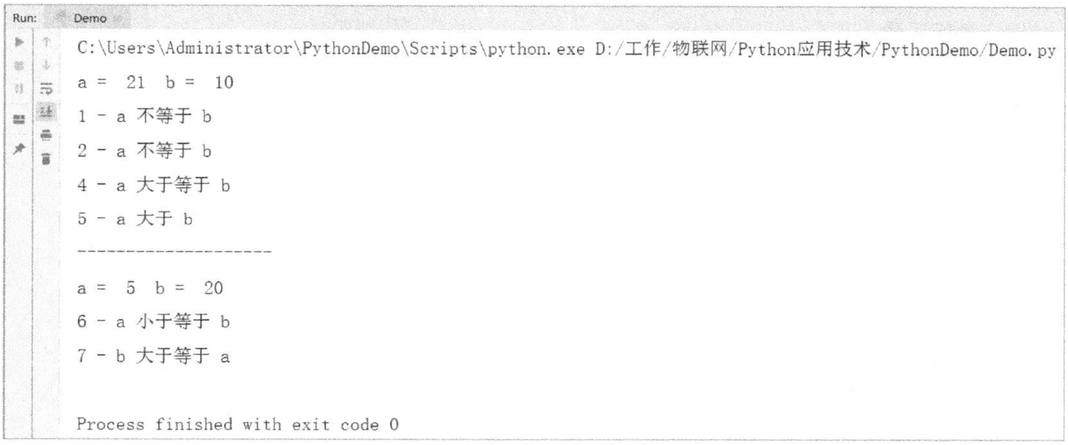

图 1.117　比较运算符的示例运行结果

3）复合赋值运算符

复合赋值运算符是一种将算术运算符和赋值符整合在一起的运算符，属于运算符的缩写形式，可以在编程时提高修改变量的效率，并有较好的代码可读性。复合赋值运算符如表 1.7 所示，这里假设参与运算的两个变量 a 和 b 的取值分别为 21 和 10。

表 1.7　复合赋值运算符

运　算　符	描　　述	实　　例
=	简单赋值运算符	result = a + b，将 a + b 的结果赋值给 result
+=	加法赋值运算符	result += a 等效于 result = result + a
-=	减法赋值运算符	result -= a 等效于 result = result - a
*=	乘法赋值运算符	result *= a 等效于 result = result * a
/=	除法赋值运算符	result /= a 等效于 result = result / a
%=	取模赋值运算符	result %= a 等效于 result = result % a
**=	幂赋值运算符	result **= a 等效于 result = result ** a
//=	取整除赋值运算符	result //= a 等效于 result = result // a

复合赋值符的示例如下：

```
a = 21
b = 10
result = 0

#加法赋值运算
result += a
print ("1 -   a = ",a," result += a 的值为： ", result)

#乘法赋值运算
result *= a
print ("2 - a = ",a," result *= a 的值为： ", result)

#除法赋值运算
result /= a
print ("3 - a = ",a," result /= a 的值为： ", result)

#先修改变量 result 值，然后进行模运算并赋值
result = 2
result %= a
print ("4 - a = ",a," result = 2, result %= a 的值为： ", result)

#乘方赋值运算
result **= a
print ("5 - a = ",a," result **= a 的值为： ", result)

#取商赋值运算
result //= a
print ("6 - a = ",a," result //= a 的值为： ", result)
```

复合赋值符的示例运行结果如图 1.118 所示。

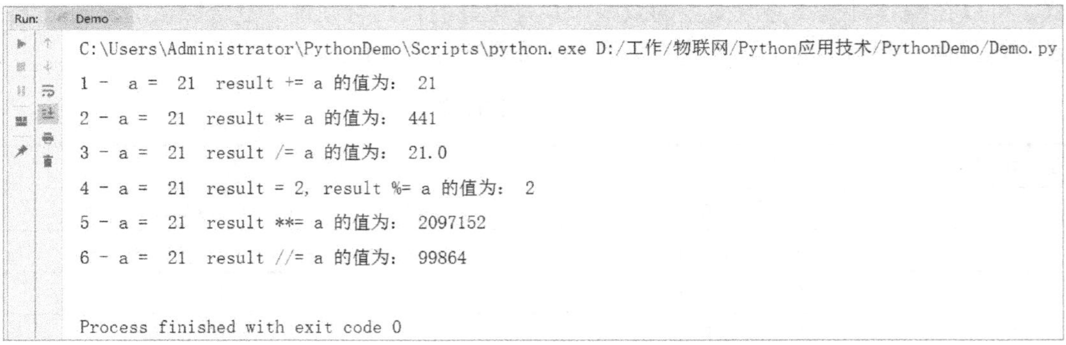

图 1.118　复合赋值运算符的示例运行结果

4）位运算符

程序中的所有数据在计算机中都是以二进制的形式存储及使用的，位运算是指以二进制位的方式对计算机中的数据进行的操作。位运算符的示例如下：

```
a = 60
b = 13
print("a = ",bin(a),"\t b = ",bin(b))
print("a & b = ",bin(a&b))
print("a | b = ",bin(a|b))
print("a ^ b = ",bin(a^b))
print("~a = ",bin(~a),~a)
print("a << 2 = ",bin(a << 2))
print("a >> 2 = ",bin(a >> 2))
```

位运算符的示例运行结果如图 1.119 所示。

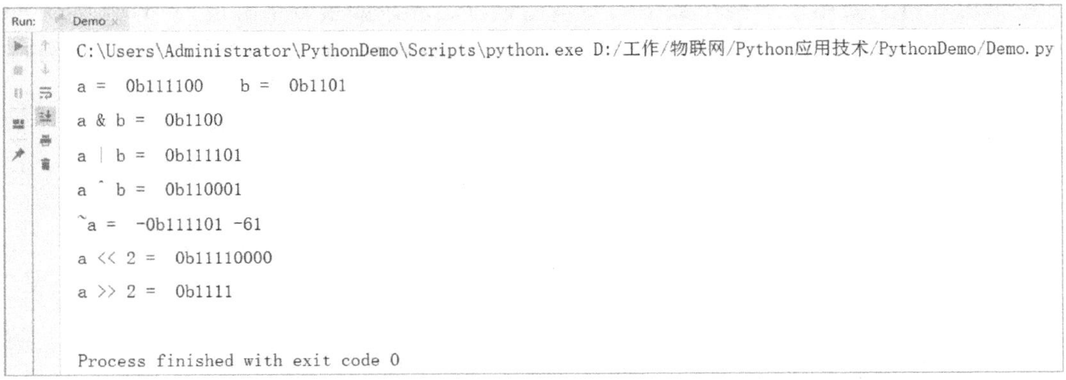

图 1.119 位运算符的示例运行结果

位运算符如表 1.8 所示，这里假设参与运算的两个变量 a 和 b 的取值分别为 60 和 13。

表 1.8 位运算符

运　算　符	描　　述	实　　例
&	按位进行与运算，如果参与运算的两个位的值均为 1，则结果为 1；否则结果为 0	a & b 的结果为 12，对应的二进制数为 0000 1100
|	按位进行或运算，如果参与运算的两个位的值均为 0，则结果为 0；否则结果为 1	a | b 的结果为 61，对应的二进制数为 0011 1101
^	按位进行异或运算，当参与运算的两个位的值相异时，结果为 1	a ^ b 的结果为 49，对应的二进制数为 0011 0001
~	按位取反运算，对数据的每个二进制位取反，即把 1 变为 0，把 0 变为 1	~a 的结果为-61，对应的二进制数为 1100 0011
<<	左移动运算，将<<左边数据的对应二进制数的每个二进制位全部左移若干位，由<<右边的数字指定了移动位数，高位丢弃，低位补 0	a <<2 的结果为 240，对应的二进制数为 1111 0000
>>	右移动运算，将>>左边数据的对应二进制数的每个二进制位全部右移若干位，由>>右边的数字指定了移动位数，低位丢弃，高位补 0	a>>2 的结果为 15，对应的二进制数为 0000 1111

5）逻辑运算符

Python 支持逻辑运算符，逻辑运算符用来表示日常交流中的"并且""或者""除非"等逻辑。逻辑运算符如表 1.9 所示，这里假设参与运算的两个变量 a 和 b 的取值分别为 10 和 20。

表 1.9 逻辑运算符

运　算　符	逻辑表达式	描　　述	实　　例
and	a and b	逻辑与运算	a and b 的结果是 True
or	a or b	逻辑或运算	a or b 的结果是 True
not	not a	逻辑非运算	not a 的结果是 False

逻辑运算符主要用于对两个数字的布尔值进行运算，如果数字的值为 0，则布尔值为 False；否则为 True。逻辑运算的结果也为布尔类型（True 或者 False）。逻辑运算符的示例如下：

```
a = 10
b = 20

print("a = ",a,"\t b = ",b)
# and 运算
if a and b:
    print("1 - 变量 a 和变量 b 都为 True 。")
else:
    print("1 - 变量 a 和变量 b 有一个不为 True 。")
# or 运算
if a or b:
    print("2 - 变量 a 和变量 b 有一个为 True 。")
else:
    print("2 - 变量 a 和变量 b 都不为 True 。")
#修改 a 的值
a = 0
print("a = ",a)
# and 运算
if a and b:
    print("3 - 变量 a 和变量 b 都为 True 。")
else:
    print("3 - 变量 a 和变量 b 有一个不为 True 。")
# or 运算
if a or b:
    print("4 - 变量 a 和变量 b 有一个为 True 。")
else:
    print("4 - 变量 a 和变量 b 都不为 True 。")
#not 运算
if not a and b:
    print("5 - 变量 a 和变量 b 都为 False，或者其中一个为 False 。")
else:
    print("5 - 变量 a 和变量 b 都为 True 。")
```

逻辑运算符的示例运行结果如图 1.120 所示。

```
Run:    Demo
    C:\Users\Administrator\PythonDemo\Scripts\python.exe D:/工作/物联网/Python应用技术/PythonDemo/Demo.py
    a =  10        b =  20
    1 - 变量 a 和变量 b 都为 True 。
    2 - 变量 a 和变量 b 有一个为 True 。
    a =  0
    3 - 变量 a 和变量 b 有一个不为 True 。
    4 - 变量 a 和变量 b 有一个为 True 。
    5 - 变量 a 和变量 b 都为 False，或者其中一个为 False 。

    Process finished with exit code 0
```

图 1.120　逻辑运算符的示例运行结果

6）运算符的优先级

前文介绍了常用的运算符，如果某个表达式中同时使用了多种运算符，则会因为运算符优先级的不同而产生特定的计算顺序。运算符的优先级如表 1.10 所示，注意序号越小，优先级越高。

表 1.10　运算符优先级

序　号	运　算　符	描　　述
1	**	指数（最高优先级）
2	~、+、-	按位翻转，一元加号和减号
3	*、/、%、//	乘、除、取模和取整除
4	+、-	加法、减法
5	>>、<<	位运算符
6	&	位运算符
7	^	位运算符
8	|	位运算符
9	<=、<、>、>=、==、!=	比较运算符
10	<>、	比较运算符
11	=、%=、/=、//=、-=、+=、*=、**=	赋值运算符
12	is、is not	身份运算符
13	in、not in	成员运算符
14	not、and、or	逻辑运算符

运算符优先级的示例如下：

```
a = 20
b = 10
c = 15
d = 5
```

```
result = 0

result = a + b * c / d;          # 20 + (150/5)，在没有小括号的情况下先乘除后加减
print("a + b * c / d 运算结果为：", result)

result = (a + b) * c / d         # (30 * 15) / 5，小括号的优先级比任何算术运算符都高
print("(a + b) * c / d 运算结果为：", result)

result = ((a + b) * c) / d       # (30 * 15) / 5，乘、除号的优先级相同，遵循从左到右的运算原则
print("((a + b) * c) / d 运算结果为：", result)

result = (a + b) * (c / d);      # (30) * (15/5)
print("(a + b) * (c / d) 运算结果为：", result)
```

运算符优先级的示例运行结果如图 1.121 所示。

```
Run:    Demo
        C:\Users\Administrator\PythonDemo\Scripts\python.exe D:/工作/物联网/Python应用技术/PythonDemo/Demo.py
        a + b * c / d 运算结果为：  50.0
        (a + b) * c / d 运算结果为：  90.0
        ((a + b) * c) / d 运算结果为：  90.0
        (a + b) * (c / d) 运算结果为：  90.0

        Process finished with exit code 0
```

图 1.121　运算符优先级的示例运行结果

1.3.1.2　条件表达式

条件表达式常用于判断某些条件是否能得到满足，如果满足条件则允许做某件事情，否则不允许做。Python 的条件表达式首先通过对一个或多个表达式进行逻辑运算或者比较运算，然后依据判断结果（True 或者 False）来决定是否运行代码块。条件表达式的运行流程如图 1.122 所示。

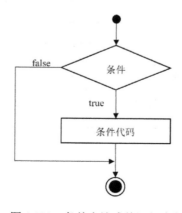

图 1.122　条件表达式的运行流程

1）if 语句

Python 语言中的条件判断语句就是 if 语句，一般形式如下：

```
if condition_1:
    statement_block_1
elif condition_2:
    statement_block_2
else:
    statement_block_3
```

只有在判断条件 condition_1 成立（运算结果为 True）时，才会运行 statement_block_1 语句块；否则将会对条件 condition_2 进行判断，如果条件 condition_2 成立，将会运行 statement_block_2 语句块。如果 condition_1 和 condition_2 都不成立，即 else 之前的所有运算结果都为 False，则运行 statement_block_3 语句块。在这里，Python 用 elif 代替了 Java 中常见的 else if，因此 if 语句的关键字为 if、elif、else。此外，在使用 if 语句时，还应该注意：

- 每个条件表达式最后要使用冒号 "："，表示接下来是满足条件时要运行的语句块。
- 使用缩进来划分语句块，相同缩进的语句在一起组成了一个语句块。
- Python 语言没有 C、Java 等语言的 switch…case 语句。

以下是一个简单的 if 语句示例：

```
con_1 = 100
if con_1:
    print("1 - if 表达式条件为 True")
    print("\tcon_1 = ", con_1)

con_2 = 0
if   con_2:
    print("2 - if 表达式条件为 True")
    print("\tcon_2 = ", con_2)
print("2 - if 表达式条件为 false")
print("\tcon_2 = ", con_2)
```

if 语句的示例运行结果如图 1.123 所示。

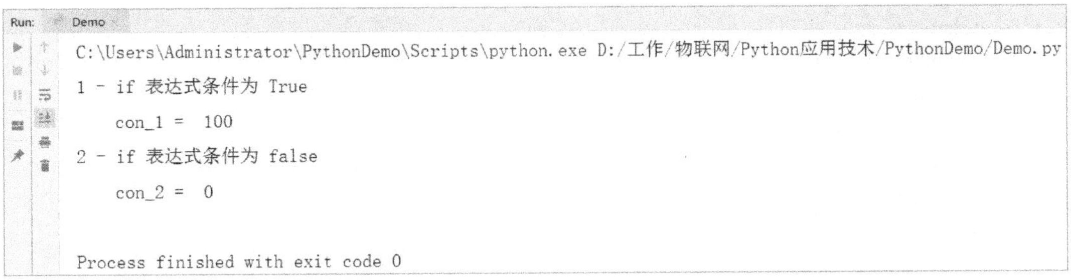

图 1.123　if 语句的示例运行结果

从上面的示例运行结果可以看到，由于在 con_2 = 0 时，对应的布尔值为 False，所以对应的 if 语句没有运行。

通过 if…elif…else 判断猫年龄的示例如下：

```
# -*- coding: UTF-8 -*-
# 文件名：demo.py

age = int(input("请输入你家猫的年龄: "))          # int()函数将输入的年龄值强制转化为数字

if age <= 0:
    print("年龄输入错误")
elif age == 1:
    print("相当于 14 岁的人。")
elif age == 2:
    print("相当于 22 岁的人。")
elif age > 2:
    human = 22 + (age -2)*5
    print("对应人类年龄: ", human)
```

通过 if…elif…else 判断猫年龄的示例运行结果如图 1.124 所示。

```
Run:   Demo
   C:\Users\Administrator\PythonDemo\Scripts\python.exe D:/工作/物联网/Python应用技术/PythonDemo/Demo.py
   请输入你家猫的年龄: 1
   相当于 14 岁的人。

   Process finished with exit code 0
```

图 1.124 通过 if…elif…else 判断猫年龄的示例运行结果

在上面的示例中，input()函数是让用户输入关于猫年龄的信息，但该函数会默认用户的输入信息为字符串类型，在 input()函数外面使用了类型强制转化函数 int()，将字符串类型的内容转换成数字，因此变量 age 为一整型变量，可以在 if 语句中使用比较运算符进行值大小的判断。

2）if 嵌套

if 嵌套指的是把一个 if…elif…else 放在另外一个 if…elif…else 中，进行复合条件判断，用法如下：

```
if condition_1:
    statement_block_1
    if condition_2:
        statement_block_2
    elif condition_3:
        statement_block_3
    else:
        statement_block_0
elif condition_4:
    statement_block_4
else:
    statement_block_5
```

上面的 if 嵌套中，内层 if 语句的运行前提是外层 if 语句中的条件成立，即内、外层的 if 语句存在逻辑关联关系，通常 if 的嵌套需要根据实际开发情况进行选择。if 嵌套的示例如下：

```
num=int(input("输入一个数字："))
if num%2==0:
    if num%3==0:
        print ("你输入的数字可以整除 2 和 3")
    else:
        print ("你输入的数字可以整除 2，但不能整除 3")
else:
    if num%3==0:
        print ("你输入的数字可以整除 3，但不能整除 2")
    else:
        print    ("你输入的数字不能整除 2 和 3")
```

if 嵌套的示例运行结果如图 1.125 所示。

图 1.125　if 嵌套的示例运行结果

在上面的示例中，当"if num % 2 == 0"成立时，会对"if num % 3 == 0"进行判断。如果"if num % 3 == 0"不成立，则会运行第一个 else:后面的语句块，从输出"输入的数字可以整除 2，但不能整除 3"。当输入的数字是 2 时，"if num % 2 == 0"成立、"if num % 3 == 0"不成立，因此输出"输入的数字可以整除 2，但不能整除 3"。

1.3.1.3　循环结构

程序在一般情况下是按顺序运行的，但有时候需要循环运行，就像我们的生活一样，每天早上都洗脸、漱口，这是经过一定时间周期之后必然会重复做的事情。对于需要重复运行的某些操作，Python 等编程语言提供了循环语句。循环语句的主要功能是，在满足某些条件时，可以不断地重复运行一条语句或一个语句块（条件代码），直到不再满足某些条件时为止。循环语句的一般形式如图 1.126 所示。

Python 提供了两种循环语句，分别是 for 循环语句和 while 循环语句。Python 没有 C 和 Java 等语言中的 do…while 循环语句。Python 的循环类型如表 1.11 所示。

表 1.11　Python 的循环类型

循 环 类 型	描　　述
while 循环	在给定的判断条件为 True 时运行循环体，否则退出循环体
for 循环	重复运行语句
嵌套循环	可以在 while 循环体中嵌套 for 循环

1）while 循环语句

Python 语言中的 while 循环语句的用法如下：

```
while 判断条件(condition)：
    运行语句(statement_block)
```

while 循环语句的运行流程如图 1.127 所示。

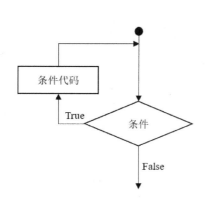

条件代码
True
条件
False

图 1.126　循环语句的一般形式

条件
True
代码块
False

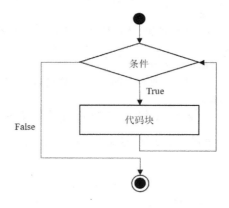

图 1.127　while 循环语句的运行流程

使用 while 循环语句来计算 1 到 10 之和的示例如下：

```
n = 10

sum = 0
counter = 1
while counter <= n:
    sum = sum + counter
    counter += 1

print("1 到 %d 之和为: %d" % (n,sum))
```

使用 while 循环语句来计算 1 到 10 之和的示例运行结果如图 1.128 所示。

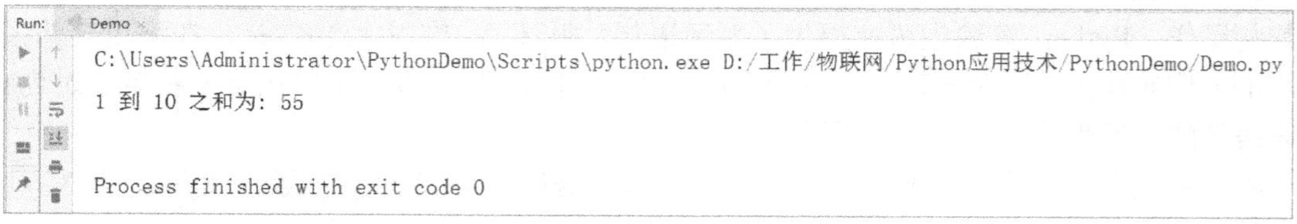

Run:
Demo
C:\Users\Administrator\PythonDemo\Scripts\python.exe D:/工作/物联网/Python应用技术/PythonDemo/Demo.py
1 到 10 之和为: 55
Process finished with exit code 0

图 1.128　使用 while 循环语句来计算 1 到 10 之和的示例运行结果

在上面的示例中，print()函数使用了字符串格式化输出。尽管这样做可能会让整个输出表达式显得非常复杂，但输出结果可以不受 print()函数默认格式的影响，避免输出一些不必要的空格符。print()函数字符串格式化输出的基本思想是将一个值插入一个有字符串格式符“%”的字符串中。例如，上面示例代码最后一行的两个“%d”都是格式符，表示要插入两个整数值，而小括号中的两个变量则刚好对应这两个值，将 n 插入前一个“%d”处，将 num 插入后

一个 "%d" 处。

2）无限循环

无限循环在服务器响应客户端的实时请求时非常有用。将条件表达式永远设置为 True，可实现无限循环，示例如下：

```
con = 1
while con == 1:                          # 将条件表达式永远设置为 True
    num = int(input("输入一个数字    :"))
    print ("输入的数字是: ", num)
print ("Good bye!")
```

通过 Ctrl+C 组合键可以退出当前的无限循环，在 PyCharm 中可以单击程序中止按钮（见图 1.129）来中止程序的运行。

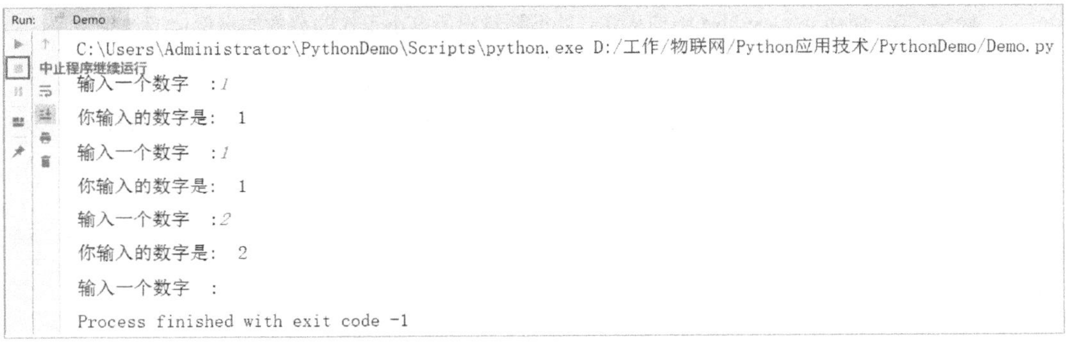

图 1.129　PyCharm 中的程序中止按钮

3）在 while 循环语句中使用 else 语句

在 while 循环语句中使用 else 语句，类似于 if…else 语句，即在条件成立时重复运行 while 循环语句中的代码块，否则运行 else 内的代码块。在 while 循环语句中使用 else 语句的方法如下：

```
while condition:
    statement_block_1
else:
    statement_block_2
```

若 condition 条件成立，则循环运行代码块 statement_block_1，直到 condition 条件不成立时为止；否则运行代码块 statement_block_2。以下示例为使用 while…else 结构从 0 开始循环输出所有小于 5 的整数，当 count 为 5 时中止循环，并输出相应的提示。

```
count = 0
while count < 5:
    print (count, " 小于 5")
    count = count + 1
else:
    print (count, " 大于或等于 5")
```

使用 while…else 结构从 0 开始循环输出所有小于 5 的整数的示例运行结果如图 1.130 所示。

```
Run:   Demo
       C:\Users\Administrator\PythonDemo\Scripts\python.exe D:/工作/物联网/Python应用技术/PythonDemo/Demo.py
       0  小于 5
       1  小于 5
       2  小于 5
       3  小于 5
       4  小于 5
       5  大于或等于 5

       Process finished with exit code 0
```

图 1.130　使用 while…else 结构从 0 开始循环输出所有小于 5 的整数的示例运行结果

4）for 循环语句

在 Python 语言中，通过 for 循环语句可以遍历任何类型的序列，如列表、元组以及字符串等。for 循环语句的用法如下：

```
for <variable> in <sequence>:
    statement_block
```

for 循环语句的流程如图 1.131 所示。

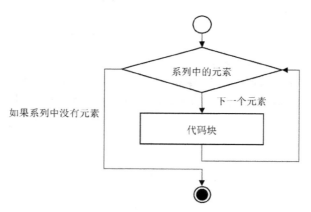

图 1.131　for 循环语句的流程

通过 for 循环语句遍历列表的示例如下：

```
mylist = ["WiFi", "Zigbee", "NB-IOT", "Python"]        # 生成列表 mylist
for x in mylist:                                        # 循环输出列表 mylist 中的每一个元素
    print (x)
```

通过 for 循环语句遍历列表的示例运行结果如图 1.132 所示。

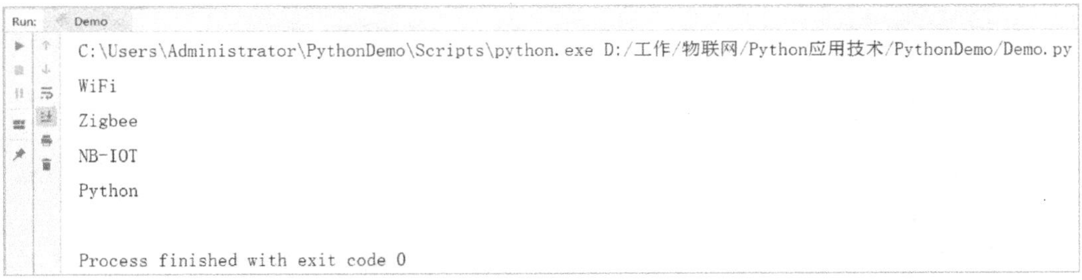

图 1.132　通过 for 循环语句遍历列表的示例运行结果

5）range()方法

如果需要遍历数字序列，则可以使用内置的 range()方法或者 NumPy 模块中的 arrange()方法，这两个方法都会生成指定大小的序列。range()方法的示例如下：

```
import numpy as np

for i in range(5):
    print(i,end=" ")
print("\n--------------------")
for i in np.arange(1,6):
    print(i, end=" ")
```

range()方法的示例运行结果如图 1.133 所示。

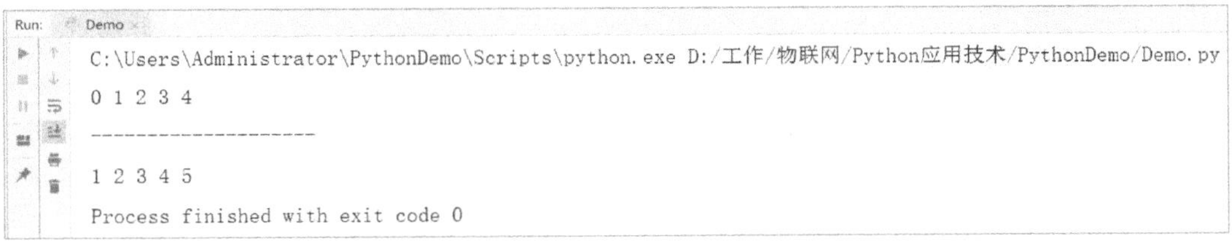

图 1.133　range()方法的示例运行结果

内置方法 range()和 NumPy 模块中的方法 arrange()类似，都可以生成一个指定序列。如果在 range()方法中只设定序列大小，如 range(5)，则生成一个包含 5 个元素的序列，其结果是一个从 0 到 4 的序列。如果希望指定序列的头尾，则需要在 arrange ()方法中设定序列的起始值和末尾值，如 arrange(1,6)。注意，这里的末尾值不包含在序列中，其结果是一个从 0 到 5 的序列。

1.3.1.4　break 和 continue 语句

1）break 语句

Python 语言中的 break 语句与 C 语言中的 break 语句一样，都是用来中止整个循环体的。不论在 while 循环语句还是在 for 循环语句中，通过 break 语句中止循环语句时都具有强制性，即使循环条件依然成立或者序列还没被完全遍历，都会中止循环语句的运行。如果 break 语句应用于 while 和 for 的嵌套循环，则 break 语句只对其所处的最近一层循环有效。

break 语句的用法如下：

```
break
```

break 语句的示例如下：

```
for letter in 'Python':                    # 第一个实例
    if letter == 'h':
        break
    print ('当前字母 :', letter)

count = 10                                 # 第二个实例
while count > 0:
    print ('当前变量值 :', count)
    count = count -1
    if count == 5:                         # 当变量 var 等于 5 时退出循环
        break
print ("退出循环!")
```

break 语句的示例运行结果如图 1.134 所示。

```
Run:  Demo
C:\Users\Administrator\PythonDemo\Scripts\python.exe D:/工作/物联网/Python应用技术/PythonDemo/Demo.py
当前字母 : P
当前字母 : y
当前字母 : t
当前变量值 : 10
当前变量值 : 9
当前变量值 : 8
当前变量值 : 7
当前变量值 : 6
退出循环!

Process finished with exit code 0
```

图 1.134　break 语句的示例运行结果

2）continue 语句

Python 语言中的 continue 语句的作用与 C 语言中的 continue 语句一样，不论在 while 循环语句中还是在 for 循环语句中，都是用来强制运行下一次循环的。如果 continue 语句被应用于 while 和 for 的嵌套循环，则 break 语句只会对其所处的最近一层循环有效。

Python 语言中的 continue 语句用法如下：

```
continue
```

continue 语句的示例如下：

```
for letter in 'Python':          # 第 1 个示例
    if letter == 'h':
        continue                 # 不运行下面的输出语句，直接进入下一个循环，即 h 不会被输出
    print ('当前字母 :', letter)
```

```
count = 10                          # 第 2 个示例
while count > 0:
    count = count -1
    if count == 5:
        continue                    # 不运行下面的输出语句，直接进入下一个循环，即 5 不会被输出
    print ('当前变量值 :', count)
print ("循环结束!")
```

continue 语句的示例运行结果如图 1.135 所示。

图 1.135　continue 语句的示例运行结果

1.3.2　异常处理

Python 语言把程序在运行过程中出现的错误称为异常，如元组索引越界、使用未定义的变量等。Python 语言定义了 Exception 类来处理所有的异常情况，即所有的异常类都是 Exception 类的子类。由于 Exception 类内置在 Python 语言中，因此可以直接使用 Exception 类。

Python 语言的常用标准异常如表 1.12 所示。

表 1.12　Python 语言的常用标准异常

异 常 名 称	描　　述	异 常 名 称	描　　述
BaseException	所有异常的父类	SystemExit	解释器请求退出
KeyboardInterrupt	键盘中断运行（通常使用了 Ctrl+C 组合键）	Exception	常规错误的父类
StopIteration	迭代器没有更多的值	GeneratorExit	生成器发生异常来通知退出
StandardError	所有内建标准异常的父类	ArithmeticError	所有数值计算错误的父类
FloatingPointError	浮点计算错误	OverflowError	数值运算超出最大限制
ZeroDivisionError	除零或取模零	AssertionError	断言语句失败

异 常 名 称	描 述	异 常 名 称	描 述
AttributeError	对象没有这个属性	EOFError	没有内建输入，到达 EOF 标记
EnvironmentError	操作系统错误的父类	IOError	输入/输出操作失败
OSError	操作系统错误	WindowsError	系统调用失败
ImportError	导入模块/对象失败	LookupError	无效数据查询的父类
IndexError	序列中没有此索引	KeyError	映射中没有这个键
MemoryError	内存溢出错误（对于 Python 解释器来讲不是致命的）	ReferenceError	弱引用（Weak Reference）试图访问已经垃圾回收了的对象
NameError	未声明/初始化对象（没有属性）	UnboundLocalError	访问未初始化的本地变量
RuntimeError	一般的运行时错误	NotImplementedError	尚未实现的方法
SyntaxError	Python 语法错误	IndentationError	缩进错误
TabError	Tab 和空格混用	SystemError	一般的解释器系统错误
TypeError	对类型无效的操作	ValueError	传入无效的参数
UnicodeError	Unicode 相关的错误	UnicodeDecodeError	Unicode 解码时的错误
UnicodeEncodeError	Unicode 编码时的错误	UnicodeTranslateError	Unicode 转换时的错误
Warning	警告的父类	DeprecationWarning	关于被弃用特征的警告
FutureWarning	关于构造将来语义会有改变的警告	OverflowWarning	旧的关于自动提升为长整型的警告
PendingDeprecationWarning	关于特性将会被废弃的警告	RuntimeWarning	可疑的运行时行为的警告
SyntaxWarning	可疑的语法的警告	UserWarning	用户代码生成的警告

当 Python 程序发生异常时，会通过回溯（Traceback）机制来输出错误信息，包括异常的名称、原因，以及出错位置所在的行号等，如图 1.136 所示。

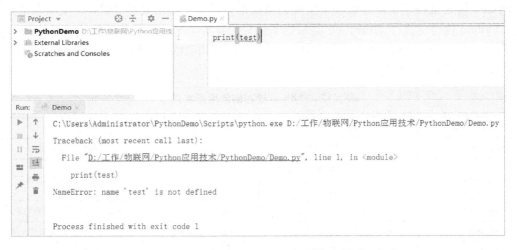

图 1.136　通过回溯（Traceback）机制输出的错误信息

在图 1.136 中，由于在 print()输出变量 test 前没有定义该变量，所以引发了异常。Python 通过回溯机制输出的异常名称为 NameError，出错的原因是"'test'is not defined"（变量 test 未定义），出错位置在代码的第一行（line 1）。

1）异常处理的语句

Python 语言具有非常出色的异常处理能力，可以准确地找出并反馈错误信息，并协助程序设计人员找到错误原因并做出正确的修改。Python 语言通过 try-except 语句可以检查、捕获及处理异常。try-except 语句中的 try 子句用于检查代码中的异常，并将发现的错误代码转发给 except 子句，让其对异常信息进行捕获并处理。try-except 语句如图 1.137 所示，如果 try 子句中的执行代码出现异常，程序就不再继续运行剩下的语句，转为运行 except 子句中的异常处理语句（发生异常时执行的代码）。

图 1.137　try-except 语句

try-except 语句的示例如下：

```
while True:
    try:
        x = int(input("请输入一个数字: "))
        break
    except ValueError:
        print("输入的不是数字，请再次尝试输入！")
```

try-except 语句的示例运行结果如图 1.138 所示。

图 1.138　try-except 语句的示例运行结果

通常，try-except 语句中的 try 子句会包含可能会引起异常的语句，当 Python 编译器开始运行 try 子句中的代码时，会对 try 子句中的代码进行标记，当发生异常时，就可以跳到 try 子句中的标记处进行异常类匹配，整个过程遵循以下原则：

（1）当运行 try 子句中的代码发生异常时，Python 就会跳到 try 子句中的异常标记处，检索并运行第一个匹配该异常的 except 子句。在异常处理完毕后，try 子句中的代码不会再运行。

（2）如果 try 子句中的代码发生异常，并且 try-except 语句中没有与异常相匹配的 except 子句，则异常将被递交到上层的 try 子句，或者结束程序并打印相关的异常信息。

在 try-except 语句中，虽然 try 子句只有一个，但却可能包含多个 except 子句，分别用来处理不同的异常，其中最多只有一个 except 子句会被运行，并且 except 子句只会处理同一个 try-except 语句中 try 子句的代码异常，不会处理其他 try-except 语句中 try 子句的代码异常。

如果一个 except 子句需要同时处理多个异常，则可以将这些异常作为参数，放在 except 子句中的小括号内，并用逗号间隔，例如：

```
except (RuntimeError, TypeError, NameError):
    pass
```

try-except 语句中的最后一个 except 子句可以忽略异常的名称，是一种对异常分类进行默认处理的方法，即只要是异常都处理，起到了类似通配符的作用。对于无法确认类型的异常，可以使用默认分类的方法捕获并处理。通过默认分类的方法捕获并处理无法确认类型异常的示例如下：

```
import sys

try:
    f = open('test.txt')
    s = f.readline()
    i = int(s.strip())
except OSError as err:
    print("OS error: {0}".format(err))
except ValueError:
    print("Could not convert data to an integer.")
except:
    print("Unexpected error:", sys.exc_info()[0])
```

通过默认分类的方法捕获并处理无法确认类型的异常的示例运行结果如图 1.139 所示。

```
Run:    Demo
    ↑   C:\Users\Administrator\PythonDemo\Scripts\python.exe D:/工作/物联网/Python应用技术/PythonDemo/Demo.py
    ↓   OS error: [Errno 2] No such file or directory: 'test.txt'

        Process finished with exit code 0
```

图 1.139　通过默认分类的方法捕获并处理无法确认类型的异常的示例运行结果

2）try-except-else

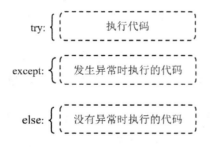

图 1.140　try-except-else 语句

try-except 语句还有一个可选的子句——else 子句。else 子句通常放在所有的 except 子句后。try-except-else 语句如图 1.140 所示，只有在 try 子句的代码在运行过程中没有发生任何异常时，才会执行 else 子句中的代码。

3）抛出异常

通过 raise 语句，Python 语言可以主动抛出一个异常。raise 语句的用法如下：

```
raise [ExceptionName [(reason)]]
```

其中，ExceptionName 表示抛出的异常类型，被抛出的异常类型可以被其他 except 子句捕获；reason 是对异常的描述信息，如果缺省所有的参数，则 raise 语句会把当前的错误按原样抛出；如果仅缺省参数 reason，则 raise 语句在抛出异常时将不附带任何关于异常的描述信息。raise 语句的示例如下：

```
x = int(input("请输入一个数字:"))
try:
    if x > 4:
        raise Exception('x 不能大于 4。x 的值为: {}'.format(x))
    else:
        print(x)
except Exception as err:
    print(err)
```

raise 语句的示例运行结果如图 1.141 所示。

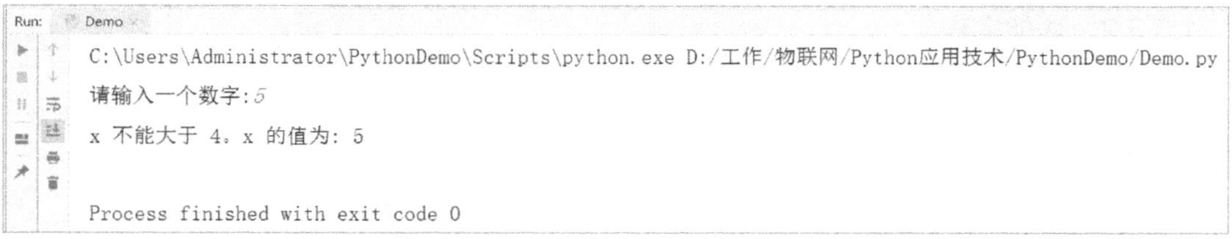

图 1.141　raise 语句的示例运行结果

raise 语句的唯一一个参数指定了要抛出的异常，它必须是一个异常实例或者异常类（也就是 Exception 类的子类）。在 Python 语言中，所有的异常类都是 Exception 类的子类。Exception 类是在 Python 语言的内嵌模块 exceptions 中定义的，用户无须定义即可直接使用。

1.3.3　开发实践

1.3.3.1　开发设计

本节通过 Python 语言的格式输入/输出功能，实现摄氏温度和华氏温度的转换；通过 Python 语言的 if…elif…else 实现身体质量指数（BMI）的计算。

1）摄氏温度和华氏温度的转换

根据华氏温度和摄氏温度的定义，可以得到二者的转换公式，即：

$$C = \frac{(F-32)}{1.8}, \qquad F = 1.8C + 32$$

式中，C 表示摄氏温度；F 表示华氏温度。

2）身体质量指数 BMI 的计算

国际上常用的衡量人体肥胖和健康程度的重要指标是身体质量指数（Body Mass Index，BMI），如表 1.13 所示。

表 1.13 BMI

分 类	国际 BMI	国内 BMI
偏瘦	<18.5	<18.5
正常	18.5～25	18.5～24
偏旁	25～30	24～28
肥胖	≥30	≥28

BMI 主要用于统计分析，其定义为：

$$BMI = \frac{体重}{身高^2}$$

式中，体重的单位时 kg；身高的单位是 m。例如，当一个人的体重为 72 kg、身高为 1.75 m 时，其 BMI 约为 23.5。

1.3.3.2 功能实现

1）摄氏温度和华氏温度的转换

在 IDLE 中创建一个名称为 1.6_c2f.py 的文件，代码如下：

```
"""
将摄氏温度转换为华氏温度
"""

# 输入摄氏温度
a = float(input('请输入摄氏温度：'))
# 转换为华氏温度：
c = a*9/5+32
# 输出结果
print("摄氏温度{}转换为华氏温度为：{:.2f}".format(a, c))

# 输入华氏温度
b = float(input('请输入华氏温度：'))
# 转换为摄氏温度：
d = (b-32)*5/9
# 输出结果
print("华氏温度{}转换为摄氏温度为：{:.2f}".format(b, d))
```

2）BMI 的计算

在 IDLE 中创建一个名称为 1.7_bmi.py 的文件，代码如下：

```
# 输入身高和体重
# 通过内置的 eval 函数将字符串转换为 Python 对象
height, weight = eval(input("请输入身高(米)和体重(公斤)[逗号隔开]: "))
# 计算 BMI 指数
bmi = weight / pow(height, 2)
# 输出计算结果
```

```
print("BMI 数值为：{:.2f}".format(bmi))

who, nat = "", ""
if bmi < 18.5:
    who, nat = "偏瘦", "偏瘦"
elif 18.5 <= bmi < 24:
    who, nat = "正常", "正常"
elif 24 <= bmi < 25:
    who, nat = "正常", "偏胖"
elif 25 <= bmi < 28:
    who, nat = "偏胖", "偏胖"
elif 28 <= bmi < 30:
    who, nat = "偏胖", "肥胖"
else:
    who, nat = "肥胖", "肥胖"
print("BMI 指标为:国际'{0}', 国内'{1}'".format(who, nat))
```

1.3.3.3　开发验证

1）摄氏温度和华氏温度的转换

在 Windows 平台中，进入命令行工作模式，运行文件 1.6_c2f.py，可将输入的摄氏温度转换为华氏温度，将输入的华氏温度转换为摄氏温度。摄氏温度和华氏温度的转换结果如图 1.142 所示。

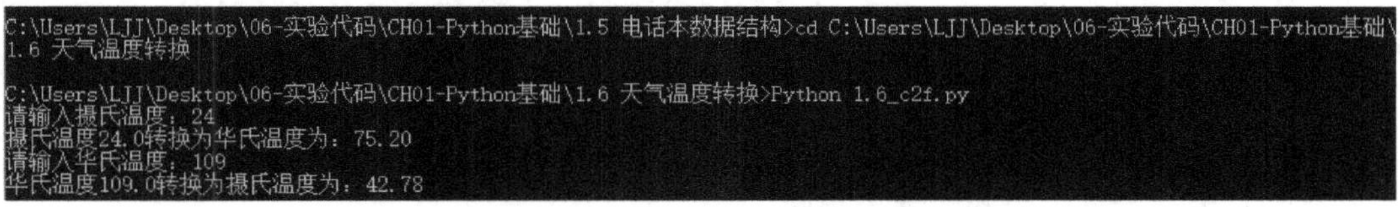

图 1.142　摄氏温度和华氏温度的转换结果

2）身体质量指数 BMI 的计算

在 Windows 平台中，进入命令行工作模式，运行文件 1.7_bmi.py，输入身高和体重后，可得到 BMI，如图 1.143 所示。

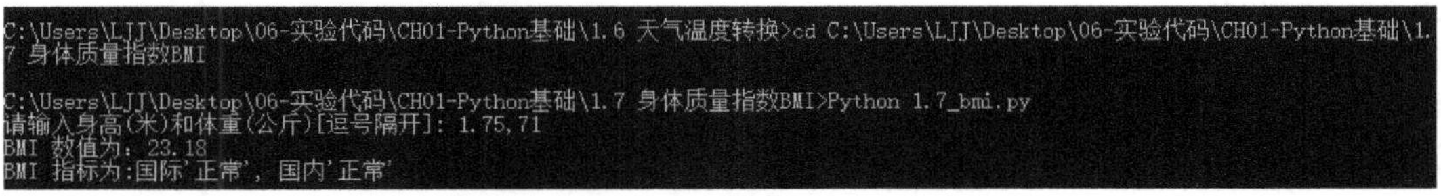

图 1.143　输入身高和体重后得到的 BMI

1.3.4　小结

本节详细介绍了 Python 语言的运算符与流程控制语句，以及异常处理。语句是程序完成一次操作的基本单位，流程控制语句用于控制语句的运行顺序。在介绍流程控制语句时，本节通过示例介绍各种流程控制语句的运行顺序，方便读者理解。本节的重点是 if 语句、while

循环语句和 for 循环语句的用法，这几种语句在程序开发中会经常用到。通过对本节的学习，读者能够熟练掌握 Python 流程控制语句的用法，并能用于实践开发。

1.3.5 思考与拓展

（1）break 语句和 continue 语句的区别是什么？

（2）比较操作符和赋值操作符的区别是什么？

（3）如果程序陷入一个无限循环中，按什么按键可以中止无限循环？

（4）在 for 循环语句中，range(10)、range(0, 10)和 range(0, 10, 1)之间的区别是什么？

1.4 Python 函数的用法

1.4.1 函数的定义与调用

1.4.1.1 函数的创建

函数是组织好的、可重复使用的用来实现单一功能或相关联功能的代码段。函数可以提高应用的模块化程度和代码的重复利用率。Python 语言不仅提供了很多内建函数，还支持用户创建自己的函数，即用户自定义函数。

在 Python 语言中，用户可以根据开发的需要定义一个实现特定功能的函数。在定义函数的过程中需要遵循以下规则：

（1）函数代码块以关键字 def 开头，def 后接函数名和圆括号。

（2）函数名的命名规则和变量的命名规则相同，只能是字母、数字和下画线的组合，但不能以数字开头，并且不能和关键字相同。

（3）函数的参数必须放在圆括号中。

（4）函数的第一行语句可以选择性地使用文档字符串，用于存放函数说明。

（5）函数的内容以冒号起始，并且缩进。

（6）函数以 "return [表达式]" 结束，选择性地返回一个值给调用方。不带表达式的 return 相当于返回 None。

用户自定义函数的语法格式如下：

```
def 函数名(参数列表):
    '''函数_文档字符串'''
    函数体
    return [表达式]
```

根据上面的语法格式，下面给出了一个输出特定信息的函数，代码如下：

```
def print_info():
    '''自定义函数，完成打印输出一段特定信息的功能'''
    print ("这是一个用户自定义函数！")
    return
```

1.4.1.2　函数的调用

定义函数之后，就相当于有了一段具有特定功能的代码。要想运行这些代码，就需要调用函数。调用函数的方式很简单，通过"函数名()"即可完成。调用函数的示例如下：

```
# 用户自定义接收一个参数的函数
def print_info(str):                          # print_info 为函数名，str 为函数的参数
    "打印输出任何传入函数的字符串"
    print(str)
    return


# 调用函数
print_info("我要调用用户自定义函数!")
print_info("再次调用同一函数")
```

调用函数的示例运行结果如图 1.144 所示。

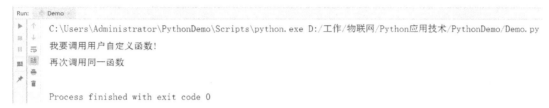

图 1.144　调用函数的示例运行结果

上面的示例在定义 print_info()函数时，定义了一个用于接收外部传入数据的参数 str，在调用 print_info()函数时，必须同时为参数赋值，函数的调用形式变成了"print_info("我要调用用户自定义函数!")"，其中的"我要调用用户自定义函数!"用于为变量赋值，相当于在函数调用时做了一次变量赋值，即 str = "我要调用用户自定义函数!"，所以函数中 print(str)不会引发异常。若采用 print_info()的方式进行函数调用，则由于 str 没有被复制，因此 print(str)会引发异常。如果在定义函数时没有定义参数，则在调用函数时圆括号内无须包含任何数据。

1.4.1.3　匿名函数

匿名函数，顾名思义就是没有名称的函数，也就是没有使用 def 定义的函数。在 Python语言中，通过关键字 lambda 可定义一个匿名函数。匿名函数通常会被当成内置函数的参数来使用。在定义匿名函数时应该注意以下事项：

（1）通过关键字 lambda 定义的函数是一个表达式（lambda 表达式），其函数体比通过 def定义的函数简单得多。

（2）lambda 表达式不是一个代码块，只能在其中封装有限的逻辑，无法直接使用 print()。

（3）匿名函数拥有自己的命名空间，不能访问自己参数列表之外或全局命名空间中的参数。

（4）虽然使用关键字 lambda 定义函数只需要一行代码，但匿名函数不同于 C 或 C++语言的内联函数。内联函数在调用函数时不占用栈内存，可以提高运行效率。

通过 lambda 定义匿名函数的用法如下：

```
lambda [arg1 [,arg2,.....argn]]:expression
```

匿名函数的示例如下：

```
def arithmetic(a, b, op):
    print("a = ",a,"\t b= ",b)
    print("result = ", op(a,b))
    return


sum = lambda x, y: x + y
print(" 10 + 20 =",sum(10,20))
print("---------------")
arithmetic(10, 20, lambda x, y: x + y)
print("---------------")
arithmetic(10, 20, lambda x, y: x - y)
```

匿名函数的示例运行结果如图 1.145 所示。

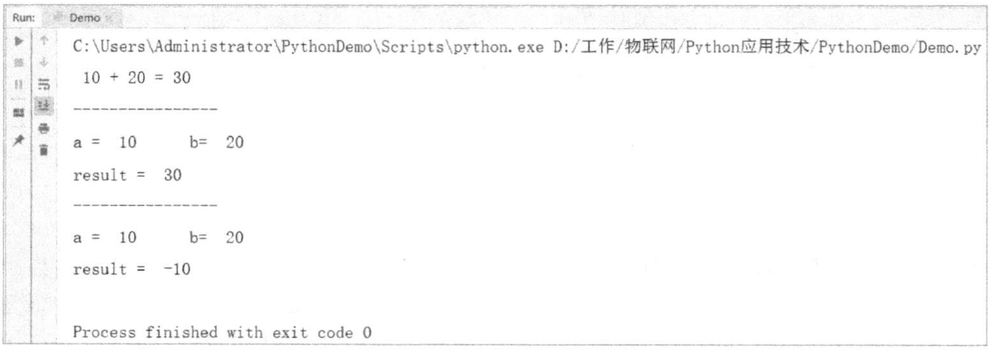

图 1.145　匿名函数的示例运行结果

1.4.2　参数传入与变量的作用域

1.4.2.1　参数传入

在调用函数时，可以传入的参数类型有必备参数、关键字参数、默认参数和不定长参数。

1）必备参数

必备参数是指在调用函数时必须按正确的顺序传入的函数参数，即在调用函数时，传入的参数类型及顺序必须和定义函数时声明的参数类型及顺序一样。例如，在调用 print_info() 函数时，必须传入一个参数，否则就会出现语法错误。

2）关键字参数

关键字参数是指在调用函数时，直接使用赋值语句对传入的参数进行赋值。关键字参数在本质上并不是参数，而是在调用函数时参数的传入方式。如果在函数调用时全部使用关键字参数，则传入参数的位置可以与函数定义时的参数位置不一致，不会影响函数运行结果。关键字参数的示例如下：

```
# 定义函数
def print_info(str_1, str_2):   # 参数列表定义顺序为 str_1, str_2
    "打印任何传入的字符串"
    print(str_1)
    print(str_2)
    return

# 调用函数
print_info(str_2 = "我是第二个参数", str_1 = "我是第一个参数")   # 调用时赋值顺序 str_2, str_1
```

关键字参数的示例运行结果如图 1.146 所示。

```
Run:    Demo
C:\Users\Administrator\PythonDemo\Scripts\python.exe D:/工作/物联网/Python应用技术/PythonDemo/Demo.py
我是第一个参数
我是第二个参数

Process finished with exit code 0
```

图 1.146　关键字参数的示例运行结果

3）默认参数

默认参数是指在定义函数时设置了默认值的参数，如果在函数调用时没有传入参数，则函数会使用该参数的默认值。默认参数的示例如下：

```
#定义函数
def printinfo(name, age=35):            # 给参数变量 age 定义的默认值为 35，变量 age 被成功定义
    "打印任何传入的字符串"
    print("名字: ", name)
    print("年龄: ", age)
    return

# 调用 printinfo 函数
printinfo(age=20, name="Mary")          # 分别为两个参数赋值
print("------------------------")
printinfo(" Mary ")                     # 由于 name 是第一个参数，所以 Mary 被赋值给 name
```

默认参数的示例运行结果如图 1.147 所示。

```
Run:    Demo
C:\Users\Administrator\PythonDemo\Scripts\python.exe D:/工作/物联网/Python应用技术/PythonDemo/Demo.py
名字:  Mary
年龄:  20
------------------------
名字:   Mary
年龄:  35

Process finished with exit code 0
```

图 1.147　默认参数的示例运行结果

4）不定长参数

如果在定义一个函数时，如果希望函数能够处理的参数个数可以随机变动，那么可以在函数中使用不定长参数。不定长参数的用法如下：

```
def 函数名([formal_args,] *args, **kwargs ):
    "函数_文档字符串"
    函数体
    return [表达式]
```

其中，加了星号"*****"的参数 args 会以元组的形式存储所有未命名的传入参数。如果传入的参数已经命名了，那么加了双星号"******"的参数 kwargs 会以字典的形式接收参数。args 与kwargs 均属于不定长参数。不定长参数的示例如下：

```
# 定义函数
def print_info(arg1, *args, **kwargs):
    "打印任何传入的参数"
    print("输出: ")
    print(arg1)
    print(args)
    print(kwargs)


# 调用 print_info 函数
# 70 赋值给 arg1，60 和 50 会以元组的形式存储在 args 中，a=40 和 b=30 会以字典的形式存储在 kwargs 中
print_info(70, 60, 50, a = 40, b = 30)
```

不定长参数的示例运行结果如图 1.148 所示。

图 1.148　不定长参数的示例运行结果

1.4.2.2　变量的作用域

在 Python 程序中，变量并不是在任何位置都可以被访问的。变量的访问权限决定于变量是在哪里被赋值的。在 Python 程序中，在创建、改变、查找变量时，都是在一个保存变量的空间中进行的，该空间称为命名空间，也称为作用域。Python 的作用域是静态的，在源代码中，变量被赋值的位置决定了该变量能被访问的范围，即变量的作用域是由变量所在源代码中的位置决定的。

1）作用域的产生

就作用域而言，Python 语言与 C 语言有很大的区别。Python 语言并不会对所有的语句块

都产生作用域，只有在模块、类、函数中定义变量时，才会产生作用域。Python 变量的作用域一共有 4 种，分别是：

- L（Local）：函数内的区域，包括局部变量和参数。
- E（Enclosing）：外层嵌套函数区域，常见的是闭包函数的外层函数。
- G（Global）：全局作用域。
- B（Built-in）：内建作用域。

在 Python 程序中，查找变量的顺序是 L→E→G→B（称为 LEGB 原则），即在查找变量时，会优先在函数内的区域（局部作用域）中查找；如果没有找到，则在外层嵌套函数区域（局部外的区域）中查找；再找不到就会到全局作用域中查找，最后去内建作用域中查找。查找变量的示例如下：

```python
def func():
    variable = 100
    print (variable)
print (variable)
```

查找变量的示例运行结果如图 1.149 所示。

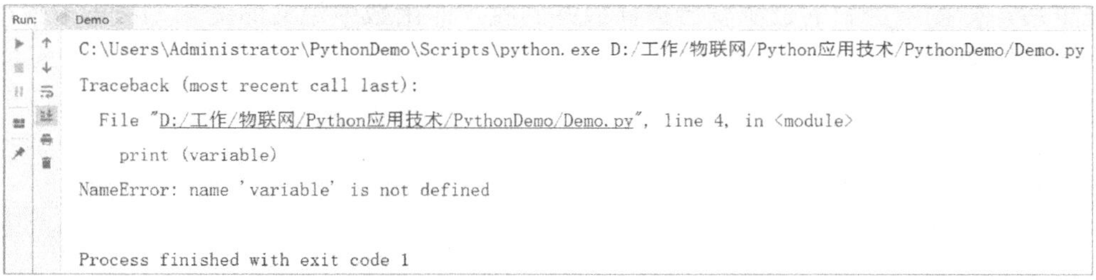

图 1.149　查找变量的示例运行结果

在上面的示例中，"print(variable)"位于全局作用域。由于 variable 没有被赋值，所以 Python 会到内建作用域查找变量 variable，而不会去局部作用域中查找变量 variable。查找的结果是，尽管函数中有 variable 的定义，但依然会引发异常。

某个变量的作用域决定了哪部分的程序可以访问该作用域。在某一作用域中定义的变量，一般只在该作用域中才有效，即被访问。需要注意的是，在 if…elif…else、for…else、while、try…except、try…finally 等关键字的语句块中并不会产生作用域。不产生作用域的语句块的示例如下：

```python
if True:
    variable = 100
    print (variable)
print ("******")
print (variable)
```

不产生作用域的语句块的示例运行结果如图 1.150 所示。

从上面的示例可以看到，虽然变量 variable 是在 if 语句中定义的，但在 if 语句外仍然能够使用该变量。

```
Run: Demo
C:\Users\Administrator\PythonDemo\Scripts\python.exe D:/工作/物联网/Python应用技术/PythonDemo/Demo.py
100
******
100

Process finished with exit code 0
```

图 1.150　不产生作用域的语句块的示例运行结果

2）作用域的类型

在 Python 语言中，虽然使用一个变量时并不严格要求需要预先声明，但必须被绑定到某个内存对象（被定义、赋值）；这种变量名的绑定将在当前作用域中引入新的变量，同时屏蔽外层作用域中的同名变量。

（1）局部变量（Local Variable）。所谓局部变量，是指在函数内部定义的变量，包括函数圆括号内的参数，这些变量只能在定义其的函数内使用，不能在函数外使用，并且与函数外具有相同名称的其他变量没有关系。当函数被调用时，Python 会为函数分配其所需的资源，包括在内存中划分出一块临时的存储空间，用来存放函数内部的所有变量及其赋值。在函数运行完毕后，分配给函数的资源就会被释放并回收，即函数中定义的变量无法再被使用。局部变量的示例如下：

```
def demo():
    loc_var = "hello world! "
    print("函数内部  add =", loc_var)
demo()
print("函数外部  loc_var =", loc_var)
```

局部变量的示例运行结果如图 1.151 所示。

```
Run: Demo
C:\Users\Administrator\PythonDemo\Scripts\python.exe D:/工作/物联网/Python应用技术/PythonDemo/Demo.py
函数内部 loc_var = hello world!
Traceback (most recent call last):
  File "D:/工作/物联网/Python应用技术/PythonDemo/Demo.py", line 8, in <module>
    print("函数外部 loc_var =", loc_var)
NameError: name 'loc_var' is not defined

Process finished with exit code 1
```

图 1.151　局部变量的示例运行结果

函数的参数也属于局部变量，只能在函数内部使用。作为局部变量的函数参数的示例如下：

```
def demo(lesson, student):
    print("函数内部  lesson =", lesson)
    print("函数内部  student =", student)
demo("Python 应用技术", "jason")
print("函数外部  lesson =", lesson)
print("函数外部  student =", student)
```

作为局部变量的函数参数的示例运行结果如图 1.152 所示。

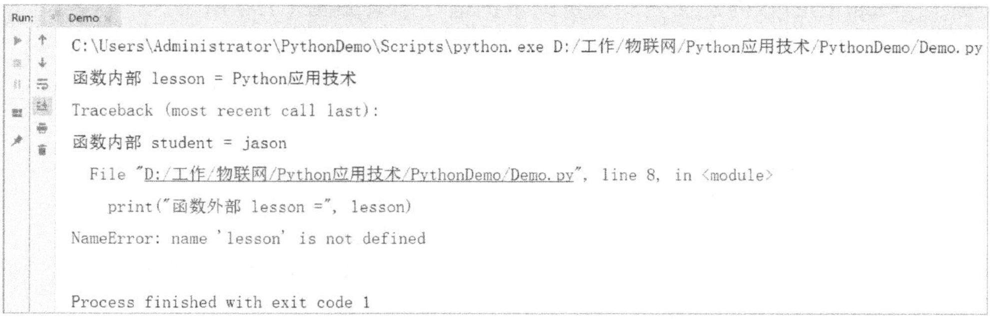

图 1.152　作为局部变量的函数参数的示例运行结果

（2）全局变量（Global Variable）。在 Python 语言中，开发者除了可以在函数内定义变量，还可以在函数外定义变量，这种在函数外定义的变量可以在整个程序的范围内被访问，称为全局变量。和局部变量不同，全局变量既可以在各个函数外使用，也可以在各个函数内使用。

全局变量的定义方式有两种：在函数外定义全局变量和在函数内定义全局变量。

在函数外定义的变量必然是全局变量，示例如下：

```
gol_var = " hello world!"
def demo():
    print("函数体内访问：", gol_var)
demo()
print('函数体外访问：', gol_var)
```

在函数外定义全局变量的示例运行结果如图 1.153 所示。

图 1.153　在函数外定义全局变量的示例运行结果

在上面的示例中，在函数内并没有定义变量 gol_var，根据 LEGB 原则，Python 程序会从 L 找到 G，在全局作用域中找到 "gol_var = " hello world!""，所以 gol_var 是合法的，函数正常被运行。如果一个变量是全局变量，则所有函数都能正常访问和使用该变量。

通过关键字 global 可以在函数内定义全局变量，示例如下：

```
def demo():
    global loc_var
    loc_var = " hello world!"
    print("函数体内访问：", loc_var)
demo()
print('函数体外访问：', loc_var)
```

注意，在使用关键字 global 变量名时，不能直接给变量赋初值，否则会引发语法错误。通过关键字 global 在函数内定义全局变量的示例运行结果如图 1.154 所示。

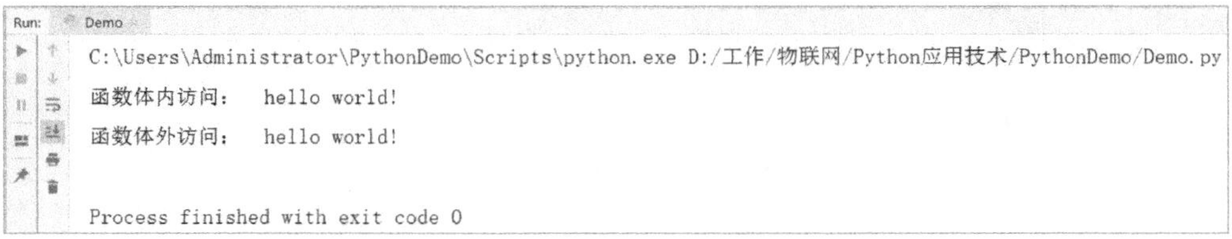

图 1.154　通过关键字 global 在函数内定义全局变量的示例运行结果

在 Python 3.x 中，可以使用关键字 nonlocal 替代 global，但 Python 2.x 不支持关键字 nonlocal，只支持关键字 global。

1.4.3　常用内置函数的使用

Python 语言提供了非常丰富的内置函数，常用的内置函数如下：
- abs(-1)：求绝对值，返回 1。
- max([1,2,3])：求序列、列表或元组中的最大值。
- min((2, 3, 4))：求序列、列表或元组中的最小值。
- divmod(6, 3)：取模，返回一个元组，包含商和余数。
- int(3.9)：转换成整数，去尾转换。
- float(3)：将整数转换成浮点数。
- str(123)：将数字转换成字符串。
- list((1, 2))：将元组转换为列表。
- tuple([1, 2])：将列表转换成元组。
- len([1, 3, 5])：求序列、列表或元组的长度。

常用内置函数的示例如下：

```
>>> abs(-1)
1
>>> max([2,9,10])
10
>>> min([9,2,10])
2
>>> divmod(6,3)
(2, 0)
>>> int(3.8)
3
>>> float(5)
5.0
>>> str(271)
'271'
>>> list((1,2))
```

```
[1, 2]
>>> tuple([3,4])
(3, 4)
>>> len([8,8,2,3,5,7,4,2,])
8
>>>
```

1.4.4　递归函数

递归函数是一种可以在函数内调用自身的函数。递归函数具有简单高效的优点，可读性强。需要注意的是，在编写递归函数时，函数内必须有一个明确的递归结束条件，以避免出现函数被无限调用的情况。

尽管递归函数在逻辑上是调用函数自身，好像代码的复用率很高，但其实在每次调用自身时都需要在内存分配一个新命名空间给自身，实际上运行的是两个不同的函数。递归函数的示例如下：

```
# 定义函数
def fact(n):
    if n ==1:
            return 1
    else:
            return n*fact(n-1)


num = int(input("请输入一个整数："))
print("%d! = %d" % (num, fact(num)))          # 递归计算 num!
```

递归函数的示例运行结果如图 1.155 所示。

图 1.155　递归函数的示例运行结果

1.4.5　开发实践

1.4.5.1　开发设计

本节通过递归函数实现斐波那契数列（Fibonacci Sequence）。斐波那契数列是 1、1、2、3、5、8、13、21、34…，该数列从第三个数开始，每一个数都是其前面两个数之和，数学表达式为 $F(1)=1$、$F(2)=1$、$F(n)=F(n-1)+F(n-2)$（$n\geq2$，$n\in\mathbb{N}$）。

1.4.5.2 功能实现

在 IDLE 中创建一个名称为 1.10_fibonacci.py 的文件，添加以下代码：

```python
"""
使用递归函数实现斐波那契数列
斐波那契数列：1、1、2、3、5、8…
"""


def fibonacci(i):
    """
    输出指定位置的斐波那契数
    """

    if i == 1 or i == 2:
        return 1
    elif i == 0:
        return 0
    else:
        # sum = Fibonacci(i-2) + Fibonacci(i-1)

        # 必须通过 return 返回结果，否则数据无法传输，导致结果报错
        return fibonacci(i-2) + fibonacci(i-1)

if __name__ == "__main__":
    # 打印指定位置的数
    print(fibonacci(5))

    # 打印指定数量的斐波那契数列
    l = []
    for i in range(5):
        l.append(fibonacci(i))
print(l)
```

1.4.5.3 开发验证

在 Windows 平台中，进入命令行工作模式，运行 1.10_fibonacci.py 文件，输入指定的数字，即可得到相应的斐波那契数列，如图 1.156 所示。

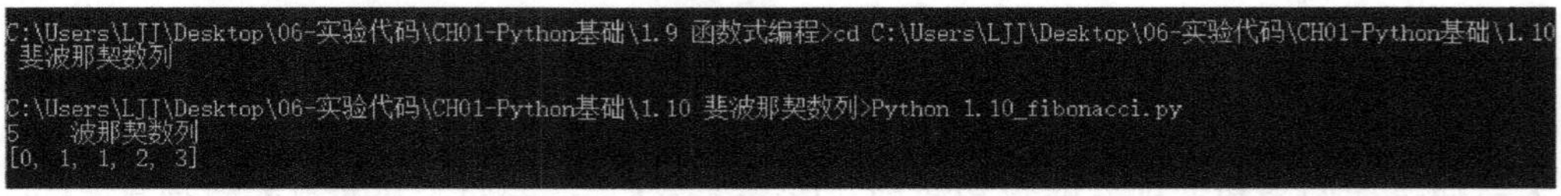

```
C:\Users\LJJ\Desktop\06-实验代码\CH01-Python基础\1.9 函数式编程>cd C:\Users\LJJ\Desktop\06-实验代码\CH01-Python基础\1.10 斐波那契数列
C:\Users\LJJ\Desktop\06-实验代码\CH01-Python基础\1.10 斐波那契数列>Python 1.10_fibonacci.py
5    波那契数列
[0, 1, 1, 2, 3]
```

图 1.156　输入数字后得到相应的斐波那契数列

1.4.6　小结

本节首先介绍了函数的定义与调用，包括如何创建并调用一个函数；接着介绍了参数传入和变量的作用域，这是本节的重点；最后介绍了常用的内置函数，以及递归函数的用法。

1.4.7　思考与拓展

（1）为什么在程序中加入函数会有好处？

（2）怎样创建一个函数？

（3）函数中的代码在何时运行？是在函数被定义时，还是在函数被调用时？

（4）如何在函数内定义全局变量？

（5）当函数调用返回时，局部作用域中的变量会发生什么变化？

1.5　字符串与正则表达式

1.5.1　Python 的中文编码

在前面几节的示例中已经展现了如何通过 Python 程序输出"Hello, World!"。对于英文的输出，Python 程序是没有问题的，但如果输出的是中文，如"好，Python 世界！"，就有可能会碰到输出乱码的情况，这是中文编码的问题。

如果在 Python 程序中未指定编码格式，则在程序的运行过程中就可能出现报错的情况。例如，在 Linux、UNIX 平台上使用 vim 等文本编辑器编写 Python 程序代码时，就会出现乱码的情况。Python 语言默认的编码格式是 ASCII 格式，该格式不支持中文编码。如果不指定 Python 程序的编码格式，就可能无法正确输出中文字符。要保证正确地输出中文字符，就需要在 Python 程序的开头加入编码声明"# -*- coding: UTF-8 -*-"或者"# coding=utf-8"（后者的"="两边不要空格）。

随着 Python 的不断改进，Python 3.x 的默认编码格式为 UTF-8 格式，可以正常解析中文字符，无须再指定 UTF-8 格式。但如果使用记事本等文本编辑器作为开发 Python 的 IDE，那么就需要在保存 Python 时，将其文件存储格式设置为 UTF-8 格式，否则在输出中文字符时就可能会出现异常。在使用 PyCharm、Eclipse 等 IDE 时，无须指定 UTF-8 格式，这些 IDE 在创建项目时会自动设置相关信息。

1.5.2　Python 字符串的常用操作

1.5.2.1　访问字符串中的值

Python 语言中没有单字符的数据类型，单字符在 Python 语言中被当成字符串。如果希望访问字符串中的某个字符，则可以使用下标的方式来实现，即通过"[]"来标识要访问的字符串，例如：

```
char = 'U'
sentence = 'Hello World!'
word = " traffic "

print(type(char), char)            #输出单字符的类型和值
print ("sentence [0]: ", sentence [0])
print ("word [1:5]: ", word [1:5])
```

通过"[]"来访问字符串的示例运行结果如图 1.157 所示。

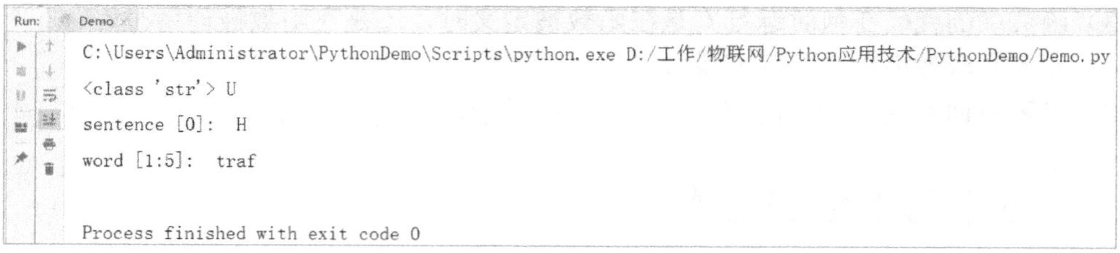

图 1.157　通过"[]"来访问字符串的示例运行结果

1.5.2.2　字符串的连接与转义字符

1）字符串的连接

通过"+"可以连接两个字符串，因此"+"也称为字符串连接运算符。截取字符串并通过"+"与其他字符串连接的示例如下：

```
str = 'Hello World!'
print ("输出 :- ", str [:6] + 'Python!')
```

截取字符串并通过"+"与其他字符串连接的示例运行结果如图 1.158 所示。

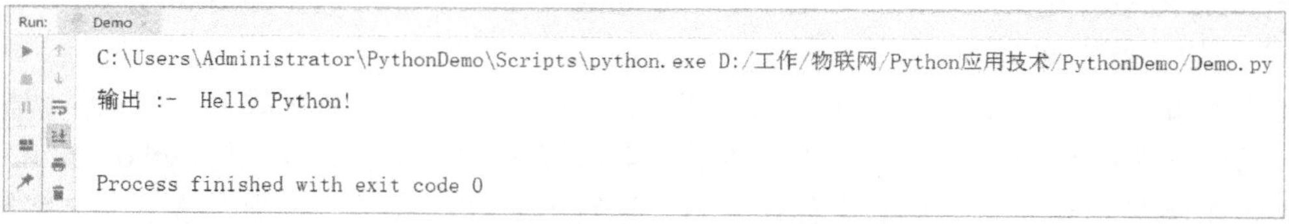

图 1.158　截取字符串并通过"+"与其他字符串连接的示例运行结果

2）转义字符

转义字符由反斜杠"\"加上一个字符或数字组成。转义字符可以将相应的字符或数字解析成另外一种含义，不再表示原来的意思。例如，双引号（"）在 Python 语言中是用来标识字符串的，如果在其之前加上反斜杠"\"，则表示一个双引号。Python 语言中常用的转义字符如表 1.14 所示。

表 1.14　Python 语言中常用的转义字符

转 义 字 符	描　　述	转 义 字 符	描　　述
\（在行尾时）	续行符	\n	换行
\\	反斜杠符号	\v	纵向制表符
\'	单引号	\t	横向制表符
\"	双引号	\r	回车
\a	发出系统响铃声	\f	换页
\b	退格	\oyy	八进制数，yy 代表的数字，如\o12 代表换行
\e	转义	\xyy	十六进制数，yy 代表的数字，如\x0a 代表换行
\000	空	\other	其他的字符以普通格式输出

1.5.2.3　字符串的运算符与格式化输出

1）字符串的运算符

如前文所述，Python 语言中的字符串有专门的运算符，通过这些运算符可对字符串进行简单的处理。常用的字符串运算符如表 1.15 所示，其中的变量 a 为字符串"Hello"，变量 b 为字符串"Python"。

表 1.15　常用的字符串运算符

运 算 符	描　　述	示例（在交互工作模式下）
+	连接两个字符串	>>>a + b 'HelloPython'
*	重复输出字符串	>>>a * 2 'HelloHello'
[]	通过索引获取字符串中字符	>>>a[1] 'e'
[:]	截取字符串中的一部分	>>>a[1:4] 'ell'
in	成员运算符，如果字符串中包含给定的字符，则返回 True	>>>"H" in a True
not in	成员运算符，如果字符串中不包含给定的字符，则返回 True	>>>"M" not in b True
r/R	获取原始字符串，不解析转义字符。原始字符串是按照字母的意思直接使用的，不包括转义字符或不能打印的字符	>>>print(r'\n') \n >>> print(R'\n') \n

常用的字符串运算符的示例如下：

```
a = "Hello"
b = "Python"

print ("a + b 输出结果：", a + b)
```

```
print ("a * 2  输出结果：", a * 2)
print ("a[1]  输出结果：", a[1])
print ("a[1:4]  输出结果：", a[1:4])

if( "H" in a) :
    print ("H  在变量  a  中")
else :
    print ("H  不在变量  a  中")

if( "M" not in b) :
    print ("M  不在变量  b  中")
else :
    print ("M  在变量  b  中")

print (r'\n')          #输出\n，屏蔽其转义
print (R'\n')
```

常用的字符串运算符的示例运行结果如图 1.159 所示。

```
C:\Users\Administrator\PythonDemo\Scripts\python.exe D:/工作/物联网/Python应用技术/PythonDemo/Demo.py
a + b 输出结果： HelloPython
a * 2 输出结果： HelloHello
a[1] 输出结果： e
a[1:4] 输出结果： ell
H 在变量 a 中
M 不在变量 b 中
\n
\n

Process finished with exit code 0
```

图 1.159　常用的字符串运算符的示例运行结果

2）字符串的格式化输出

Python 语言支持字符串的格式化输出。格式化输出可能会用到非常复杂的表达式，但最基本的用法是将一个值插入一个有字符串格式符“%s”的字符串。在 Python 语言中，字符串的格式化输出与 C 语言中的 sprintf()函数的用法类似。字符串的格式化输出的示例如下：

```
print ("我是  %s  快速学习  %d  天!" % ('Python 应用技术', 100))
```

字符串的格式化输出的示例运行结果如图 1.160 所示。

```
C:\Users\Administrator\PythonDemo\Scripts\python.exe D:/工作/物联网/Python应用技术/PythonDemo/Demo.py
我是 Python应用技术 快速学习 100 天!

Process finished with exit code 0
```

图 1.160　字符串的格式化输出的示例运行结果

字符串的格式化输出的常用符号如表 1.16 所示。

表 1.16　字符串的格式化输出的常用符号

符　号	描　述	符　号	描　述
%c	格式化字符及其 ASCII 码	%f	格式化浮点数，可指定小数点后的位数
%s	格式化字符串	%e	用科学计数法格式化浮点数
%d	格式化整数	%E	作用同%e，用科学计数法格式化浮点数
%u	格式化无符号整数	%g	%f 和%e 的简写
%o	格式化无符号八进制数	%G	%f 和%E 的简写
%x	格式化无符号十六进制数	%p	用十六进制数格式化变量的地址
%X	格式化无符号十六进制数（大写）	—	—

1.5.3　Python 的正则表达式

1.5.3.1　正则表达式简介

正则表达式（Regular Expression）是一种可以对字符串进行处理的强有力的工具和技术手段。正则表达式通过使用预定义的特定模式来匹配字符串的特征，可筛选出具有共同特征的字符串，从而快速、准确地完成复杂字符串的查找和替换等处理。图 1.161 所示为一个简单的正则表达式示例。

$$\land[0\text{-}9]+bcd\$$$

图 1.161　一个简单的正则表达式示例

（1）"^"表示行首匹配，即匹配符号"^"后面的字符串。

（2）"[0-9]+"表示匹配多个数字，"[0-9]"表示匹配单个数字，"+"表示进行一次或者多次匹配。

（3）"bcd$"表示匹配以"$"之前字符串结束的字符串，即任意以"bcd"结尾的字符串。

正则表达式经常被应用于检测用户填写的注册表单。例如，只允许用户名中包含字符、数字、下画线和连接符"-"，并设置用户名的长度，就可以使用如图 1.162 所示的正则表达式。

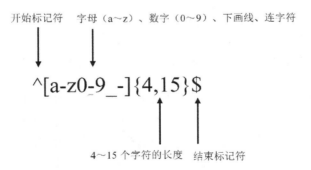

图 1.162　只允许用户名中包含字符、数字、下画线和连接符"-"并设置了长度的正则表达式

图 1.162 所示的正则表达式可以匹配 zigbee、zigbee1、zig-bee、zig_bee，但不可以匹配 zi，因为 zi 包含的字符太少了，小于 3 个字符则无法匹配；也不匹配 zigbee\$，因为 zigbee\$ 中包含了特殊字符。

正则表达式的示例如下：

```
import re

mylist = ["zigbee","zigbee1","zig-bee","zig_bee","zi"]
pattern ="^[a-z0-9_-]{4,15}$"
for i in mylist:
    m = re.match(pattern, i)           # 利用正则表达式检查列表中元素与规则是否匹配
    print(m)
```

正则表达式的示例运行结果如图 1.163 所示。

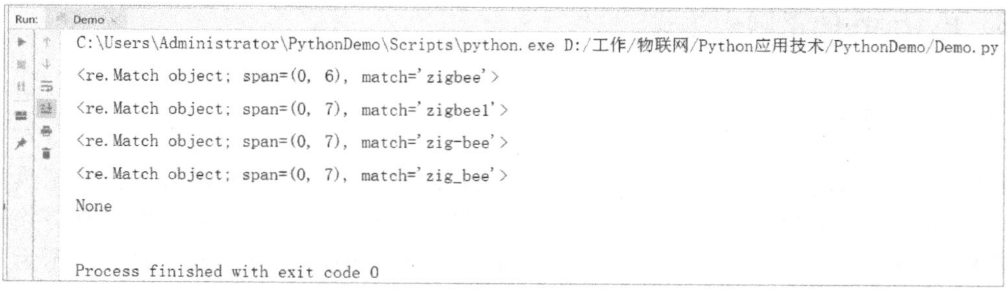

图 1.163　正则表达式的示例运行结果

根据图 1.163 所示的结果可知，只有"zi"与规则不相配，输出为 None；其他都是匹配的。

1.5.3.2　正则表达式的语法

正则表达式描述了一种字符串匹配的模式，由元字符及其不同组合来构成，可以对字符串进行处理。例如，通过正则表达式来检查某个字符串是否包含某种结构特征的子字符串、替换匹配的子字符串、从某个字符串中提取符合某种结构特征的子字符串等。图 1.163 所示的示例还可以做以下变化：

（1）zigbe+e：可以匹配 zigbee、zigbeee、zigbeeeeee 等，符号"+"表示前面的字符必须至少出现一次。

（2）zigbe*e：可以匹配 zigbe、zigbee、zigbeeeeee 等，符号"*"表示前面的字符可以不出现，也可以出现一次或者多次。

（3）colou?r：可以匹配 color、colour，符号"？"表示前面的字符最多只可以出现一次（也可以不出现）。

构造正则表达式的方法和构造四则运算数学表达式的方法类似，都是使用多种元字符与运算符将一些小的表达式结合在一起来创建更大的表达式。正则表达式的基本组成元素可以是单个字符、字符集合、字符范围、字符间的选择，或者四者的任意组合。

正则表达式是由普通字符（如字符 a 到 z）和特殊字符（称为元字符）组成的字符串形式的表达式。使用正则表达式时，可以将它视为一个数据过滤的模板，将要处理的字符串与正

则表达式所定义的过滤条件进行匹配。

1）普通字符

最简单的正则表达式就是由普通字符组成的字符串，包括没有显式指定为元字符的所有可打印或不可打印的字符，即所有大写和小写字母、所有数字、所有标点符号和一些其他符号。由普通字符组成的正则表达式只能进行自身匹配。

2）非打印字符

非打印字符是指上面说的不可打印的字符，也可以是正则表达式的组成部分。表 1.17 列出了常用的非打印字符。

表 1.17　常用的非打印字符

字　　符	描　　述
\cx	匹配由 x 指明的控制字符。例如，"\cM" 匹配一个 Cotex-M 或回车符。x 必须是 A~Z 或 a~z 之一；否则，将 c 视为一个原义的字符
\f	匹配一个换页符，等价于 "\x0c" 和 "\cL"
\n	匹配一个换行符，等价于 "\x0a" 和 "\cJ"
\r	匹配一个回车符，等价于 "\x0d" 和 "\cM"
\s	匹配任何空白字符，包括空格、制表符、换页符等，等价于 "[\f\n\r\t\v]"。注意 Unicode 编码的正则表达式会匹配全角空格符
\S	匹配任何非空白字符，等价于 "[^ \f\n\r\t\v]"
\t	匹配一个制表符，等价于 "\x09" 和 "\cI"
\v	匹配一个垂直制表符，等价于 "\x0b" 和 "\cK"

3）特殊字符

所谓特殊字符，是指有特殊含义的字符。例如，上面说的 "zigbe*e" 中的 "*"，用来表示任何字符串的特殊字符。对于特殊字符，如果要使用其本身，如 "zigbe*e" 中的 "*"，就需要对 "*" 进行转义，即在其前加一个反斜杠 "\"，如 "zigbe*e"，这与字符串转义字符的使用方法类似。表 1.18 列出了正则表达式中常用的特殊字符。

表 1.18　正则表达式中常用的特殊字符

特 殊 字 符	描　　述
$	匹配输入字符串的结尾位置。如果设置了 RegExp 对象的 Multiline 属性，则 $ 也可以匹配 "\n" 或 "\r"。要匹配 $ 字符本身，请使用 "\$"
( )	标记一个子表达式的开始位置和结束位置，要匹配这些字符，请使用 "\(" 和 "\)"
*	匹配前面的子表达式零次或多次，要匹配 "*" 字符，请使用 "*"
+	匹配前面的子表达式一次或多次，要匹配 "+" 字符，请使用 "\+"
.	匹配除换行符 "\n" 之外的任何单字符，要匹配 "." 字符，请使用 "\."
[	标记一个中括号表达式的开始，要匹配 "[" 字符，请使用 "\["
?	匹配前面的子表达式零次或一次，或指明一个非贪婪限定符，要匹配 "?" 字符，请使用 "\?"

特 殊 字 符	描　　述
\	将下一个字符标记为特殊字符、原义字符、向后引用字符或八进制转义字符。例如，"n"匹配字符"n"；"\n"匹配换行符；序列"\\"匹配"\"；"\("则匹配"("
^	匹配输入字符串的开始位置，除非在方括号表达式中使用"^"。当在方括号表达式中使用"^"时，表示不接收该方括号表达式中的字符集合，要匹配"^"字符，请使用"\^"
{	标记限定符表达式的开始位置，要匹配"{"字符，请使用"\{"
|	指明两项之间的一个选择，要匹配"|"字符，请使用"\\|"

4）限定符

限定符用来设定正则表达式的某一个特征子字符串必须出现的次数，只有符合出现次数才能满足匹配条件。正则表达式中的限定符有 6 种，如表 1.19 所示。

表 1.19　正则表达式中的限定符

限 定 符	描　　述
*	匹配前面的子表达式零次或多次，如"zo*"能匹配"z"和"zoo"。"*"等价于"{0,}"
+	匹配前面的子表达式一次或多次，如"zo+"能匹配"zo"和"zoo"，但不能匹配"z"。"+"等价于"{1,}"
?	匹配前面的子表达式零次或一次，如"do(es)?"可以匹配"do"、"does"中的"do"、"doxy"中的"do"。"?"等价于"{0,1}"
{n}	n 是一个非负整数，匹配确定的 n 次，如"o{2}"不能匹配"Bob"中的"o"，但能匹配"food"中的两个"o"
{n,}	n 是一个非负整数，至少匹配 n 次，如"o{2,}"不能匹配"Bob"中的"o"，但能匹配"foooood"中的所有"o"。"o{1,}"等价于"o+"，"o{0,}"等价于"o*"
{n,m}	m 和 n 均为非负整数（n≤m），最少匹配 n 次且最多匹配 m 次，如"o{1,3}"可匹配"foooood"中的前三个"o"。"o{0,1}"等价于"o?"。请注意，在逗号和两个数之间不能有空格

以下是一个用正则表达式判断用户输入内容是否是一个正整数的示例，其中，"[1-9]"用于设置用户输入内容中的第一个字符必须是不为 0 的数字，"[0-9]*"表示任意多个数字。

```python
import re

pattern ="[1-9][0-9]*"
for i in range(2):
    num = input("请输入一个正整数：")
    m = re.match(pattern,num)          # 利用正则表达式检查输入的正整数与规则是否匹配
    print(m)
```

用正则表达式判断用户输入内容是否是一个正整数的示例运行结果如图 1.164 所示。

在上面的示例中，由于正则表达式处理的对象是字符串，所以在代码中没有对 num 进行类型转化，保持了字符串的属性。

5）定位符

定位符用来确定字符串的开始和结束，符号"^""$"分别表示字符串的开始与结束，符

号"\b"表示单词的前边界或后边界,符号"\B"表示非单词边界。正则表达式中的定位符如表 1.20 所示。

```
Run:    Demo
        C:\Users\Administrator\PythonDemo\Scripts\python.exe D:/工作/物联网/Python应用技术/PythonDemo/Demo.py
        请输入一个正整数: 10
        <re.Match object; span=(0, 2), match='10'>
        请输入一个正整数: 0
        None

        Process finished with exit code 0
```

图 1.164　用正则表达式判断用户输入内容是否是一个正整数的示例运行结果

表 1.20　正则表达式中的定位符

定 位 符	描 述
^	匹配输入字符串开始的位置。如果设置了 RegExp 对象的 Multiline 属性,"^"还会与"\n"或"\r"之后的位置匹配
$	匹配输入字符串结尾的位置。如果设置了 RegExp 对象的 Multiline 属性,"$"还会与"\n"或"\r"之前的位置匹配
\b	匹配一个单词边界
\B	匹配非单词边界

在使用定位符时,应当注意的是,不能将限定符与定位符一起使用。由于在紧靠换行或者单词边界的前面或后面不能有一个以上的位置,因此不允许使用诸如"^*"之类的表达式。

若要从一行文本开始处进行文本匹配,就必须在正则表达式的开始使用符号"^";若要对一行文本的结束处进行文本匹配,就必须在正则表达式的结束处使用符号"$"。定位符的示例如下:

```
import re                          # 导入 re 模块

pattern ="^Chapter [1-9][0-9]{0,1}"
for i in range(3):
    chap = input("请输入章节名称: ")
    m = re.match(pattern, chap)     # 利用正则表达式检查输入的内容是否与规则匹配
    print(m)
```

定位符的示例运行结果如图 1.165 所示。

在上面的示例中,由于正则表达式没有标记结尾,所以当输入"Chapter 100"时依然可以匹配规则。但这可能有违本意,因为正则表达式中并没有多次的表示符。此外,真正的章节标题不仅出现在行的开始处,而且它还是该行中仅有的文本。上面的字符串"Chapter"既出现在行首又出现在同一行的结尾,而且还匹配规则,这显然是不合理的。下面的正则表达式能确保匹配章节标题而不匹配交叉引用。通过创建只匹配一行文本的开始和结尾的正则表达式,就可做到这一点。只需要将"pattern ="^Chapter [1-9][0-9]{0,1}""改为"pattern ="^Chapter

[1-9][0-9]{0,1}$""，就可以得到只匹配一行文本的开始和结尾的正则表达式。

图 1.165　定位符的示例运行结果

匹配单词边界稍有不同，单词边界是单词和空格之间的位置。非单词边界是任何其他位置。匹配单词边界的示例如下：

```
import re                              # 导入 re 模块

pattern =r"\bCha"
word = input("请输入单词：")
m = re.match(pattern,word)             # 利用正则表达式检查输入的单词是否与规则匹配
print(m)
```

匹配单词边界的示例运行结果如图 1.166 所示。

图 1.166　匹配单词边界的示例运行结果

上面的正则表达式可以匹配单词"Chapter"的前 3 个字符，因为这 3 个字符出现在单词边界后面。这里要注意的是，"\b"在 Python 语言中是回退符，可以在设定正则表达式之前增加"r(raw string)"或者用双斜杠"\\b"来表示（下面的"\B"同理）。在使用"\b"时，它所在的位置是非常重要的，如果它位于要匹配的字符串的开始，就在单词的开始处查找匹配项；如果它位于字符串的结尾，就在单词的结尾处查找匹配项。例如，下面的正则表达式只匹配句子"my name is lucy!"中的字符串"cy"，因为它出现在单词边界的后面：

```
print('匹配 cy：', re.findall('cy\\b', 'my name is lucy!'))
```

下面的表达式匹配句子"my name is lucy!"中的字符串"me"，但不匹配"message"中的字符串"me"：

```
print('匹配 me：', re.findall('\\Bme', 'my name is lucy!'))
```

字符串"me"出现在句子"my name is lucy!"中的非单词边界处，但出现在单词"message"

的边界处。"\B"的位置并不重要，因为匹配不关心究竟是单词的开头还是结尾。

1.5.3.3　re 模块的常用方法

Python 语言自 1.5 版本起，在标准库内增加了 re 模块，该模块提供了 Perl 语言风格的正则表达式处理方法。re 模块的增加，使得 Python 语言拥有了较完善的正则表达式处理功能。以下是 re 模块的常用方法。

1）match()方法

match()方法的功能是从字符串的开始位置匹配一个规则，如果匹配，则 match()方法返回所匹配的对象；否则返回 none。match()方法的用法如下：

re.match(pattern, string, flags=0)

其中，pattern 为正则表达式；string 为要匹配的字符串；flags 为标志位，用于指定正则表达式的匹配方式，如是否区分大小写、多行匹配等。match()方法的示例如下：

```
import re

pattern ="(\\w+) (\\w+)"
m = re.match(pattern, "hello word!, Python")
print(m)
```

match()方法的示例运行结果如图 1.167 所示。

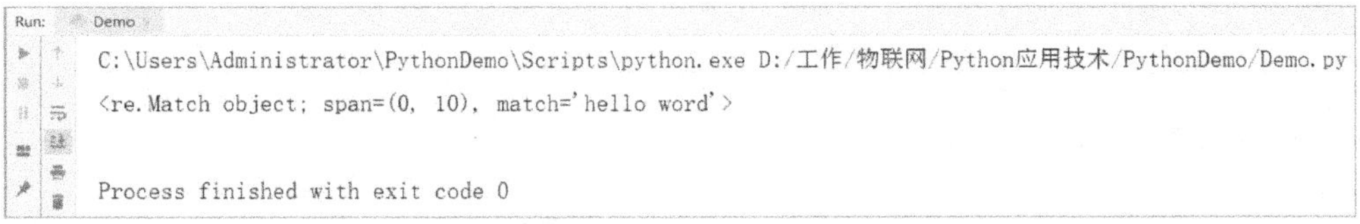

图 1.167　match()方法的示例运行结果

如果需要分析匹配结果，则可以使用匹配对象方法 group(num)或 groups()来读取匹配的字符串。匹配对象方法 group(num)或 groups()如表 1.21 所示。

表 1.21　匹配对象方法 group(num)或 groups()

匹配对象方法	描　　述
group(num=0)	group()方法可以一次输入多个组号，在这种情况下，该方法将返回一个包含这些组号所对应的元组
groups()	返回一个包含所有小于组号的元组，从 1 到所指定的组号

匹配对象方法 group(num)的示例如下：

```
import re
pattern ="(\\w+) (\\w+)"
m = re.match(pattern, "hello word!, python")
print(m)
print(m.group(0))          # 输出整个匹配内容
print(m.group(1))          # 输出第 1 个子模式内容
```

```
print(m.group(2))                # 输出第 2 个子模式内容
print(m.groups())                # 输出所有子模式内容
```

匹配对象方法 group(num)的示例运行结果如图 1.168 所示。

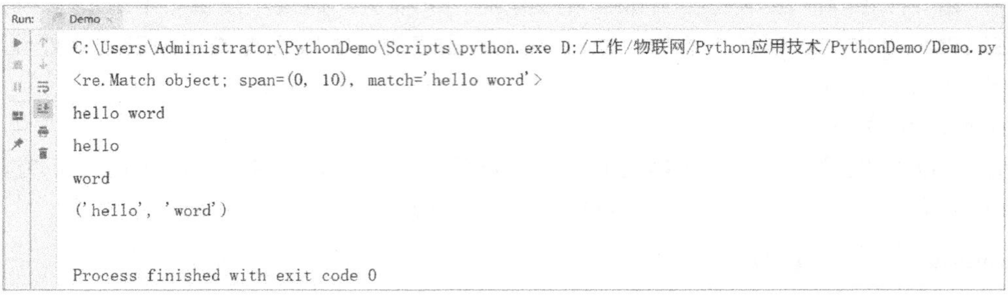

图 1.168　匹配对象方法 group(num)的示例运行结果

2）search()方法

search()方法可以扫描整个字符串并返回第一个成功匹配的项。search()方法的用法如下：

```
re.search(pattern, string, flags=0)
```

其中，pattern 为正则表达式；string 为要匹配的字符串；flags 为标志位，用于指定正则表达式的匹配方式，如是否区分大小写、多行匹配等。search()方法的示例如下：

```
import re

my_email = "jason@gdremove_itcp.cn"
m = re.search("remove_it",my_email)
print(m)
print(my_email[:m.start()] + my_email[m.end():])        # 利用 m 中的内容匹配位置进行字符串切片
```

search()方法的示例运行结果如图 1.169 所示。

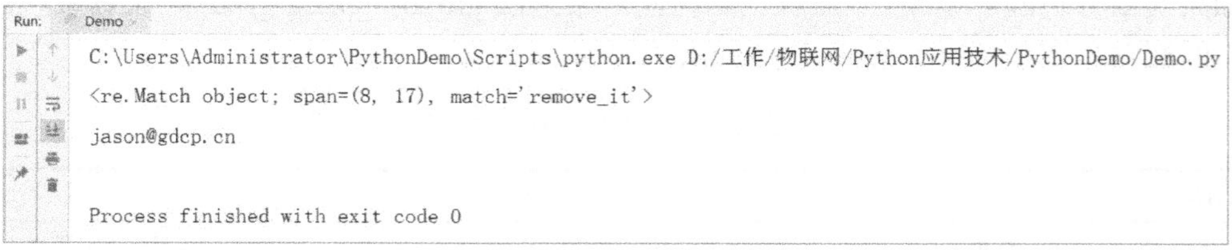

图 1.169　search()方法的示例运行结果

match()方法与 search()方法的区别是，match()方法只匹配字符串的开始位置，如果字符串的开始位置不符合正则表达式，则匹配失败，返回 none；search()方法会匹配整个字符串。

3）sub()方法

Python 语言中的 re 模块提供了 sub()方法，该方法可以替换字符串中的匹配项，其语法如下所示：

```
re.sub(pattern, repl, string, count=0, flags=0)
```

其中，pattern 为正则表达式；repl 为替换的字符串，也可为一个函数；string 为要被查找并替换的原始字符串；count 为匹配后字符串替换的最大次数，默认为 0，表示替换所有的匹配项；flags 为编译时采用的匹配模式。前三个为必选参数，后两个为可选参数。sub()方法的示例如下：

```
import re

phone = "86-020-37221140                     # 这是一个电话号码"

# 删除注释
num = re.sub(r'#.*$', "", phone)             # 对注释符#之后的、除换行符以外的所有字符进行替代
print ("电话号码 : ", num)

# 删除非数字的内容
num = re.sub(r'\D', "", phone)               # 对非数字内容进行替代，等效于[^0-9]
print ("电话号码 : ", num)
```

sub()方法的示例运行结果如图 1.170 所示。

```
Run:    Demo
        C:\Users\Administrator\PythonDemo\Scripts\python.exe D:/工作/物联网/Python应用技术/PythonDemo/Demo.py
        电话号码 :  86-020-37221140
        电话号码 :  8602037221140

        Process finished with exit code 0
```

图 1.170　sub()方法的示例运行结果

1.5.4　开发实践

1.5.4.1　开发设计

本节使用字符串的常用方法来进行词频统计，通过编写 1.12_wordcount.py 文件来统计一篇文章中每个单词出现的次数（词频统计）。

Python 语言的字符串的常用方法包括 replace()、count()、strip()、find()、format()、startswith()、endswith()等。

（1）去掉空格和特殊符号的方法，如表 1.22 所示。

表 1.22　去掉空格和特殊符号的方法

方　　法	功　能　说　明	方　　法	功　能　说　明
name.strip()	去掉空格和换行符	name.strip('xx')	去掉某个字符串
name.lstrip()	去掉左边的空格和换行符	name.rstrip()	去掉右边的空格和换行符

（2）字符串的搜索和替换方法，如表 1.23 所示。

表 1.23　字符串的搜索和替换方法

方　　法	功　能　说　明
name.count('x')	查找某个字符在字符串中出现的次数
name.capitalize()	首字母大写
name.center(n,'-')	把字符串放中间，两边用 "-" 补齐
name.find('x')	找到某个字符后返回该字符的下标，有多个字符时返回第 1 个下标，字符不存在时返回−1
name.index('x')	找到某个字符后返回该字符的下标，有多个字符时返回第 1 个下标，字符不存在时报错
name.replace(oldstr, newstr)	字符串替换
name.format（）	字符串格式化
name.format_map(d)	字符串格式化，传入的是一个字典

（3）字符串的测试方法，如表 1.24 所示。

表 1.24　字符串的测试方法

方　　法	功　能　说　明
S.startswith(prefix[,start[,end]])	测试字符串是否以 prefix 开头
S.endswith(suffix[,start[,end]])	测试字符串是否以 suffix 结尾
S.isalnum()	测试字符串是否全是字母和数字，并至少有一个字符
S.isalpha()	测试字符串是否全是字母，并至少有一个字符
S.isdigit()	测试字符串是否全是数字，并至少有一个字符
S.isspace()	测试字符串是否全是空白字符，并至少有一个字符
S.islower()	测试字符串中的字母是否全是小写字母
S.isupper()	测试字符串中的字母是否全是大写字母
S.istitle()	测试字符串的首字母是否是大写字母

（4）字符串的分割方法，如表 1.25 所示。

表 1.25　字符串的分割方法

方　　法	功　能　说　明
name.split()	默认按照空格进行分割
name.split(',')	按照逗号进行分割

（5）字符串的连接方法，如表 1.26 所示。

表 1.26　字符串的连接方法

方　　法	功　能　说　明
','.join(slit)	用逗号连接 slit 并变成一个字符串，slit 可以是字符、列表、字典（可迭代的对象）。int 类型不能被连接

（6）string 模块的方法，如表 1.27 所示。

表 1.27　string 模块的方法

方　　法	功 能 说 明	方　　法	功 能 说 明
string.ascii_uppercase	返回所有的大写字母	string.ascii_lowercase	返回所有的小写字母
string.ascii_letters	返回所有的字母	string.digits	返回所有的数字

1.5.4.2　功能实现

（1）开发代码如下：

```
"""
使用 Python 字符串的常用方法，实现词频统计
"""

# BBC 英文新闻字符串
str_context = """
```

The US media reports suggest Robert Mueller's inquiry has taken the first step towards possible criminal charges.

According to Reuters news agency, the jury has issued subpoenas over a June 2016 meeting between President Donald Trump's son and a Russian lawyer.

The president has poured scorn on any suggestion his team colluded with the Kremlin to beat Hillary Clinton.

In the US, grand juries are set up to consider whether evidence in any case is strong enough to issue indictments for a criminal trial. They do not decide the innocence or guilt of a potential defendant.

The panel of ordinary citizens also allows a prosecutor to issue subpoenas, a legal writ, to obtain documents or compel witness testimony under oath.

Trump: US-Russia relations are at 'dangerous low'

The Trump-Russia saga in 200 words

Russia: The 'cloud' over the White House

Now it's deadly serious

Anthony Zurcher, BBC North America reporter

Robert Mueller's special counsel investigation has always been a concern for the Trump administration. Now it's deadly serious business.

With the news that a grand jury has been convened in Washington DC, and that it is looking into the June 2016 meeting between Donald Trump Jr and Russian nationals, it's clear the investigation is focusing on the president's inner circle.

This news shouldn't come as a huge shock, given that Mr Mueller has been staffing up with veteran criminal prosecutors and investigators. It is, however, a necessary step that could eventually lead to criminal indictments. At the very least it's a sign that Mr Mueller could be on the trail of something big - expanding the scope beyond former National Security Adviser Michael Flynn and his questionable lobbying. It also indicates his investigation is not going to go away anytime soon.

In the past, when big news about the Russia investigation has been revealed, Mr Trump has escalated his rhetoric and taken dead aim at his perceived adversaries. The pressure is being applied to the president. How will he respond?

At a rally in Huntington, West Virginia, on Thursday evening, Mr Trump said the allegations were a "hoax" that were "demeaning to our country".

"The Russia story is a total fabrication," he said. "It's just an excuse for the greatest loss in the history of American politics, that's all it is."

The crowd went wild as he continued: "What the prosecutor should be looking at are Hillary Clinton's 33,000 deleted emails."

"Most people know there were no Russians in our campaign," he added. "There never were. We didn't win because of Russia, we won because of you, that I can tell you."

Mr Trump's high-powered legal team fielding questions on the Russia inquiry said there was no reason to believe the president himself is under investigation.

Ty Cobb, a lawyer appointed last month as White House special counsel, said in a statement: "The White House favours anything that accelerates the conclusion of his work fairly.

"The White House is committed to fully co-operating with Mr Mueller."

Earlier on Thursday, the US Senate introduced two separate cross-party bills designed to limit the Trump administration's ability to fire Mr Mueller.

The measures were submitted amid concern the president might dismiss Mr Mueller, as he fired former FBI director James Comey in May, citing the Russia inquiry in his decision.

```python
"""# 使用 Python 字典和字符串的常用方法进行词频统计
def wordcount(str):
    # 文章字符串前期处理
    # replace：替换换行符
    # lower：全部转换为小写字母
    # split：英文分词
    strl_ist = str.replace('\n', '').lower().split(' ')

    # 词频统计字典
    count_dict = {}
    # 如果字典里有该单词则加 1，否则将该单词添到字典
    for str in strl_ist:
        if str in count_dict.keys():
            # 如果已经存在，则累计次数加 1
            count_dict[str] = count_dict[str] + 1
        else:
            # 否则设置为 1
            count_dict[str] = 1
    # 按照词频从高到低排列，采用 lambda 表达式，使用{单词：次数}中的第 2 个元素作为统计标准
    count_list = sorted(count_dict.items(), key=lambda x:x[1], reverse=True)
    return count_list

# 输出结果
print (wordcount(str_context))
```

1.5.4.3　开发验证

在 Windows 平台的命令行工作模式下，运行 1.12_wordcount.py 文件。词频统计的结果如图 1.171 所示。

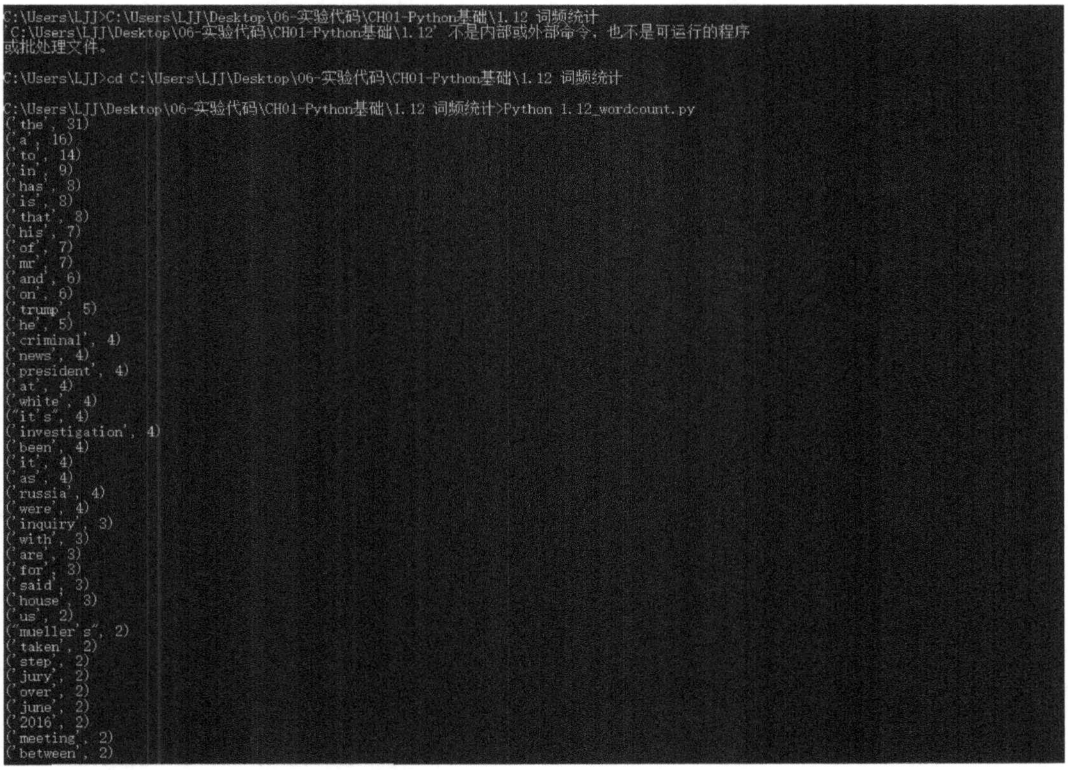

图 1.171　词频统计的结果

1.5.5　小结

本节首先介绍了 Python 的中文编码方式，然后介绍了字符串的常用操作，最后介绍了 Python 的正则表达式。字符串是编程时涉及最多的数据结构，对字符串进行的操作几乎无处不在，需要读者重点掌握字符串的常用操作方法。正则表达式是一个特殊字符序列，能够帮助用户检查字符串是否与某种规则匹配，从而可以快速检索或替换符合某个规则的文本。

1.5.6　思考与拓展

（1）在正则表达式中，符号"|"表示什么意思？

（2）在正则表达式中，"\D""\W""\S"表示什么意思？

（3）符号"."通常匹配什么？如果将 re.DOTALL 作为第 2 个参数传入 re.compile()，它将匹配什么？

（4）在正则表达式中，"{3}""{3,5}"之间的区别是什么？

（5）".*""*?"之间的区别是什么？

第2章
Python 编程进阶

本章主要介绍文件的基本操作、文件的高级用法、面向对象程序设计、模块的设计和使用，以及 Python 网络开发等。本章需要读者了解文件的打开、读写以及关闭等基本操作；掌握文件目录、二进制文件的操作步骤；掌握 JSON 文件的读写、Python 序列化的转化；了解类的定义、类的继承和方法覆盖；学会如何开发自定义模块，掌握模块的导入与使用；了解 Python 网络编程基础，掌握 Socket 编程和互联网的数据爬取。

2.1 文件的基本操作

2.1.1 文件的基本操作

通常，人们所说的文件操作包括两类，一类是以文件自身为对象的操作，常见的操作包括文件的创建、删除、修改权限等；另外一类是以文件内容为对象的操作，常见的操作包括读取内容、写入内容等。从系统结构的角度看，前者属于系统层级的操作，后者属于应用层级的操作。

对于系统层级的操作，Python 主要是通过一些内置的模块实现的，如 os 模块或者 sys 模块，这些模块提供了许多函数，可以让用户轻松地调用系统指令，实现对文件的操作。例如，想要删除与当前 Python 代码文件同一文件目录中的一个名为"myfile.txt"的文件，可以通过调用 os 模块中的 remove()函数将其删除，具体实现代码如下：

```
import os
os.remove("myfile.txt")
```

对于应用层级的操作，Python 主要是使用内置的文件处理函数，按照固定的步骤进行操作的。通常，读写文件中的内容需要通过以下 3 个步骤。

（1）使用 open()函数打开文件，文件被成功打开后，open()函数会返回一个文件对象。

（2）对文件进行读写操作，读取文件内容的函数包括 read()、readline()和 readlines()，向文件写入内容的函数是 write()。

（3）完成对文件的读写操作之后关闭文件。切记要使用 close()函数关闭文件，这样可以保证文件内容的安全性。

2.1.1.1 open()函数

在 Python 语言中，在对一个文件进行读写操作时，需要打开指定的文件，并创建一个文件对象。上述这些工作可以通过 Python 的内置函数 open()来实现。open()函数的主要功能是创建或打开指定的文件，该函数的用法如下：

```
file = open(file_name [, mode='r' [ , buffering=-1 [ , encoding = None ]]])
```

其中，file 为文件对象；file_mode 为要创建或打开的文件名称，该名称要用引号（单引号或双引号都可以）括起来；mode 为文件的打开模式，属于可选参数；buffing 为缓冲区开启指示，属于可选参数；encoding 为编码格式，可选参数，默认使用操作系统的编码格式。

此外，在 open()函数的用法中，被方括号"[]"括起来的部分为可选参数。需要注意的是，在使用 open()函数打开文件时，如果不设置文件的打开模式 mode，就必须保证文件是存在的，否则就会出现打开文件异常的错误。打开一个不存在的文件的示例运行结果如图 2.1 所示。

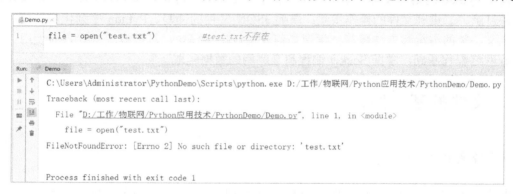

图 2.1　打开一个不存在的文件的示例运行结果

文件的打开模式如表 2.1 所示。

表 2.1　文件的打开模式

模　　式	描　　　　述
t	文本模式（默认的打开模式）
x	写模式，新建一个文件，如果该文件已存在则会报错
b	二进制模式
+	打开一个文件并进行更新（可读写）
U	通用换行模式（Python 3.x 不支持）
r	以只读模式打开文件，文件指针会放在文件的开头
rb	以二进制格式和只读模式打开一个文件，文件指针会放在文件的开头，一般用于非文本文件（如图片等）
r+	以可读写模式打开一个文件，文件指针会放在文件的开头
rb+	以二进制格式和可读写模式打开一个文件，文件指针会放在文件的开头，一般用于非文本文件（如图片等）

模　式	描　述
w	以可写模式打开一个文件，如果该文件已存在则打开文件并从文件开头开始编辑，原有的内容会被删除；如果该文件不存在则创建新文件
wb	以二进制格式和可写模式打开一个文件，如果该文件已存在则打开文件并从文件开头开始编辑，原有的内容会被删除；如果该文件不存在则创建新文件。一般用于非文本文件（如图片等）
w+	以可读写模式打开一个文件，如果该文件已存在则打开文件并从文件开头开始编辑，原有的内容会被删除；如果该文件不存在则创建新文件
wb+	以二进制格式和可读写模式打开一个文件，如果该文件已存在则打开文件并从文件开头开始编辑，原有的内容会被删除；如果该文件不存在则创建新文件。一般用于非文本文件（如图片等）
a	以追加模式打开一个文件，如果该文件已存在，则文件指针会放在文件的结尾，新的内容将会被写入在已有内容之后；如果该文件不存在，则创建新文件并写入内容
ab	以二进制格式和追加模式打开一个文件，如果该文件已存在，则文件指针会放在文件的结尾，新的内容将会被写入在已有内容之后；如果该文件不存在，则创建新文件并写入内容
a+	以可读写模式打开一个文件，如果该文件已存在，则文件指针会放在文件的结尾。在打开文件时采用的是追加模式，如果该文件不存在则创建新文件并进行读写操作
ab+	以二进制格式和追加模式打开一个文件，如果该文件已存在，则文件指针会放在文件的结尾；如果该文件不存在，则创建新文件并进行读写操作

用 open()函数打开文件时，默认采用的是文本模式。如果要以二进制格式打开文件，则需要加上参数"b"。各种打开模式的关系如图 2.2 所示。

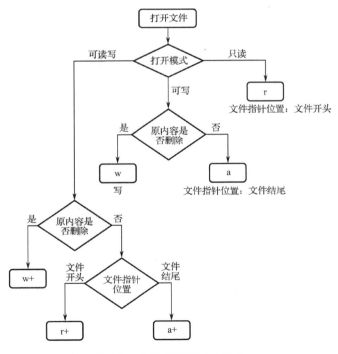

图 2.2　各种打开模式的关系

2.1.1.2 read()函数

从文件中读取内容的方式有很多，遵循的步骤一般为：首先针对不同的文件格式，设置不同的打开模式（如 r、r+、rb、rb+）；然后调用不同的函数读取文件中的内容；最后关闭文件。

如果文件是文本模式（非二进制模式），则可以先将文件打开模式设置为"r"或者"r+"，再使用 read()函数逐个字符地进行读取；如果文件是二进制模式，则可以先将文件打开模式设置为"rb"或者"rb+"，再使用 read()函数逐个字节地进行读取。read()函数的基本用法如下：

```
file.read([size])
```

其中，file 为文件对象；size 为读取字符（或者字节）的个数，属于可选参数，默认为一次性读取 file 中的所有内容。例如，创建一个名为 myfile.txt 的文本文件，其内容为：

```
Python 应用技术
你好，世界！
```

在 PyCharm 中创建 myfile.txt，并读取该文件内容的步骤如下：

（1）在当前项目中新建一个文件。右键单击当前项目名称，在弹出的右键菜单中选择"New"→"File"，如图 2.3 所示，可弹出"New File"对话框。

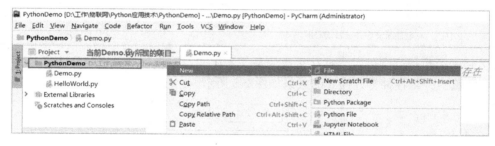

图 2.3　当前项目中新建一个文件

（2）在"New File"对话框中输入文件名，单击"OK"按钮后，即可在当前项目中看到新建的文件 myfile.txt，如图 2.4 所示。如果是第一次创建文件，PyCharm 可能还会要求选择文件属性，视 PyCharm 的版本而定。

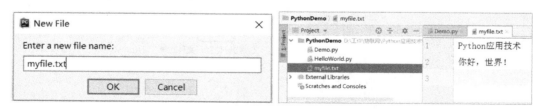

图 2.4　输入文件名、单击"OK"按钮后在当前项目中看到的新建文件

（3）编写以下语句来读取文件中的内容

```
f = open("myfile.txt",encoding = "utf-8")
# 输出读取到的内容
print(f.read())
```

```
# 关闭文件
f.close()
```

当读取文件内容结束后，必须调用 close()函数关闭已经打开的文件，这样可以避免程序发生不必要的错误。

读取文件内容的示例运行结果如图 2.5 所示。

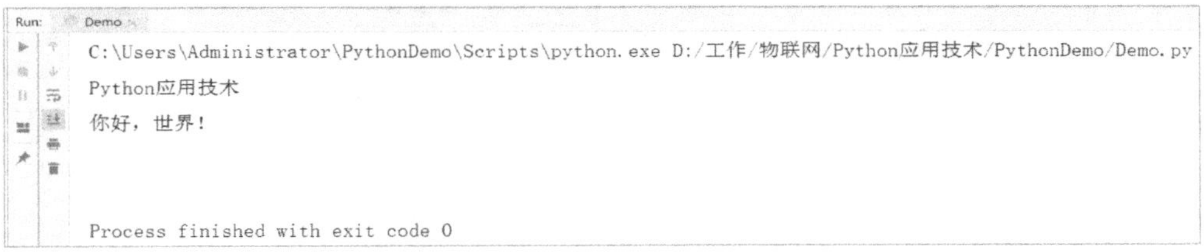

图 2.5　读取文件内容的示例运行结果

如果不需要将文件内容全部读取出来，则可以通过设置参数 size 来指定 read()函数每次读取的最大字符（或者字节）数，例如：

```
# 以 UTF-8 编码格式打开指定的文件
f = open("myfile.txt",encoding = "utf-8")
# 输出读取到的内容
print(f.read(6))        #只读取 6 个字符
# 关闭文件
f.close()
```

其中，size 表示一次最多可读取的字符（或字节）数，即使 size 大于文件存储的字符（或字节）数，read()函数也不会报错，该函数将读取文件的所有内容。

读取文件部分内容的示例运行结果如图 2.6 所示。

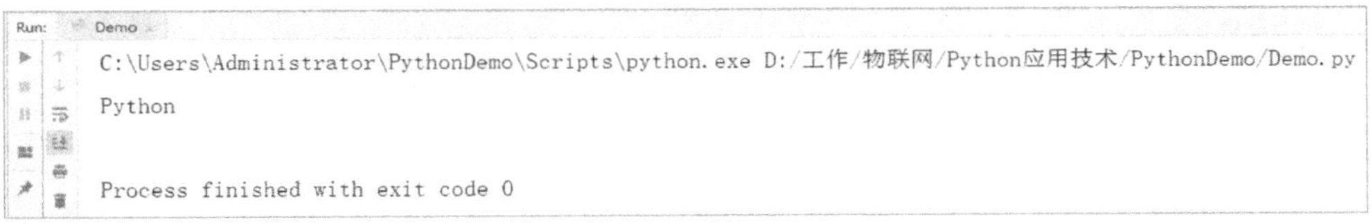

图 2.6　读取文件部分内容的示例运行结果

2.1.1.3　write()函数

在 Python 语言中，通过 write()函数可以向文件中写入指定内容。该函数的用法如下：

```
file.write(string)
```

其中，file 为文件对象；string 为要写入的字符串（或者字节串，仅适用二进制文件）。此外，在使用 write()函数向文件中写入内容时，需要以"r+""w""w+""a""a+"等模式打开文件。如果以只读模式打开文件，则会抛出"io.UnsupportedOperation"错误。例如，创建一个 test.txt 文件，该文件的内容如下：

Python 应用技术
Python 嵌入式编程

在当前项目中创建文件 test.txt 后，如图 2.7 所示，可以看到 test.txt 与 Python 程序文件位于同一目录。

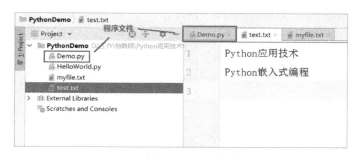

图 2.7　创建的 test.txt 文件

在 Python 程序文件（Demo.py）中编写如下代码：

```
f = open("test.txt", 'w',encoding = "utf-8")
f.write("Pyhon 与传感器")
f.close()
```

前文曾讲过，如果打开文件模式中包含"w"，那么在向文件中写入新的内容时，会先删除原文件中的内容，再写入新的内容。在 PyCharm 运行上面的程序后，打开 test.txt 文件，只会看到新的内容，如图 2.8 所示。这里要注意的是，如果写入的是中文信息，建议在 open() 函数中加入文件编码"encoding = "utf-8""，否则在一些操作系统下文件会出现乱码。

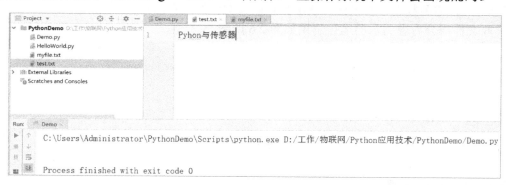

图 2.8　test.txt 文件中的内容是新写入的内容

如果在写入内容时不想删除原有的内容，则可以在使用 open()函数打开文件时，将文件的打开模式设置为"a"，这样新写入的内容会添加到原来的内容后（文件的结尾）。例如，在向 test.txt 文件中追加写入内容时，可以将代码修改为：

```
f = open("test.txt", 'a',encoding = "utf-8")
f.write("\nPython 嵌入式通信")
f.close()
```

运行上面的代码后，再次打开 test.txt，可以看到如图 2.9 所示的内容。

图 2.9　在 test.txt 文件中结尾追加新写入的内容

采用不同的文件打开模式，会直接影响 write() 函数向文件中写入内容的结果，在对文件进行写入操作时一定要清楚文件的用途和目的，这样才能以正确的方式打开文件。

另外，在写入文件完成后，一定要调用 close() 函数将打开的文件关闭，否则写入的内容不会保存到文件中。例如，将上面程序中最后一行 "f.close()" 删掉，再次运行此程序并打开 test.txt 文件，会发现该文件是空的。这是因为在向文件写入内容时，操作系统不会立刻把内容写入磁盘，而是先缓存起来，只有调用 close() 函数时，操作系统才会把没有写入的内容全部写入磁盘。

除此之外，如果向文件写入内容后，不想马上关闭文件，则可以调用文件对象提供的 flush() 函数，通过该函数将缓冲区的内容写入文件。flush() 函数的示例如下：

```
f = open("test.txt", 'w' ,encoding = "utf-8")
f.write("Python 机器视觉基础")
f.flush()
```

flush() 函数的示例运行结果如图 2.10 所示。

图 2.10　flush() 函数的示例运行结果

尽管通过设置 open() 函数的 buffering 参数可以控制缓冲区的开闭，但在设置该参数时必须注意，对于二进制格式的文件，不需要使用缓冲区，可以将内容直接写入指定的文件；对于文本格式文件，如果不使用缓冲区直接向文本文件写入内容，Python 解释器会抛出

"ValueError"的异常错误。例如：

```
f = open("test.txt", 'w',buffering = 0 ,encoding = "utf-8")
f.write("写入一行新数据")
```

不使用缓冲区直接向文本文件写入内容的示例运行结果如图 2.11 所示。

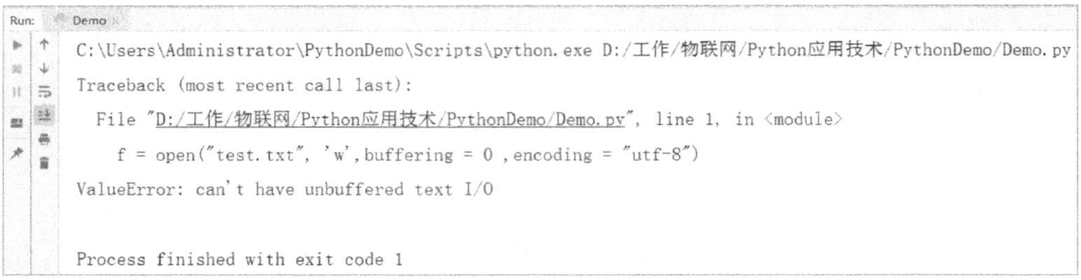

图 2.11　不使用缓冲区直接向文本文件写入内容的示例运行结果

2.1.1.4　close()函数

close()函数的功能是关闭已经被打开的文件，其用法如下：

```
file.close()
```

其中，file 为已经被创建的文件对象。通常，打开文件并完成读取或写入操作之后，就应该及时关闭，否则程序所有针对该未关闭文件的后续操作（如删除文件或者修改文件权限等），都会产生异常错误。

close()函数的示例如下：

```
import os
f = open("myfile.txt",'w')
# 打开文件后，不关闭文件，直接删除文件
os.remove("myfile.txt")
```

close()函数的示例运行结果如图 2.12 所示。

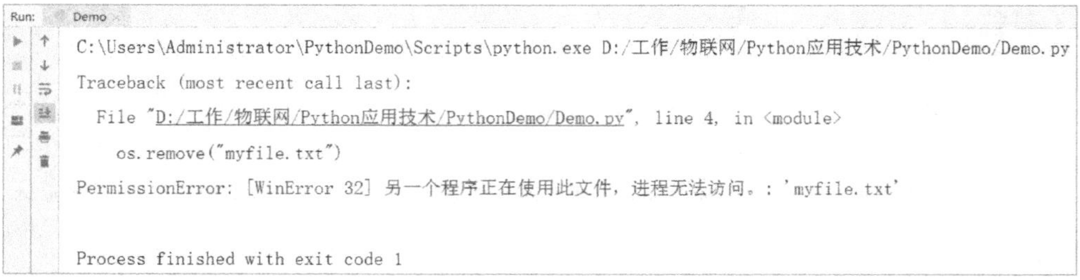

图 2.12　close()函数的示例运行结果

在上面的示例中，由于使用 open()函数打开了 myfile.txt 文件，但没有及时关闭该文件，因此导致后续的 remove()函数运行出现异常错误。

2.1.2　文件目录的操作

在实际开发中，除了会涉及文件内容的读写操作，还需要对文件本身或者文件目录进行操作，如创建目录或者判断文件是否存在等。对于这类属于系统层级的操作，Python 语言在内置的 os 模块中提供了许多操作方法。不过在使用 os 模块时，需要先使用 import 语句导入该模块，然后才可以使用该模块提供的方法或者变量。导入 os 模块的代码为：

```
import os
```

1）文件目录简介

在对文件目录进行操作之前，必须清楚操作系统中关于绝对路径和相对路径的概念。

（1）绝对路径：是从操作系统的根目录开始，到目标文件所在的目录所经过的所有文件目录。例如，在上面的示例运行时的提示"C:\Users\Administrator\PythonDemo\Scripts\python.exe"中，"C:\Users\Administrator\PythonDemo\Scripts\"就是 python.exe 文件的绝对路径。

（2）相对路径：指的是从当前文件开始，到目标文件所在的目录所经过的所有文件目录。其中，"."表示当前目录，".."表示上级目录，如"../下一级/"就是一个相对路径，表示当前文件所在目录是"/下一级/"。

2）建立新目录

通过 os 模块中的 mkdir() 方法可以创建一个新的文件目录，代码如下：

```
import os
os.mkdir("文件目录")
```

其中，小括号中的内容（字符串）用来指定新目录所在的位置，它可以是绝对路径，也可以是相对路径。如果在 PyCharm 中使用相对路径创建目录，则该目录会在项目文件所在目录中被创建。创建新目录的示例如下：

```
import os
os.mkdir("test")
```

创建新目录的示例运行结果如图 2.13 所示。

图 2.13　创建新目录的示例运行结果

3）获取目录

通过 os 模块中的 getcwd()方法可以获取当前文件所在目录，代码如下：

```
import os
os.getcwd()
```

获取目录的示例如下：

```
import os

current_path = os.getcwd()
print(current_path)
```

获取目录的示例运行结果如图 2.14 所示。

图 2.14　获取目录的示例运行结果

4）目录重命名

通过 os 模块中的 rename()方法可以修改某个目录的名字，代码如下：

```
import os
os .rename("原目录路径", "新目录路径")
```

目录重命名的示例如下：

```
import os
os.rename('test','python')
```

目录重命名的示例运行结果如图 2.15 所示。

图 2.15　目录重命名的示例运行结果

5）获取目录下所有文件和文件夹的名字

通过 os 模块中的 listdir()方法可以得到指定目录下所有文件和文件夹的名字，代码如下：

```
import os
os .1istdir('文件目录')
```

获取目录下所有文件和文件夹的名字的示例如下：

```
import os

file_list = os.listdir("C:\\Windows")
print(file_list)                    #输出内容列表
for i in file_list:                 #将目录中的文件逐一输出
    print(i)
```

获取目录下所有文件和文件夹的名字的示例运行结果如图 2.16 所示。

图 2.16　获取目录下所有文件和文件夹的名字的示例运行结果

在上面的示例运行结果中，由于目录下的文件太多，所以使用 for 循环语句无法展示所有的文件名，但可以得到一个包含目录下所有文件和文件夹名字的列表，用户可使用列表的常用操作进行处理。

6）删除目录

通过 os 模块中的 rmdir()方法可以删除指定目录，代码如下：

```
import os
os.rmdir("文件目录")
```

其中，小括号中的内容（字符串）表示要删除的文件目录所在的位置，可以是绝对路径，也可以是相对路径。另外，使用 rmdir()函数删除目录之前，必须保证该目录下没有任何文件和文件夹，否则系统会提示异常错误。使用 rmdir()函数删除非空目录的示例如下：

```
# -*- coding: UTF-8 -*-
# 文件名：demo.py

import os
os.rmdir("C:\AppData")
```

使用 rmdir()函数删除非空目录的示例运行结果如图 2.17 所示。

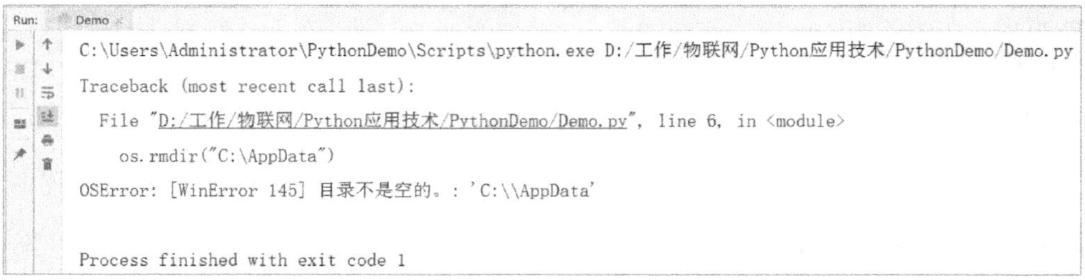

图 2.17　使用 rmdir() 函数删除非空目录的示例运行结果

7）os.path 模块

os 模块中有一个非常有用的子模块 path，该子模块具有非常强大的文件操作功能，在程序开发中的使用频率较高。

（1）连接目录和文件名。通过 os.path 模块中的 join() 方法可以将路径名和文件名连接起来，代码如下：

```
import os
os .path. join('目录', '文件名')
```

连接目录和文件名的示例如下：

```
import os

file_name = 'hello.py'
path = 'E:\\python'
myfile = os.path.join(path,file_name)
print(type(myfile), myfile)
```

连接目录和文件名的示例运行结果如图 2.18 所示。

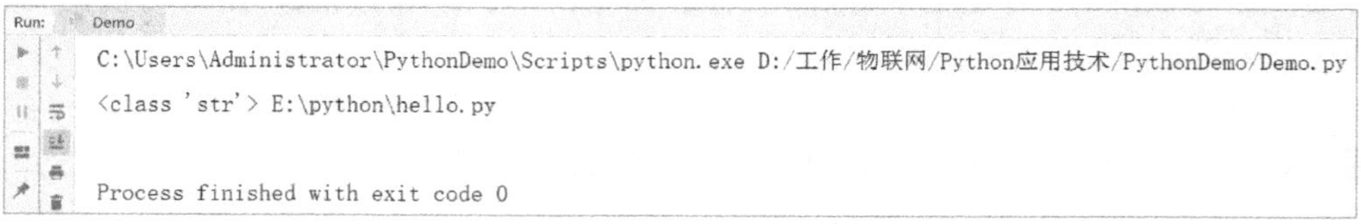

图 2.18　连接目录和文件名的示例运行结果

通过 join() 方法将目录和文件名连接起来的操作，其实就等价于字符串的加法操作：path + file_name。这个方法在批量返回某目录下的所有文件的路径时会体现出其在效率方面的优势。

（2）判断目录是否存在。通过 os.path 子模块中的 exists() 方法可以判断一个目录是否存在，代码如下：

```
import os
os.path.exists ("文件目录")
```

其中，小括号中表示文件目录的字符串就是用来判断是否存在目录的。exists() 方法经常与 os.mkdir() 方法一起使用来自动生成目录，示例如下：

```
import os

test = "test"
if not os.path.exists(test):
    os.mkdir(test)
```

通过 exists()方法和 os.mkdir()方法自动生成目录的示例运行结果如图 2.19 所示。

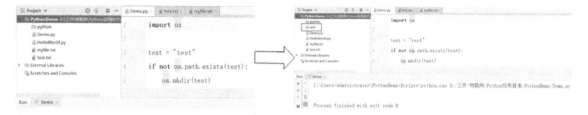

图 2.19　通过 exists()方法和 os.mkdir()方法自动生成目录的示例运行结果

　　上述的示例是创建目录的常规操作，在程序运行时，首先通过 os.path.exists()判断项目所在的当前目录中是否存在目录 test，如果不存在，就接着使用 os.mkdir()方法创建目录 test。

8）目录操作方法总结

目录操作方法说明如表 2.2 所示。

表 2.2　目录操作方法说明

方　　法	描　　述
os.access(path, mode)	检验权限模式
os.chdir(path)	改变当前工作目录
os.chmod(path, mode)	更改权限
os.chown(path, uid, gid)	更改文件所有者
os.chroot(path)	改变当前进程的根目录
os.getcwd()	返回当前工作目录
os.getcwdu()	返回当前工作目录的 Unicode 对象
os.link(src, dst)	创建硬链接，名为参数 dst，指向参数 src
os.listdir(path)	返回 path 指定的目录包含的文件或文件夹的名字的列表
os.lstat(path)	类似于 stat()，但是没有软链接
os.makedirs(path[, mode])	递归目录创建函数，类似 mkdir()，但创建的所有 intermediate-level 目录需要包含子文件夹
os.mkdir(path[, mode])	以数字 mode 的 mode 创建一个名为 path 的目录，.默认的 mode 是 0777（八进制）
os.mkfifo(path[, mode])	创建命名管道，mode 为数字，默认为 0666（八进制）
os.remove(path)	删除路径为 path 的文件。如果 path 是一个非空目录，将抛出一个"OSError"异常
os.removedirs(path)	递归删除目录
os.rename(src, dst)	重命名文件或目录，src 表示原名字，dst 表示修改后的名字
os.renames(old, new)	递归地修改文件名或目录名，old 表示原名字，new 表示修改后的名字
os.rmdir(path)	删除 path 指定的空目录，如果目录非空，则抛出一个"OSError"异常

方　　法	描　　述
os.stat(path)	获取 path 指定的路径的信息，该方法的功能等同于 C 语言中的 stat()
os.symlink(src, dst)	创建一个软链接，src 表示源地址，dst 表示目的地址

2.1.3　二进制文件的操作

在进行数据加/解密操作，以及传输或者存储大型文件时，使用二进制数据是一种常见的手段。为此，Python 语言提供了 struct 模块来协助程序员完成数据的二进制转换。在 struct 模块中用得最多的三个方法分别是 pack()、unpack() 和 calcsize()。

（1）pack(fmt, v1, v2…)：根据数据转换格式 fmt，把数据封装成二进制字符串。

（2）unpack(fmt, string)：pack() 的逆操作，即根据数据转换格式 fmt 还原二进制字符串 string，并用元组的形式返回解析结果。

（3）calcsize(fmt)：计算数据转换格式 fmt 占用内存的大小，单位为字节（B）。

struct 模块支持的格式类型如表 2.3 所示。

表 2.3　struct 模块支持的格式类型

格　　式	C 类型	Python 类型	字　节　数
x	填充字节	无	1
c	char	长度为 1 B 的字符串	1
b	signed char	整数	1
B	unsigned char	整数	1
?	_bool	bool	1
h	short	整数	2
H	unsigned short	整数	2
i	int	整数	4
I	unsigned int	整数	4
l	long	整数	4
L	unsigned long	整数	4
q	long long	整数	8
Q	unsigned long long	整数	8
f	float	浮点数	4
d	double	浮点数	8
s	char[]	字符串	1
p	char[]	字符串	1
P	void *	整数	

其中，q 和 Q 这两个格式只适用于 64 位的操作系统，每个格式前可使用一个数字表示这个类型的个数，s 格式表示一定长度的字符串，如 6s 表示长度为 6 的字符串，而 p 格式则表

示的是 Pascal 语言中的字符串。此外，P 格式表示指针类型，其长度和操作系统的位长相关。

struct 模块支持的格式的示例如下：

```
import struct
# 定义数据
a = b"This is "                        # 字符串必须是字节类型的，即二进制字符串
b = b"Python world!"
c = 10
d = 3.1415926

# 用 pack()方法转换为二进制数据
bin_str = struct.pack("7s12shf", a, b, c, d)
print("转换后的数据长度：",len(bin_str),"\t  二进制内容：",bin_str)

# 还原 pack()方法处理后的结果
e, f, g, h = struct.unpack("7s12shf", bin_str)
print("还原二进制数据：",e, f, g, h)

# 注意 unpack 返回的是元组，如果不按规定格式书写，则会改变返回值的类型
bin_str = struct.pack("h", c)          # 将 c 中的数据转换为二进制字符串
print(c,"转换后",bin_str)
str, = struct.unpack("h", bin_str)
print("按格式读取：", str)
str = struct.unpack("h", bin_str)
print("直接读取：",str)

# 计算转换字节长度
print("二进制字节长度：",struct.calcsize("7s12shf"))
```

struct 模块支持的格式的示例运行结果如图 2.20 所示。

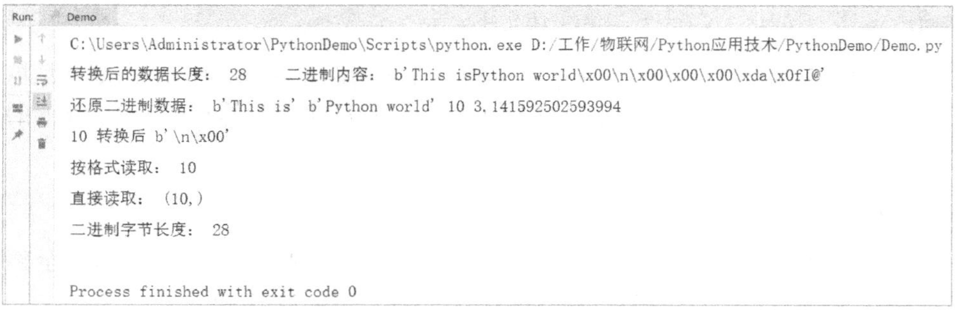

图 2.20　struct 模块支持的格式的示例运行结果

在使用 struct.pack()方法时要注意，如果操作对象中包含字符串，则一定要在字符串前加 b，表示字符串是字节类型的，即二进制字符串；否则 Python 3.x 会抛出异常。

2.1.4 开发实践

2.1.4.1 开发设计

本节通过 open()方法实现 Python 文件的读写。open()方法是 Python 的内置函数，会返回一个文件对象，这个文件对象具有 read()、readline()、write()、close()等方法。open()方法的用法如下：

```
open('file','mode')
```

其中，file 表示需要打开的文件名；mode 是可选参数，表示文件的打开模式，如只读、追加、写入等。常用的打开模式如表 2.4 所示。

表 2.4 常用的打开模式

模　　式	r	r+	w	w+	a	a+
读	+	+		+		+
写		+	+	+	+	+
创建			+	+	+	+
覆盖			+	+		
指针在开始	+	+	+	+		
指针在结尾				+		

close()方法用来关闭文件并立即释放使用的资源。如果没有显式地关闭文件，则 Python 的垃圾回收器会最终销毁该文件对象并关闭打开的文件，但这个文件可能会保持打开状态一段时间。

```
f = open(file)              # 打开文件
f.close()                   # 关闭文件
```

当使用 open()方法打开文件后，就可以使用文件对象的方法了。read()方法会读取一些数据并以字符串（在文本模式下）或字节对象（在二进制模式下）的形式返回。read()的用法如下：

```
f.read(size)
```

其中，参数 size 是可选参数，表示从已打开的文件中读取的字节数，默认为全部读取。顾名思义，write()方法的作用就是将字符串写入文件中，用法如下：

```
f.write([str])
```

其中，参数[str]表示要写入的字符串。

2.1.4.2 功能实现

新建文件 2.1_fopen.py，输入以下代码：
```
"""
```

```
以只读方式打开一个文本文件，将读取到的内容写入另外一个文件
"""

frname = "read.txt"
fwname = "write.txt"

# 以只读方式打开一个文本文件（原文件）
print("只读方式打开一个文本文件： " + frname)
fread = open(frname, 'r')
# 以写入方式打开另一个文件
print("写入方式打开一个可写文件： " + fwname)
fwrite = open(fwname, 'w')
# 遍历只读文件的内容，并写入可写的文件（目标文件，可写）
print("读取原文件，并遍历原文件内容，写入目标文件： ")
for line in fread:
    fwrite.write(line)

# 关闭原文件
print("关闭原文件: " + frname)
fread.close()

# 关闭目标文件
print("关闭目标文件: " + fwname)
fwrite.close()
```

2.1.4.3　开发验证

在 Windows 平台的命令行工作模式下，进入文件 2.1_fopen.py 所在的目录，并运行文件 2.1_fopen.py。文件 2.1_fopen.py 的运行结果如图 2.21 所示。

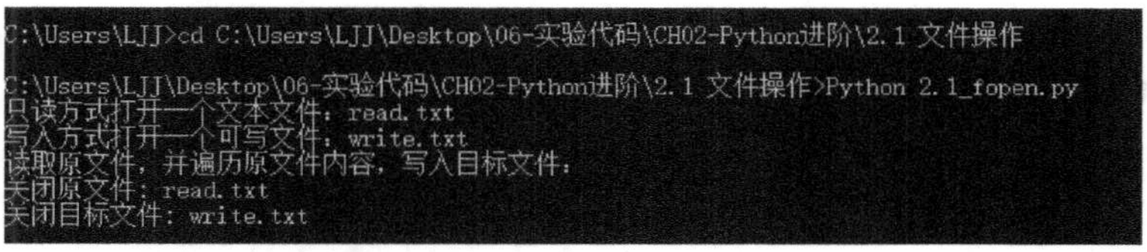

图 2.21　文件 2.1_fopen.py 的运行结果

2.1.5　小结

本节首先介绍了文件的基本操作，包括 open()、read()、close()等方法；然后介绍了文件目录的操作，这里需要注意的是绝对路径和相对路径的区别，防止在打开文件时或者在操作文件时抛出异常；最后介绍了二进制文件的操作。

2.1.6　思考与拓展

（1）相对路径是相对什么而言的？
（2）绝对路径是从什么地方开始的？

（3）可以传入给 open()方法的 3 种模式参数是什么？

（4）如果以可写模式打开已有的文件，将发生什么？

2.2　文件的高级用法

2.2.1　JSON 文件的读写

在我们玩网络游戏时，几乎所有的网络游戏都会要求用户输入一些信息，如游戏中的角色信息或游戏效果的设定数据。不论哪类信息，游戏程序都会先把用户提交的信息存储在列表、元组和字典等数据结构中，再转存到磁盘文件中。可以存放数据的文件格式有很多，包括简单的文本文件、复杂的数据库文件，比较受欢迎的一种网络存储文件格式是 JSON（JavaScript Object Notation），JSON 文件简单易用，既有文本文件存储速度快的优点，又有数据库文件的有序结构，在网络应用程序开发中得到了广泛的应用。JSON 文件最初是为 JavaScript 开发的，但随后被包括 Python 在内的众多编程语言采用，成了一种常规的文件格式。

Python 语言的内置模块 json 可以让开发者简单、快速地将 Python 的数据转存到 JSON 文件中，或者在程序中方便地加载 JSON 文件中的各种数据，以及不同的 Python 程序之间共享同一个 JSON 文件中的数据。

2.2.1.1　数据存储

json 模块提供了两个方法，json.dump()和 json.load()，这两个方法可以让开发者方便地将字典中的数据存储到 JSON 文件中，以及把 JSON 文件中的数据读取到字典。

json.dump()方法有两个参数，即要存储的数据对象，以及可用于存储数据的文件对象。通过 json.dump()方法存储字典中的数据的示例如下：

```
import json

data = {                              # Python 字典中的数据
    'no' : 1,                         # 学号
    'name' : '张三',                  # 姓名
    'room' : '12#301'                 # 宿舍号
}
filename = 'numbers.json'
with open(filename, 'w', encoding="utf-8") as f_obj:
    json.dump(data, f_obj)
```

上述代码首先通过 import 导入内置模块 json，然后创建一个字典类型的变量 data，最后使用 json.dump()方法将 data 中的数据存储到 JSON 文件 numbers.json 中。尽管上述代码没有结果输出，但打开目标文件 numbers.json 后，可以看到数据的存储格式和内容与之前定义的 data 是一模一样的。通过 json.dump()方法存储字典中的数据的示例运行结果如图 2.22 所示。

图 2.22　通过 json.dump()方法存储字典中的数据的示例运行结果

　　在上面的示例中，写入的是一个 Python 字典数据，包括学号、姓名和宿舍号三种不同的数据，由于姓名（name）的值采用中文字符，为了避免编码问题，可以在 open()函数中声明"encoding = "utf-8""。此外，由于 JSON 格式数据是二进制类型的，因此直接打开 JSON 文件是看不到任何中文信息的，只能看到中文的二进制编码，还需要再编写一个程序，使用 json.load()方法将这个列表读取到内存中。

```
import json

filename = 'numbers.json'
with open(filename) as f_obj:
    member = json.load(f_obj)
print(member)
```

　　与文本文件的操作不同，打开 JSON 文件时不需要设置文件的打开模式，但此时文件必须存在，否则会抛出异常。是要向文件中写入内容还是从文件中读取内容，由程序使用的方法而定。例如，上面示例中的 json.load()方法，就是要从文件中读取数据。如上面的代码中，使用 json.load()方法加载存储在 numbers.json 中的数据后赋值给变量 member，然后输出变量。使用 json.load()方法加载存储的数据的示例运行结果如图 2.23 所示。

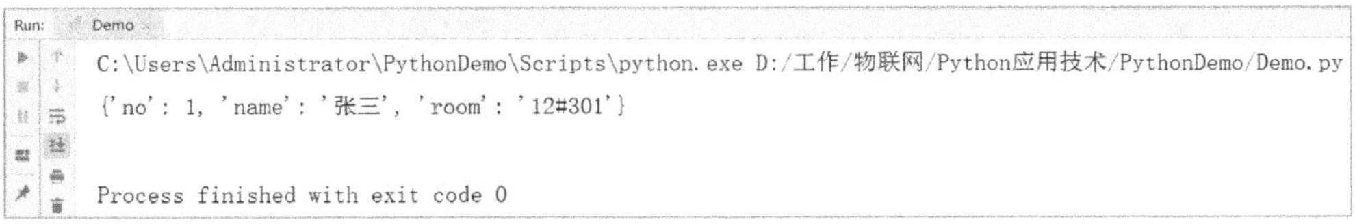

```
Run:  Demo
      C:\Users\Administrator\PythonDemo\Scripts\python. exe D:/工作/物联网/Python应用技术/PythonDemo/Demo. py
      {'no': 1, 'name': '张三', 'room': '12#301'}

      Process finished with exit code 0
```

图 2.23　使用 json.load()方法加载存储的数据的示例运行结果

2.2.1.2　数据共享

　　JSON 文件可在多个程序之间实现数据共享，这一优点对于 Web 应用程序尤显重要。由 Web 页面或者手机 App 端产生的数据，如果不以某种方式存储，在关闭浏览器或者停止 App 程序运行时，这些数据就会丢失。下面给出的是用户登录系统的仿真示例，在用户首次登录系统时，会要求输入用户信息，该信息会被记录在 JSON 文件中。

```
import json

username = input("Please register your username： ")
filename = 'username.json'
with open(filename, 'w', encoding="utf-8") as f_obj:
    json.dump(username, f_obj)
    print(username, "，我们期待你的下次归来^_^!")
```

在上述代码中，系统会先将输入的用户信息存储在一个字符串变量 username 中，再调用 json.dump()方法将 username 的内容写入 JSON 文件 username.json 中，最后输出提示消息。这里设置了文件的打开模式，如果 JSON 文件 username.json 不存在，则创建该文件。JSON 文件 username.json 中的提示信息如图 2.24 所示。

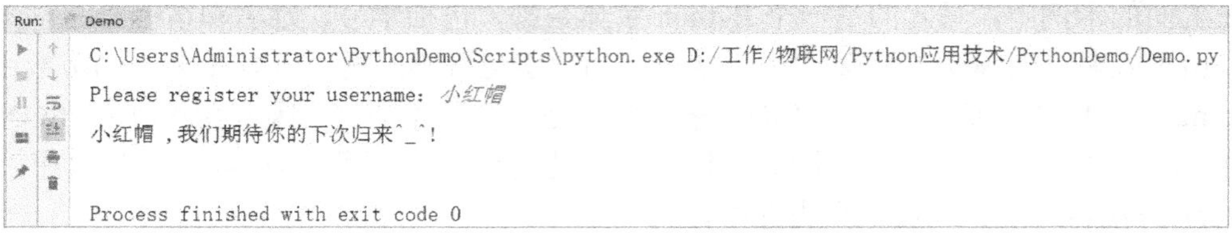

图 2.24　JSON 文件 username.json 中的提示信息

由于 JSON 文件是以共享的方式进行网络应用的，所以在将用户信息写入 JSON 文件后，运行下面的程序代码仿真用户登录系统时，程序会向用户发出问候信息。

```
import json

filename = 'username.json'
with open(filename) as f_obj:
    username = json.load(f_obj)
    print("欢迎, " + username + "!")
```

其中，json.load()方法会先将存储在 username.json 中的用户信息读取到变量 username，再根据变量中的用户信息欢迎用户归来。用户登录系统的仿真示例运行结果如图 2.25 所示。

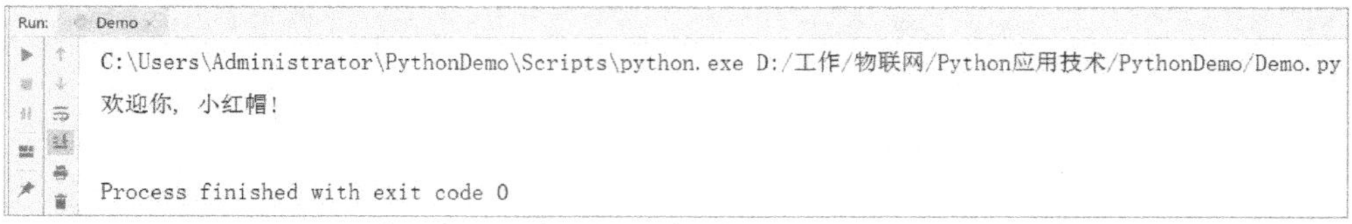

图 2.25　用户登录系统的仿真示例运行结果

由于用户在登录系统时可能还未注册信息，因此可以用下面的代码来完善上述两段代码。在仿真用户登录系统时，下面的代码使用异常捕获监控 json.load()方法的运行情况，如果 username.json 文件不存在，则通过 except 语句提示用户输入用户信息，然后创建 username.json 并存储用户信息；如果 username.json 存在，则输出欢迎信息。完善后的用户登录系统的仿真示例如下：

```
import json

# 如果以前存储了用户信息，就加载它
# 否则，就提示用户输入用户信息并存储它
filename = 'username.json'
try:
    with open(filename) as f_obj:
        username = json.load(f_obj)
except FileNotFoundError:
    username = input("Please register your username:")
    with open(filename, 'w', encoding="utf-8") as f_obj:
        json.dump(username, f_obj)
        print(username, "，我们期待你的下次归来^_^!")
else:
    print("欢迎, " + username + "!")
```

完善后的用户登录系统的仿真示例运行结果如图 2.26 所示。

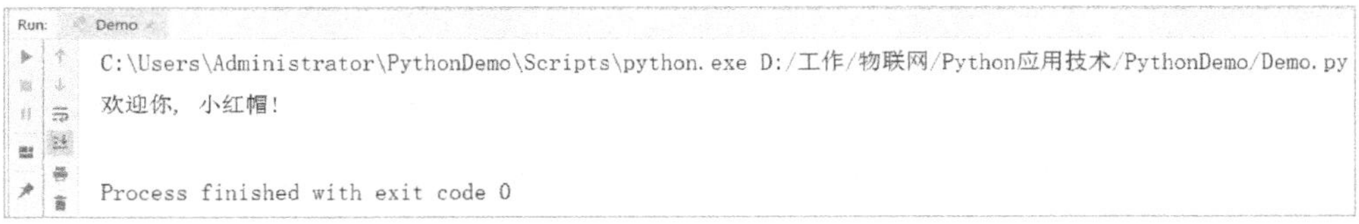

图 2.26　完善后的用户登录系统的仿真示例运行结果

2.2.2　Python 数据序列化

序列化（Serialization）是指把内存中的一个数据对象转换成标准化的二进制格式。在 Python 语言中，序列化是指将内存中的列表、元组、字典、集合等各种数据对象转换成二进制字符串的过程。将这些二进制字符串保存到磁盘文件的过程，则称为持久化。反序列化是序列化的逆过程，是指将在序列化过程中得到的二进制字符串转换成原本的数据结构类型或者对象的过程。

在 Python 程序开发中，开发者将数据对象转换为可以通过网络进行传输或者可以存储到磁盘文件的数据格式（如 XML、JSON 等）的过程就是 Python 数据序列化；其逆过程称为 Python 数据反序列化。

Python 语言内置了三个用于序列化的模块，分别为 json、pickle 和 shelve，如表 2.5 所示。

表 2.5　用于序列化的模块

模 块 名 称	描　　述	提供的方法
json	用于实现 Python 数据类型与通用字符串之间的转换	dumps()、dump()、loads()、load()
pickle	用于实现 Python 数据类型与 Python 特定二进制格式之间的转换	dumps()、dump()、loads()、load()
shelve	专门用于将 Python 数据持久化到磁盘，shelve 模块是一个类似字典的对象，操作十分便捷	open()

2.2.2.1 json 模块

大部分可以应用于 Web 应用开发的程序语言都会提供处理 JSON 文件的函数（方法）。Python 语言自 2.6 版本开始内置了 json 模块，该模块是 Python 语言的一个重要组成部分。注意：Python 3.5 支持序列化，但不支持反序列化。

1）序列化与反序列化

Python 语言的 json 模块提供的 dumps()方法和 loads()方法可以支持序列化与反序列化，示例如下：

```python
import json

mydict = {"country" : "中华人民共和国"}
print("序列化前：", mydict)

mydict_b = json.dumps(mydict)
print("序列化后：", mydict_b)

mydict = json.loads(mydict_b)
print("反序列化后：", mydict)
```

序列化和反序列化的示例运行结果如图 2.27 所示。

图 2.27　序列化和反序列化的示例运行结果

2）JSON 与 Python 之间数据类型对应关系

Python 数据类型转 JSON 二进制格式说明如表 2.6 所示。

表 2.6　Python 数据类型转 JSON 二进制格式说明

Python 数据类型	JSON 二进制格式
dict	object
list、tuple	array
string	string
int、float	numbers
True	True
False	False
None	null

JSON 二进制格式转 Python 数据类型说明如表 2.7 所示。

表 2.7　JSON 二进制格式转 Python 数据类型说明

JSON 二进制格式	Python 数据类型
object	dict
array	list
string	string
number(int)	int
number(real)	float
True	True
False	False
null	None

根据表 2.6 和表 2.7 可知，Python 内置的数据类型（如数字类型、布尔类型和列表等）均可以直接进行序列化或者反序列化。在对元组和字典等数据类型进行序列化或者反序列化时，则需要注意反序列化的结果与原来的数据类型是不一致的。

- Python 语言中的字典的非字符串在进行序列化后，会自动变为小写的字符串。
- Python 语言中的元组在进行序列化后会被转换为 array；但在进行反序列化时，array 会被转换为 list。

2.2.2.2　pickle 模块

pickle 模块与 json 模块一样，都能够实现序列化和反序列化。pickle 模块的序列化和反序列化的过程分别称为 pickling 和 unpickling。

1）pickle 模块与 json 模块对比

（1）json 模块的序列化结果是一种可输出的文本格式（默认编码为 Unicode，常被改为 UTF-8 编码）；pickle 模块的序列化结果是一个二进制格式的数据。

（2）json 模块在进行序列化后的数据类型基本不会发生大的变化；pickle 模块在进行序列化后的数据类型是二进制格式的，不属于任何一种数据类型。

（3）json 模块的序列化结果与编程语言或使用的操作系统无关，在 Python 生态系统之外 JSON 格式也被广泛使用；pickle 模块是一个特定用于 Python 语言的序列化和反序列化模块。

（4）在默认情况下，json 模块只能对 Python 语言中通用的数据类型进行处理，如果是自定义的数据类型，则需要进行额外的处理；pickle 模块可以直接对所有的 Python 数据类型进行处理，包括自定义的数据类型。

2）pickle 模块提供的方法

pickle 模块提供的序列化和反序列化方法与 json 模块基本一致，如下所示：

```
# pickle 模块序列化指定的 Python 数据对象，返回结果为 bytes 对象，并且结果不写入文件
dumps(obj, protocol=None, *, fix_imports=True)

# 反序列化处理 pickle 模块序列化得到的字节流对象，返回结果为 Python 数据类型
loads(bytes_object, *, fix_imports=True, encoding="ASCII", errors="strict")
```

```
# pickle 模块序列化指定的 Python 数据对象，将结果写入打开的文件中
dump(obj, file, protocol=None, *, fix_imports=True)

# 从打开的文件中读取字节流对象并返回通过 pickle 模块反序列化后得到的 Python 数据类型
load(file, *, fix_imports=True, encoding="ASCII", errors="strict")
```

pickle 模块的序列化和反序列化的示例如下：

```
# -*- coding: UTF-8 -*-
# 文件名：demo.py
import pickle

mydict = {'a':'str', 'c': True, 'e': 10, 'b': 11.1, 'd': None, 'f': [1, 2, 3], 'g':(4, 5, 6)}
print("序列化前：", mydict)

# 序列化
mydict_b = pickle.dumps(mydict)
print("序列化后：", mydict_b)

# 反序列化
mydict = pickle.loads(mydict_b)
print("反序列化后：", mydict)
```

pickle 模块的序列化和反序列化的示例运行结果如图 2.28 所示。

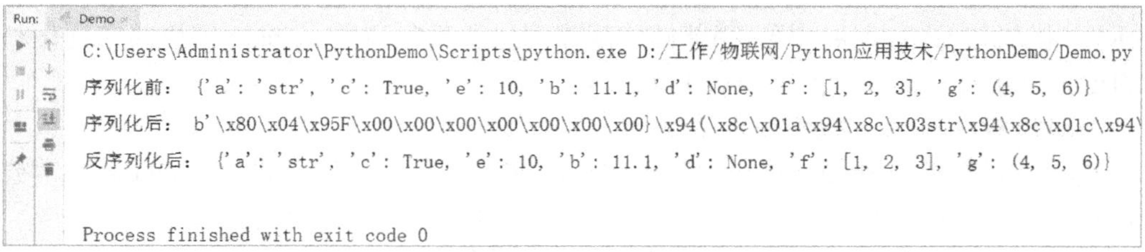

图 2.28　pickle 模块的序列化和反序列化的示例运行结果

通过 pickle 模块的 dump()方法与 load()方法，可将数据内容写入文件，示例如下：

```
import pickle

mydict ={'a':'str', 'c': True, 'e': 10, 'b': 11.1, 'd': None, 'f': [1, 2, 3], 'g':(4, 5, 6)}

# 持久化到文件
with open('pickle.txt','wb') as f:
    pickle.dump(mydict, f)
# 从文件中读取数据
with open('pickle.txt', 'rb') as f:
    mydict _b = pickle.load(f)

print(mydict _b)
```

在 dump()方法和 load()方法中指定的文件对象，必须以二进制的形式打开，Python 2.x 既可以以二进制的形式打开文件，也可以以文本的形式打开文件。在 Python 3.x 中，pickle 模块的 dump()方法与 load()方法的示例运行结果如图 2.29 所示。

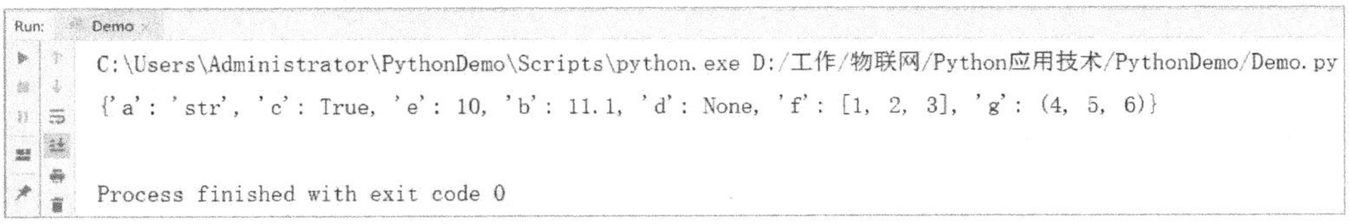

```
C:\Users\Administrator\PythonDemo\Scripts\python.exe D:/工作/物联网/Python应用技术/PythonDemo/Demo.py
{'a': 'str', 'c': True, 'e': 10, 'b': 11.1, 'd': None, 'f': [1, 2, 3], 'g': (4, 5, 6)}

Process finished with exit code 0
```

图 2.29　pickle 模块的 dump()方法与 load()方法的示例运行结果（Python 3.x）

3）自定义数据类型的序列化和反序列化

自定义一个字典数据类型并对其进行序列化和反序列化，示例如下：

```python
import pickle

# 字典类型数据
stu = {
    'sno': 3,
    'name': '张三',
    'age': 21
}

# 序列化
stu_b = pickle.dumps(stu)
print("序列化 stu:", stu_b)

# 反序列化
stu = pickle.loads(stu_b)
print("反序列化结果：", stu)

# 持久化到文件
with open('pickle.txt', 'wb') as f:
    pickle.dump(stu, f)

# 从文件总读取数据
with open('pickle.txt', 'rb') as f:
    stu_b = pickle.load(f)
print("文件读取结果：", stu_b)
```

自定义数据类型的序列化和反序列化的示例运行结果如图 2.30 所示。

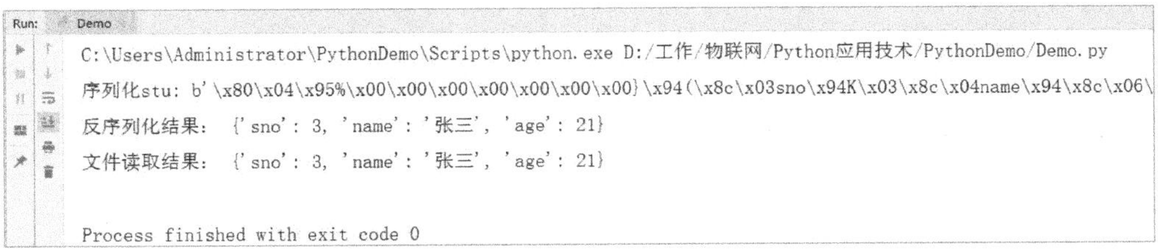

```
C:\Users\Administrator\PythonDemo\Scripts\python.exe D:/工作/物联网/Python应用技术/PythonDemo/Demo.py
序列化stu: b'\x80\x04\x95%\x00\x00\x00\x00\x00\x00\x00}\x94(\x8c\x03sno\x94K\x03\x8c\x04name\x94\x8c\x06\
反序列化结果: {'sno': 3, 'name': '张三', 'age': 21}
文件读取结果: {'sno': 3, 'name': '张三', 'age': 21}

Process finished with exit code 0
```

图 2.30　自定义数据类型的序列化和反序列化的示例运行结果

2.2.2.3 shelve 模块

shelve 模块提供了一个简单的二进制数据存储方案，可以像为字典赋值那样将数据写入二进制文件，有点类似 MongoDB。shelve 模块只有一个 open()方法，用于打开指定的二进制文件，其返回结果是一种持久的、类似字典的文件对象。open()方法的用法如下：

```
open(filename, flag='c', protocol=None, writeback=False)
```

其中，filename 表示指定的二进制文件；flag 表示文件的打开模式，其值如表 2.8 所示；protocol 表示序列化使用的协议版本，默认是 pickle v3；writeback 是开启回写功能与否的标识。

表 2.8　参数 flag 的值

值	描　　述
'r'	以只读模式打开一个已经存在的文件
'w'	以读写模式打开一个已经存在的文件
'c'	以读写模式打开一个文件，如果文件不存在则创建文件
'n'	总是创建一个新的文件，并以读写模式打开创建的文件

通过 shelve 模块将数据写入二进制文件的示例如下：

```python
import shelve

# 保存数据
with shelve.open('student') as db:
    db['name'] = 'xiaohong'
    db['age'] = 21
    db['hobby'] = ['绘画', '运动', '听音乐']
    db['other_info'] = {'sno': 16, 'addr': 'xxxx'}

# 读取数据
with shelve.open('student') as db:
    for key,value in db.items():
        print(key, ': ', value)
```

通过 shelve 模块将数据写入二进制文件的示例运行结果如图 2.31 所示。

```
C:\Users\Administrator\PythonDemo\Scripts\python.exe D:/工作/物联网/Python应用技术/PythonDemo/Demo.py
name :  xiaohong
age :  21
hobby :  ['绘画', '运动', '听音乐']
other_info :  {'sno': 16, 'addr': 'xxxx'}

Process finished with exit code 0
```

图 2.31　通过 shelve 模块将数据写入二进制文件的示例运行结果

从上面的示例运行结果可以看出，shelve 模块的数据存储功能有点类似 MongoDB，其数据存储逻辑与 Python 语言中的字典数据结构类似，都是由键（key）和值（value）组成的，读取数据时使用 for 循环语句是最方便的一种方法。

Python 序列化说明如表 2.9 所示。

表 2.9　Python 序列化说明

要实现的功能	可以使用的方法
将 Python 数据类型转换为 JSON 格式的字符串	json.dumps()
将 JSON 格式的字符串转换为 Python 数据类型	json.loads()
将 Python 数据类型以 JSON 格式保存到本地磁盘	json.dump()
将本地磁盘文件中的 JSON 格式的数据转换为 Python 数据类型	json.load()
将 Python 数据类型转换为 Python 特定的二进制格式	pickle.dumps()
将 Python 特定的二进制格式数据转换为 Python 数据类型	pickle.loads( )
将 Python 数据类型以 Python 特定的二进制格式保存到本地磁盘	pickle.dump()
将本地磁盘文件中的 Python 特定的二进制格式数据转换为 Python 数据类型	pickle.load()
以字典的形式将 Python 数据类型保存到本地磁盘，或者读取本地磁盘文件中的数据并转换为 Python 数据类型	shelve.open()

2.2.3　开发实践

2.2.3.1　开发设计

1）JSON 文件和 Python 对象的相互转换

在 Python 3 中，可以通过内置的 json 模块来读写 JSON 文件，相应的方法是 load()和 dump()。开发设计的步骤为：创建 jsondemo.py 文件→导入 json 模块→解析 JSON 文件→输出 Python 对象→解析 Python 对象。

2）pickle 模块的序列化和反序列化

Python 内置的 pickle 模块支持序列化和反序列化。通过 pickle 模块的序列化，能够将程序运行中的对象信息保存到文件中，从而实现永久存储；通过 pickle 模块的反序列化，能够将文件中保存的数据转换成 Python 对象。

2.2.3.2　功能实现

1）JSON 文件和 Python 对象相互转换

新建文件 2.3_jsondemo.py，输入以下代码：

```
"""
使用 Python 的 json 模块，实现 JSON 文件解析和 Python 对象输出功能
"""

# 导入 json 模块
```

```
import json

# JSON 文件解析函数
def parseJSON(filepath):
    jsonObject = None
    if not filepath:
        print("请输入 JSON 文件路径")
    else:
        try:
            with open(filepath, 'r') as jsonFile:
                jsonObject = json.load(jsonFile)
        except Exception as e:
            print("文件不存在或 JSON 格式错误")
            print(e)
        return jsonObject

# Python 对象输出函数
def dumpJSON(obj):
    if not obj:
        print("对象为空")
    else:
        try:
            with open('obj.json','w') as jsonFile:
                json.dump(obj, jsonFile)
        except Exception as e:
            print("Python 对象输出文件错误")
            print(e)

# 调用
if __name__ == "__main__":
    jsonfile = "test.json"
    print("解析 JSON 文件：%s" % jsonfile)
    obj = parseJSON(jsonfile)
    print("解析的 Python 对象：")
    print(obj)

    jsonobj = {"name":"zonesion", "type":"company", "address":"武汉市华师园北路", "members":[ {
            "name":"小李", "age":"24", "gender":"female"}, {"name":"小王", "age":"28", "gender": "male"}]}
    print("输出 Python 对象：%s" % jsonobj)
    dumpJSON(jsonobj)
    print("已输出 JSON 文件：obj.json")
```

2）pickle 实现对象的序列化和反序列化

新建文件 pickle_dump.py，输入以下代码：

```
#!/usr/bin/python
# -*- coding: UTF-8 -*-
```

```
'''
使用 pickle 模块将数据对象保存到文件
'''

# 导入 pickle 模块
import pickle

# 测试数据对象
data1 = {'a': [1, 2.0, 3, 4+6j],
            'b': ('string', u'我用 Python'),
            'c': None}

# 循环列表
selfref_list = [1, 2, 3]
selfref_list.append(selfref_list)

# 输出文件，注意打开模式为 wb
output = open('data.pkl', 'wb')

# 使用默认的协议将对象序列化
pickle.dump(data1, output)

# 使用最高等级协议将列表序列化
pickle.dump(selfref_list, output, -1)

# 关闭文件对象
output.close()
```

使用 pickle 模块的 load 方法，将上面序列化得到的二进制文件加载到内存，并检查反序列化后的 Pathon 对象是否一致。新建文件 2.7_pickle_load.py，输入以下代码：

```
#!/usr/bin/python
# -*- coding: UTF-8 -*-

'''
使用 pickle 模块，通过反序列化得到 Python 对象
'''

# 使用 pprint 模块，显示 Python 对象的内部构造
import pprint
# 导入序列化模块
import pickle

# 以二进制格式和只读模式打开文件
pkl_file = open('data.pkl', 'rb')
```

```
# 反序列化普通对象
data1 = pickle.load(pkl_file)
# 输出对象结构
pprint.pprint(data1)

# 反序列化循环列表
data2 = pickle.load(pkl_file)
# 输出循环列表结构
pprint.pprint(data2)

# 关闭文件对象
pkl_file.close()
```

2.2.3.3 开发验证

在 Windows 平台的命令行工作模式下，进入项目的当前目录，运行文件 2.3_jsondemo.py，结果如图 2.32 所示。

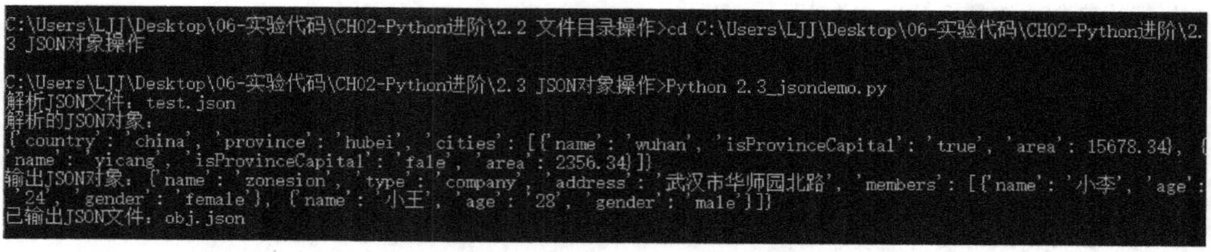

图 2.32 文件 2.3_jsondemo.py 的运行结果

在 Windows 平台的命令行工作模式下，进入项目的当前目录，运行文件 2.7_pickle_load.py，结果如图 2.33 所示。

图 2.33 文件 2.7_pickle_load.py 的运行结果

2.2.4 小结

本节主要介绍文件的高级用法。首先介绍 JSON 文件的读写，主要包括数据存储和数据共享；然后介绍 Python 数据序列化，主要介绍 Python 语言内置的 3 个用于序列化的模块。

2.2.5 思考与拓展

（1）哪个方法可接收 JSON 格式的字符串，并返回一个 Python 数据？

（2）哪个方法可接收 Python 数据，并返回一个 JSON 格式的字符串？

（3）pickle 模块与 json 模块的区别是什么？

2.3　面向对象程序设计

2.3.1　面向对象程序设计简介

面向对象程序设计（OOP）是软件工程领域中的一项非常重要的技术。Python 是一门面向对象的编程语言，在学习 Python 时，掌握面向对象的编程思想是非常重要的。较为全面地了解面向对象程序设计的基本特征，形成面向对象的编程思想，有助于学习和使用 Python 语言。

在进行面向对象编程时，常用的术语如下：

● 类：用来描述一群具有相同特征和行为的事物，是一个抽象的概念。类主要由 3 个部分组成，即类名、属性和方法，其中属性用于描述事物的特征，方法用于描述事物的行为。

● 类变量：在类中定义的变量，并且该变量不在类中的任何一个函数内被定义。类变量在整个实例化的对象中是公用的，调用方式有两种，即直接用类名调用或者使用类的实例化对象调用。

● 数据成员：类变量或者类的实例变量。

● 方法重写：如果从父类（Base Class）继承的方法不能满足子类（Derived Class）的需求，则可以在子类中对继承的方法进行改写，也称为方法的覆盖（Override）。

● 局部变量：在类的方法中定义的变量，其作用范围仅限于类的方法。

● 实例变量：实例变量是实例独有的，一般情况下是在类的构造函数中定义的。

● 继承：是指子类拥有和父类一样的数据成员和方法。继承的功能使得程序员可以把子类的实例化对象当成父类的实例化对象。

● 实例化：通过对类进行实例化的方式，定义一个类的对象。

● 方法：在类中定义的函数，第一个参数为类的实例。

● 对象：类的一个实例，或者类实例化后的结果。和类定义的内容一样，对象由数据成员（类变量、实例变量）和方法组成。

2.3.2　类的创建及实例化

2.3.2.1　类的创建

在 Python 语言中，类是通过关键字 class 来定义的，其定义方式为先在关键字 class 后面声明类的名称；然后紧接着一个冒号，如果要创建的类是派生自其他父类，则首先需把父类放到类的名称之后；再用一对圆括号括起，多个父类之间还要用逗号分隔；最后换行并定义类的内部实现。类名称的首字母一般要大写，建议在命名时参考变量的命名，在程序代码设计和实现中保持命名风格的一致。

1）创建类的语法格式

创建类的语法格式如下：

```
class ClassName:
    '类的帮助信息'                        # 类文档字符串
    class_suite                        # 类体
```

其中，class_suite 由类成员、方法和数据属性组成。此外，类的帮助信息可以通过 ClassName.__doc__ 来查看。下面是一个员工类的创建示例：

```
class Employee:
    '所有员工的父类'
    empCount = 0

    def __init__(self, name, salary):
        self.name = name
        self.salary = salary
        Employee.empCount += 1

    def displayCount(self):
        print ("Total Employee %d" % Employee.empCount)

    def displayEmployee(self):
        print ("Name : ", self.name,    ", Salary: ", self.salary)
```

在上面的代码中，变量 empCount 是一个类变量，该变量可以被类的所有方法使用；方法 __init__()是类的构造函数或类的初始化方法，在创建类的对象时，__inti__()方法会被调用；类中各方法中的 self 为类的对象，self 在定义类的方法时是存在的，在调用类的方法时无须为其传入相应的参数。

与普通的函数相比，类的方法只是多了一个特殊的参数，通常，类的方法的第一个参数必须是一个无须传入参数的类的对象。类的方法的示例如下：

```
class Test:
    '''这仅仅是一个类定义测试'''
    def prt(self):
        print(self)
        print(self.__class__)

t = Test()
t.prt()
print(isinstance(t, Test))
print(t.__doc__)
```

类的方法的示例运行结果如图 2.34 所示。

从上面的示例运行结果可以看出，在类 Test 的方法中，参数 self 是一个类的对象，表示当前对象的地址，self.__class__则指向类 Test 本身。Python 的内置方法 isinstance()用来测试某个变量是否是类的对象，其返回结果为 True 或 False；__doc__是类中的注释信息，是 Python

语言在类处理中的一个特定标识。

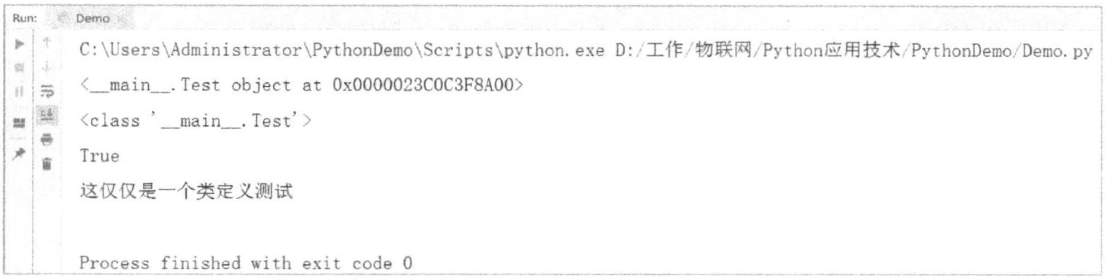

图 2.34　类的方法的示例运行结果

2）对象的创建

在 C、Java 等语言中，一般用关键字 new 对类进行实例化。但 Python 语言并没有关键字 new，采用赋值的方式进行类的实例化。以下是类 Employee 的实例化，在实例化的同时还可以为对象进行赋值。

```
"创建类 Employee 的第一个对象"
Emp_1 = Employee("Andy", 3000)
"创建类 Employee 的第二个对象"
Emp_2 = Employee("Samul", 5000)
```

3）类属性的访问

在 Python 语言中，类的属性一般指类变量或对象变量，可以使用"类名.属性"的方式来表示。例如，下面示例中的 Employee.empCount，其中的 empCount 就是类变量，该变量可以被各个实例化对象所使用。此外，类的方法的调用方式与访问属性的方式类似，表示方法为类名.方法()。访问类属性的示例如下：

```
class Employee:
    '所有员工的父类'
    empCount = 0

    def __init__(self, name, salary):        # 类的构造函数
        self.name = name
        self.salary = salary
        Employee.empCount += 1               # 每次实例化后，人数加 1

    def displayEmployee(self):
        print ("姓名 : ", self.name,   ", 月薪 : ", self.salary)

"创建类 Employee 的第一个对象"
Emp_1 = Employee("小红", 2000)
"创建类 Employee 的第二个对象"
Emp_2 = Employee("小明", 5000)
Emp_1.displayEmployee()
Emp_2.displayEmployee()
print ("员工人数为：   %d" % Employee.empCount)
```

访问类属性的示例运行结果如图 2.35 所示。

```
Run:    Demo
    C:\Users\Administrator\PythonDemo\Scripts\python.exe D:/工作/物联网/Python应用技术/PythonDemo/Demo.py
    姓名： 小红 ，月薪： 2000
    姓名： 小明 ，月薪： 5000
    员工人数为： 2

    Process finished with exit code 0
```

图 2.35　访问类属性的示例运行结果

由于在定义类时使用了__init__构造函数，所以函数中类的对象变量 self.name 和 self.salary 的作用域为整个类，即它们可以被类中的所有方法使用；而类变量 Employee.empCount 则只能被 Emp_1 和 Emp_2 使用。

在 Python 语言中，关于类的属性操作还包括添加、删除、修改等。这些操作可以通过两种方式进行，一种方式是直接操作，如下面代码所示；另一种方式是通过内置函数实现。

```
Emp_1.age = 23              # 添加一个 'age' 属性
Emp_1.age = 23              # 修改 'age' 属性
del Emp_1.age               # 删除 'age' 属性
```

前文在定义类 Employee 时，类 Employee 中没有 age 属性。如果直接通过访问属性的方式为 Emp_1.age 赋值，则类 Employee 会创建一个新属性 age。

在 Python 语言中，可以对类的属性进行操作的函数有以下几种：

（1）getattr(obj, name[, default])：获取类对象 obj 的属性 name 的值。

（2）hasattr(obj,name)：检查类对象 obj 是否存在名为 name 的属性。

（3）setattr(obj,name,value)：为类对象 obj 的属性 name 赋值 value。如果属性 name 不存在，则为类新创建一个名为 name 的属性。

（4）delattr(obj, name)：删除类对象 obj 的属性 name。

```
hasattr(emp1, 'age')         # 如果存在 'age' 属性则返回 True
getattr(emp1, 'age')         # 返回 'age' 属性的值
setattr(emp1, 'age', 12)     # 添加属性 'age' 值为 8
delattr(emp1, 'age')         # 删除属性 'age'
```

2.3.2.2　Python 内置类属性

在 Python 语言中，类除了有自定义的数据和方法，还有一些默认的内置属性，例如：

● __dict__：组成类的所有元素，所有这些信息存放在字典中。

● __doc__：类中的注释信息。

● __name__：类的名称。

● __module__：表示当前的操作在哪个模块中。

● __bases__：当前类的所有父类，父类的信息会存放在元组中。

类的内置属性操作的示例如下：

```
class Employee:
```

```
    '所有员工的父类'
    empCount = 0

    def __init__(self, name, salary):
        self.name = name
        self.salary = salary
        Employee.empCount += 1

    def displayCount(self):
        print ("Total Employee %d" % Employee.empCount)

    def displayEmployee(self):
        print ("Name : ", self.name,    ", Salary: ", self.salary)

print ("Employee.__doc__:", Employee.__doc__)
print ("Employee.__name__:", Employee.__name__)
print ("Employee.__module__:", Employee.__module__)
print ("Employee.__bases__:", Employee.__bases__)
print ("Employee.__dict__:", Employee.__dict__)
```

类的内置属性操作的示例运行结果如图 2.36 所示。

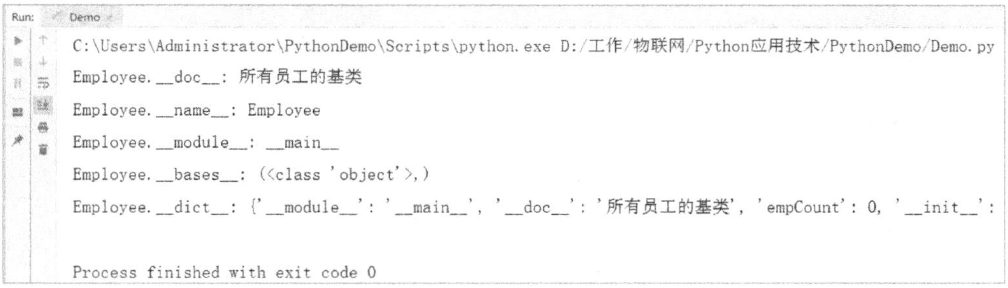

图 2.36　类的内置属性操作的示例运行结果

2.3.3　类的继承和方法重写

2.3.3.1　类的继承

面向对象编程语言的一个主要功能就是类的继承，这是一种高效的代码重用机制。继承指的是：当定义一个类是另一个类的子类后，该子类就具有父类的所有功能。在继承的过程中，那些被创建的、用来继承其他类功能的新类称为子类或派生类，而被继承的类则称为基类、父类或超类。在一般情况下，一个子类只能有一个父类，要想继承多个父类的功能，可以通过多级继承来实现。继承的用法如下：

```
class  子类名(父类名)
    ……
```

在 Python 语言中，类的继承还有以下一些使用原则：

（1）如果要想在子类中调用父类的构造函数，那么就要显式地声明要调用构造函数，即将父类的构造函数看成一个普通的函数进行调用。

（2）子类调用自身的方法与调用父类的方法是不同的，子类在调用自身的方法时不需要 self 参数，直接调用即可；如果要调用父类的方法，就需要以父类的类名作为前缀进行调用，且需要 self 参数。

（3）在调用方法时，Python 语言总是先在当前子类定义的方法中进行寻找，如果当前子类中找不到对应的方法，则再到父类中逐个查找对应的方法。

如果在子类的父类声明列表中有一个以上的父类，那么这种类继承关系就称为多重继承。子类的声明与其父类相似，继承的父类列表跟在类名之后，如下所示：

```
class SubClassName (ParentClass1[, ParentClass2, ...]):
    ……
```

类的继承的示例如下：

```
class Parent:                              # 定义父类
    parentAttr = 200
    def __init__(self):
        print ("调用父类构造函数")

    def parentMethod(self):
        print ('调用父类方法')

    def setAttr(self, attr):
        Parent.parentAttr = attr

    def getAttr(self):
        print ("父类属性  :", Parent.parentAttr)

class Child(Parent):                        # 定义子类，父类声明列表中只有一个父类 Parent
    def __init__(self):
        print ("调用子类构造函数")
        Parent.__init__(self)               # 显式调用父类的构造函数

    def childMethod(self):
        print ('调用子类方法')

i = Child()                                 # 实例化子类
i.childMethod()                             # 调用子类方法
i.parentMethod()                            # 调用父类方法
i.setAttr(500)                              # 再次调用父类方法，设置属性值
i.getAttr()                                 # 再次调用父类方法，获取属性值

print(isinstance(i, Parent))
```

类的继承的示例运行结果如图 2.37 所示。

图 2.37　类的继承的示例运行结果

在 Python 语言中，可以使用 issubclass()函数和 isinstance()函数来判断两个类之间，以及类和对象之间的关系。前者用来判断一个类是否是某个类的子类，语法格式为 issubclass(sub,sup)；后者用来判断一个对象是否是某个类的对象，语法格式为 isinstance(obj, Class)。例如，在上面示例的最后一行代码 "isinstance(c, Parent)" 就是用来判断 i 是否是类 Parent 的对象的，返回 True 表示 i 是类 Parent 的对象；否则返回 False。由于类 Child 继承自类 Parent，而 i 又是类 Child 的对象，所以 i 继承了类 Parent 的全部功能，因此 i 具备类 Parent 的对象的所有特性。

类的多重继承的用法如下：

```
class A:                        # 定义类 A
    ……
class B:                        # 定义类 B
    ……
class C(A, B):                  # 继承类 A 和类 B
    ……
```

2.3.3.2　方法重写

子类是可以在继承父类的方法的基础上，根据应用环境的需要，可对父类的方法进行重写。如果方法需要重写，则需要先在子类中定义一个与父类方法同名的方法，然后在其中编写相应的代码。这样，在调用方法时就不会再考虑父类中的方法，而只会使用子类中定义的方法。方法重写的示例如下：

```
class Parent:                   # 定义父类
    def myMethod(self):
        print ('调用父类方法')

class Child(Parent):   # 定义子类
    def myMethod(self):         # 重写父类的方法
        print ('调用子类方法')

c = Child()                     # 子类实例
c.myMethod()                    # 子类调用重写后的方法
```

方法重写的示例运行结果如图 2.38 所示。

图 2.38　方法重写的示例运行结果

表 2.10 给出了一些通用功能的方法重写。

表 2.10　一些通用功能的方法重写

方　　法	描　　述	调 用 方 法
__init__ (self [,args...])	构造函数	obj = className(args)
__del__ (self)	析构方法，删除一个对象	del obj
__repr__ (self)	转化为供解释器读取的形式	repr(obj)
__str__ (self)	用于将值转化为适于人们阅读的形式	str(obj)
__cmp__ (self, x)	对象比较	cmp(obj, x)

2.3.4　开发实践

2.3.4.1　开发设计

本节使用 Python 语言中的正则表达式实现一个计算器，用于对复杂的表达式进行解析，并计算出表达式的结果。

Python 的 re 模块提供了各种正则表达式的匹配操作，功能和 Perl 脚本的正则表达式功能类似。使用 re 模块，在绝大多数情况下都能有效地分析并提取出复杂字符串中的相关信息。

Python 正则表达式的元字符和示例如表 2.11 所示。

表 2.11　Python 正则表达式的元字符和示例

符　　号	说　　明	示　　例
.	匹配除换行符外的任意字符。当 DOTALL 标识被指定时，还可以匹配换行符	'abc' >>>'a.c' >>>结果为'abc'
^	匹配字符串的开头	'abc' >>>'^abc' >>>结果为'abc'
$	匹配字符串的结尾	'abc' >>>'abc$' >>>结果为'abc'
*、+、?	*表示匹配前一个字符，重复 0 次到无限次；+表示匹配前一个字符，重复 1 次到无限次；?表示匹配前一个字符，重复 0 次到 1 次	abcccd' >>>'abc*' >>>结果为'abccc' 'abcccd' >>>'abc+' >>>结果为'abccc' 'abcccd' >>>'abc?' >>>结果为'abc'
*?、+?、??	前面的*、+、? 都是贪婪匹配，也就是尽可能多地匹配字符串；后面加?使其变成惰性匹配，即非贪婪匹配	abc' >>>'abc*?' >>>结果为'ab' 'abc' >>>'abc??' >>>结果为'ab' 'abc' >>>'abc+?' >>>结果为'abc'
{m}	匹配前一个字符 m 次	'abcccd' >>>'abc{3}d' >>>结果为'abcccd'

符　号	说　　明	示　　例
{m,n}	匹配前一个字符 m 次到 n 次	'abcccd' >>>abc{2,3}d'>>>结果为'abcccd'
{m,n}?	匹配前一个字符 m 次到 n 次，并取尽可能少的情况	'abccc' >>>abc{2,3}?'>>>结果为'abcc'
\	对特殊字符进行转义，或者指定特殊序列	'a.c' >>>'a\.c' >>> 结果为'a.c'
[]	表示一个字符集，所有特殊字符在该字符集中都失去特殊意义，只有^、-、]、\有特殊意义	'abcd' >>>'a[bc]' >>>结果为'ab'
|	只匹配其中一个表达式，如果|没有被包括在()中，则它的范围是整个正则表达式	'abcd' >>>'abc|acd' >>>结果为'abc'
(…)	被括起来的表达式作为一个分组，在有分组的情况下 findall()方法只显示分组内的内容	'a123d' >>>'a(123)d' >>>结果为'123'
(?#...)	注释，忽略括号内的内容，特殊构建不作为分组	'abc123' >>>'abc(?#fasd)123' >>>结果为'abc123'
(?= …)	匹配表达式'…'之前的字符串，特殊构建不作为分组	在字符串 pythonretest 中，(?=test)会匹配'pythonre'
(?!...)	后面不跟表达式'…'的字符串，特殊构建不作为分组	如果' pythonre '后面不是字符串' test '，那么(?!test)会匹配' pythonre '
(?<= …)	跟在表达式'…'后面的字符串，符合括号之后的正则表达式，特殊构建不作为分组	正则表达式(?<=abc)def 会在'abcdef'中匹配'def'
（?:)	取消优先打印分组的内容	'abc' >>>'(?:a)(b)' >>>结果为'[b]'
?P<Key>	指定 Key	'abc' >>>'(?P<n1>a)>>>结果为 groupdict{n1:a}

Python 正则表达式的特殊字符如表 2.12 所示。

表 2.12　Python 正则表达式的特殊字符

特殊表达式字符	说　　明
\A	只在字符串开头进行匹配
\b	匹配位于开头或者结尾的空字符串
\B	匹配不位于开头或者结尾的空字符串
\d	匹配任意十进制数，相当于[0-9]
\D	匹配任意非数字字符，相当于[^0-9]
\s	匹配任意空白字符，相当于[\t\n\r\f\v]
\S	匹配任意非空白字符，相当于[^ \t\n\r\f\v]
\w	匹配任意数字和字母，相当于[a-zA-Z0-9_]
\W	匹配任意非数字和字母的字符，相当于[^a-zA-Z0-9_]
\Z	只在字符串结尾进行匹配

2.3.4.2　功能实现

新建文件 2.7_re_cal.py，输入以下代码：

```
"""
使用 Python 正则表达式，实现计算器功能
```

```
    '''

    # 导入 Python 正则表达式包，即 re 模块
    import re

    #
    def md(date_list, symbol):
        '''
        :param date_list: 匹配到的表达式
        :param symbol: 符号
        :return: 乘数计算得到的值
        '''
        a = date_list.index(symbol)                          # 取到符号
        if symbol == '*' and date_list[a + 1] != '-':        # 如果是乘号并且索引的下一个位置不是负号
            k = float(date_list[a - 1]) * float(date_list[a + 1])
        elif symbol == '/' and date_list[a + 1] != '-':      # 如果是除号并且索引的下一个位置不是负号
            k = float(date_list[a - 1]) / float(date_list[a + 1])
        elif symbol == '*' and date_list[a + 1] == '-':      # 如果是乘号并且索引的下一个位置是负号
            k = -(float(date_list[a - 1]) * float(date_list[a + 2]))
        elif symbol == '/' and date_list[a + 1] == '-':      # 如果是除号并且索引的下一个位置是负号
            k = -(float(date_list[a - 1]) / float(date_list[a + 2]))
        del date_list[a - 1], date_list[a - 1], date_list[a - 1]   # 删除列表中参与计算的索引位置
        date_list.insert(a - 1, str(k))                      # 把新的值插入列表
        return date_list


    # 处理四则运算操作
    def fun(s):
        '''

        :param s: 去除括号后的表达式
        :return: 表达式的返回值
        '''
        list_str = re.findall('([\d\.]+|/|-|\+|\*)',s)       # 匹配表达式

        sum=0

        while 1:
            if '*' in list_str and '/' not in list_str:      # 判断乘是否在表达式内
                md(list_str, '*')
            elif '*' not in list_str and '/' in list_str:    # 判断乘是否在表达式内
                md(list_str, '/')                            # 调用 md()函数处理除号
            elif '*' in list_str and '/' in list_str:
                a = list_str.index('*')
                b = list_str.index('/')
                if a < b:
                    md(list_str, '*')
```

```
            else:
                md(list_str, '/')
        else:
            if list_str[0]=='-':                    # 判断是否是负号
                list_str[0]=list_str[0]+list_str[1]
                del list_str[1]
            sum += float(list_str[0])
            for i in range(1, len(list_str), 2):
                if list_str[i] == '+' and list_str[i + 1] != '-':
                    sum += float(list_str[i + 1])
                elif list_str[i] == '+' and list_str[i + 1] == '-':
                    sum -= float(list_str[i + 2])
                elif list_str[i] == '-' and list_str[i + 1] == '-':
                    sum += float(list_str[i + 2])
                elif list_str[i] == '-' and list_str[i + 1] != '-':
                    sum -= float(list_str[i + 1])
                break
    return sum


# 测试表达式
a = '1 - 2 * ( (60-30 +(-40.0/5) * (9-2*5/3 + 7 /3*99/4*2998 +10 * 568/14 )) - (-4*3)/ (16-3*2) )'


# 循环去除括号
while True:
    ret = re.split('\(([^()]+)\)', a, 1)
    if len(ret) == 3:
        a,b,c = re.split('\(([^()]+)\)', a, 1)
        rec = fun(b)
        a = a + str(rec) + c
    else:
        red = fun(a)
        print("表达式：'1 - 2 * ( (60-30 +(-40.0/5) * (9-2*5/3 + 7 /3*99/4*2998 +10 * 568/14 )) - (-4*3)/ (16-3*2) )'")
        print("正则表达式解析后，计算结果如下：")
        print(red)
        break
```

2.3.4.3　开发验证

在 Windows 平台的命令行工作模式下，进入项目的当前目录，运行文件 2.7_re_cal.py，运行结果如图 2.39 所示。

```
C:\Users\LJJ\Desktop\06-实验代码\CH02-Python进阶\2.7 正则表达式>Python 2.7_re_cal.py
表达式：'1 - 2 * ( (60-30 +(-40.0/5) * (9-2*5/3 + 7 /3*99/4*2998 +10 * 568/14 )) - (-4*3)/ (16-3*2) )'
正则表达式解析后，计算结果如下：
2776672.6952380957
```

图 2.39　文件 2.7_re_cal.py 的运行结果

2.3.5 小结

本节主要介绍面向对象程序设计中的类和对象，以及它们之间的联系。通过本节的学习，读者可以了解类的定义、作用及特性，掌握类的继承、多态以及封装的实现方法，通过继承实现方法重写。

2.3.6 思考与拓展

（1）什么是类？如何使用类？

（2）类有哪些专有方法？

（3）为什么要在类中使用构造函数？使用构造函数有什么好处？

（4）类有哪些访问权限？都怎么使用？

2.4 模块的设计和使用

2.4.1 模块简介

Python 语言中的模块（Module），在物理上是一个包含了 Python 定义和声明的文件，其文件后缀名为 py；在逻辑上是一个具有一定功能的代码段组合。应用模块化的思维来组织 Python 代码，可以提高程序开发的效率，使代码的重用性和可读性变得更好。

2.4.2 创建模块

在 Python 语言中，一个模块就是一个 py 文件，模块名就是文件名。只要在一个文件中完成变量、函数或者类的定义，就可以看成实现了一个模块的设计。简单模块的示例如下，该示例先在 PyCharm 中创建一个名为 myModule.py 的文件，然后在该文件中定义了一个函数。

```python
def say_somethin(words):
    print("say something: ",words)
    return
```

简单模块的示例如图 2.40 所示。

图 2.40 简单模块的示例

2.4.3　模块的导入与使用

2.4.3.1　搜索路径

如果要导入一个模块，可以使用命令"import 模块名"。在 PyCharm 中输入 import 后，Python 解释器会根据 import 后的模块名在系统内搜索模块，搜索顺序是：

（1）当前目录。在 PyCharm 项目中创建的 myModule.py 文件会被 Python 解释器当成模块。在项目的当前目录导入模块的示例如图2.41 所示，直接在同项目的Demo.py 中通过"import myModule"即可使用其中定义的方法 say_somethin()。

图 2.41　在项目的当前目录导入模块的示例

（2）如果在项目的当前目录搜索不到模块，则 Python 解释器会搜索安装路径下的每个子目录。

（3）如果在每个子目录中都搜索不到模块，则 Python 解释器会搜索系统中的默认路径。

（4）若最终都搜索不到模块，则 Python 解释器会抛出异常，如图 2.42 所示。

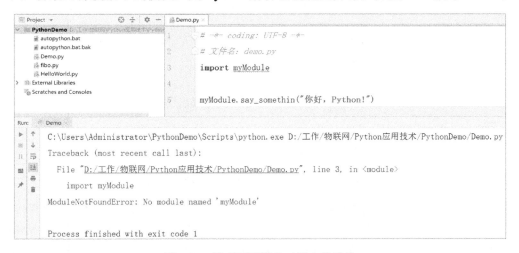

图 2.42　搜索不到模块时抛出的异常

作为常用的环境变量，PYTHONPATH 以列表的方式存放了系统中许多应用程序的工作目录和安装目录。在 Windows 平台下，设置 PYTHONPATH 的命令语法和在 Linux、UNIX 平台下设置 Shell 变量的 PATH 是一样的。在 Windows 平台下，通过以下命令可以设置 PYTHONPATH：

```
set PYTHONPATH=c:\python38\lib;
```

在 Linux、UNIX 平台下，通过以下命令可以设置 PYTHONPATH：

```
set PYTHONPATH=/usr/local/lib/python
```

2.4.3.2　模块导入与使用

在 Python 语言中，模块导入的常用方式有以下几种，开发者可根据各自的习惯自行选择。

```
# 同时导入多个模块
import  模块 1[,模块 2[,…模块 N]
# 引入模块中的某个（些）函数
from  模块  import 函数 1[,函数 2[,…函数 N]]
# 导入某个模块中所有内容
from  模块  import *
```

1）import 语句

如果要导入整个模块，则可以使用关键字 import 进行。例如，可以在文件最开始的地方用"import math"来导入 math 模块。如果要引入模块中的某个函数，则需要在被引入的函数前加上模块名，例如：

```
模块名.函数名
```

在项目的当前目录导入模块的示例中（2.4.3.1 节），如果 Demo.py 要引入 myModule 模块中的函数 say_somethin()，则需要在 Demo.py 中输入以下代码：

```
import myModule          # 导入模块

myModule.say_somethin("好，Python!")
```

导入模块中的函数的示例运行结果如图 2.43 所示。

图 2.43　导入模块中的函数的示例运行结果

当 Python 解释器遇到 import 语句时，如果模块在项目的当前目录中，模块将被直接导入，不管 Demo.py 中"import myModule"语句出现了多少次，Python 解释器只会导入 myModeule 模块一次，这是为了防止在搜索路径中一遍又一遍地查找和运行被导入的模块。搜索路径指的是一个 Python 解释器会先进行搜索的所有目录的列表，Python 解释器是依次从这些目录中寻找所导入的模块的。

　　从搜索文件的角度看，搜索路径和环境变量很像。事实上，通过定义环境变量的方式可以确定搜索路径。搜索路径是在 Python 编译或安装时确定的，搜索路径会被存放在 sys 模块中的 path 变量中。在交互式解释器中，输入以下代码：

```
>>> import sys
>>> sys.path
```

可以看到，sys.path 输出结果是一个列表，如下所示：

```
[", '/usr/lib/python3.4', '/usr/lib/python3.4/plat-x86_64-linux-gnu', '/usr/lib/python3.4/lib-dynload',
                '/usr/local/lib/python3.4/dist-packages', '/usr/lib/python3/dist-packages']
```

　　其中第一项是空字符串，表示当前目录，即 Python 默认的工作目录。清楚搜索路径包含的目录后，就可以在开发过程中通过修改 sys.path 来导入一些不在搜索路径中的模块。例如，通过命令"sys.path.append"可为 sys.path 增加一个目录"D:\\工作"，实现过程如图 2.44 所示。

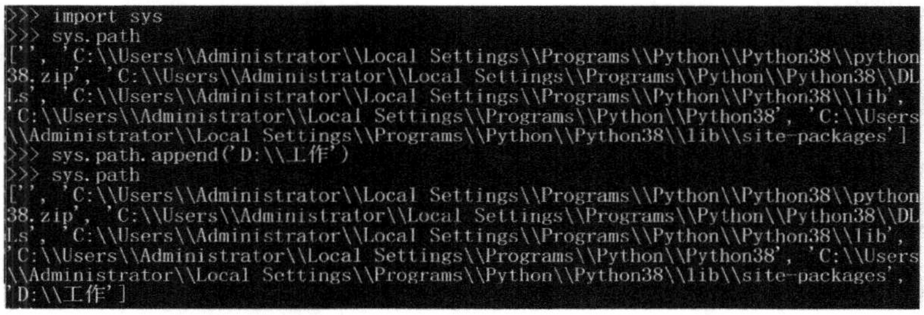

图 2.44　通过命令"sys.path.append"为 sys.path 增加一个目录"D:\\工作"

接下来就可以在"D:\\工作"目录下创建一个名为 fibo.py 的文件，代码如下：

```
# 斐波那契数列模块
def fib_1(n):                    # 定义斐波那契数列
    a, b = 0, 1
    while b < n:
        print(b, end=' ')
        a, b = b, a+b
    print()

def fib_2(n):                    # 返回斐波那契数列
    result = []
    a, b = 0, 1
    while b < n:
        result.append(b)
        a, b = b, a+b
    return result
```

在交互工作模式下，通过下面的命令可以导入 fibo 模块（斐波那契数列模块）：

```
import fibo
```

这样就可以使用模块名称来访问 fibo 模块中的函数了，代码如下：

```
print("导入模块名称", fibo.__name__)
print("调用 fib_1 方法计算： ", end=" ")
fibo.fib_1(1000)
print("调用 fib_2 方法计算：", fibo.fib_2(100))
```

inport 语句的示例运行结果如图 2.45 所示。

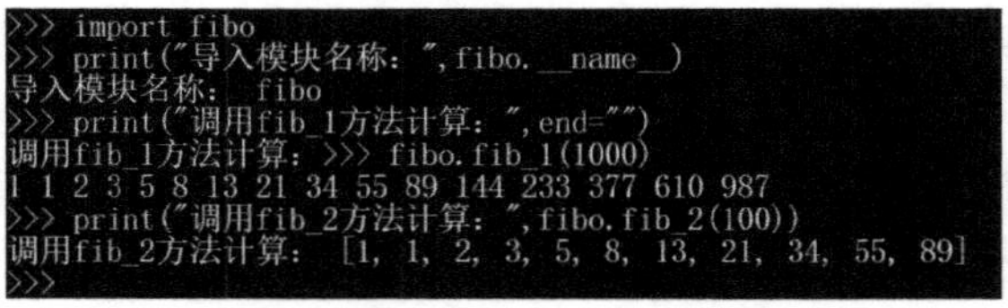

图 2.45　inport 语句的示例运行结果

2）from…import 语句

通过 Python 的 from…import 语句可以引入指定模块的函数，该语句的用法：

```
from 模块 import 函数 1[, 函数 2[,…函数 N]]
```

通过 from…import 语句引入的函数，在被调用时只需要给出函数名即可，不需要给出模块名。例如，要引入模块 fibo 的 fib_1()函数，可以使用以下语句：

```
from fibo import fib_1
```

```
fib_1(500)
```

在通过 from…import 语句引入函数时，不会把 fibo 模块中的两个函数 fib_1()和 fib_2()都引入，它只会将 fibo 模块中的 fib_1()函数引入。

from…import 语句的示例运行结果如图 2.46 所示。

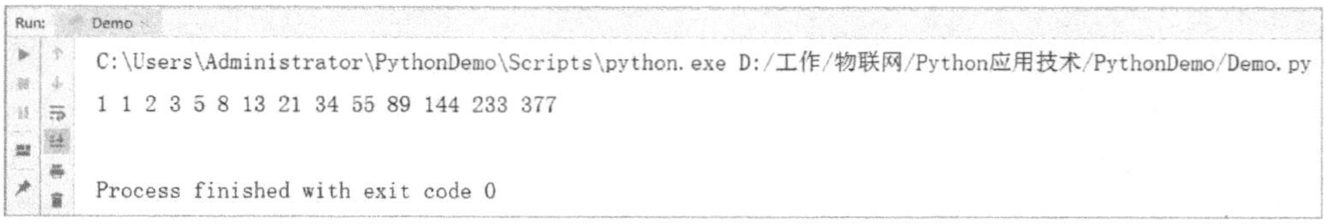

图 2.46　from…import 语句的示例运行结果

3）from…import*语句

如果要把一个模块的所有内容全都导入当前的命名空间，则只需要使用如下声明：

```
from 模块 import *
```

例如，在需要一次性地导入 math 模块中所有的内容，可以使用以下语句完成，尽管导入方法很简单，但是不建议过多地使用这种方法。

```
from math import *
```

2.4.3.3　Python 第三方扩展库

Python 语言是当今世界上最受欢迎的编程语言之一，其主要原因之一是 Python 拥有强大的第三方扩展库，这是很多其他编程语言不具备的优势。例如，在进行科学计算时，几乎所有的常用数学公式在 Python 语言中都可以信手拈来；在开发爬虫时，各种基于 TCP/UDP 协议的模块函数可以任意使用。想象一下，当使用 Python 语言进行项目开发时，只要一遇到设计方面的问题就能找到第三方提供的扩展库来解决，那么编写程序是何等快意。Python 语言的第三方扩展库已经很多了，而且还在不断地扩大，几乎每次在 Python 版本更新时都会新增不少第三方扩展库，而且还会对一些已有的第三方扩展库进行细微的修改和改进，尽量给程序员带来满意的用户体验。可见，在 Python 语言中，第三方扩展库是其重要的组成部分。

要了解第三方扩展库，首先要学会如何探索第三方扩展库的功能。探索第三方扩展库的功能的最方便、直接的方式就是使用 Python 解释器对其进行研究。假设现在准备探索一个名为 copy 的模块（第三方扩展库），可以先通过以下语句导入 copy 模块，再用一些内置函数对其进行分析。

```
>>> import copy
```

（1）使用 dir()函数。如果想要知道导入的模块包含了哪些变量、函数和类，可以使用 Python 语言的内置函数 dir()来列出模块的所有属性（所有的函数、类、变量等）。通过 dir(copy)可以以列表的形式输出 copy 模块的所有信息。在输出的信息中，有一些是具有特定目的和用途的，如下面的以下画线开头和结尾的变量和函数。如果不需要输出某个模块的所有信息，则可以通过简单的列表推导式进行名称过滤，例如：

```
>>> import copy
>>> [n for n in dir(copy) if not n.startswith('_')]
['Error', 'copy', 'deepcopy', 'dispatch_table', 'error']
```

（2）变量__all__。在 dir(copy)输出的完整列表清单中，有一个名为__all__的变量，该变量包含一个列表，其结构与前面使用列表推导式输出的列表类似，包含的内容如下：

```
>>> copy.__all__
['Error', 'copy', 'deepcopy']
```

显然，__all__是 copy 模块的全局变量，是专门提供给外部调用者使用的。通过逆向工程的做法，可知 copy 模块对于变量__all__的定义必然如下：

```
__all__ = ["Error", "copy", "deepcopy"]
```

变量__all__的主要功能是定义模块的公有接口，用来告诉 Python 解释器在导入 copy 模块后，有哪些定义好的函数可以使用。通过下面的语句可以对导入模块的所有函数进行简单的验证：

```
from copy import *
```

运行上面的语句可导入模块中的所有函数，此时会发现只能得到变量__all__中列出的 4 个内置函数。如果要使用 copy 模块中的函数 PyStringMap()，还必须显式地声明模块名，如

copy.PyStringMap()，或者使用专门的函数来导入，如 from copy import PyStringMap。

在开发过程中使用模块化的设计方案时，变量__all__是十分有用的。因为在很多场合中，需要使用的只是某个模块中的少许变量、函数和类，而不需要所有的变量、函数和类，所以一种比较好的做法是将不常用的内容过滤掉。如果设计模块时不设置变量__all__，则在以import *的方式导入模块时，所有不以下画线开头或结尾的全局变量，以及所有的函数和类都会被导入，从而降低程序的运行效率。

Python 语言的库分为标准库和第三方扩展库两种。在安装 Pyhon 时，标准库会被自动安装到 Python 的安装目录下，第三方扩展库则需要下载后才能安装到 Python 的安装目录下，并且不同的第三方扩展库的安装过程及使用方法都不尽相同。不同的第三方扩展库的导入方式是一样的，都需要使用 import 语句来导入。

Python 的第三方扩展库涉及网络爬虫、数据分析、文本处理、数据可视化、用户图形界面、机器学习、Web 开发、游戏开发等方向，各方向的常用第三方扩展库如下所述。

（1）网络爬虫方向的常用第三方扩展库如下：

① requests。requests 是使用 Python 语言、基于 urllib 编写的第三方扩展库，采用的是 Apache2 Licensed 开源协议，requests 比 urllib 更加方便，完全满足 HTTP 的测试需求，常用于接口测试，可以节约大量的工作。

② Scrapy。Scrapy 是完全使用 Python 语言实现的 Web 应用框架，用于爬取网站数据、提取结构性数据。Scrapy 提供了 URL 地址队列、异步多线程访问、定时访问、数据库集成等功能，基于 Scrapy 构建的爬虫系统可以 7×24 小时运行，具备产品级运行能力。

（2）数据分析方向的常用第三方扩展库如下：

① NumPy。NumPy 是一个使用 Python 语言实现的科学计算库，包括功能强大的 N 维数组对象 Array，比较成熟的函数库，用于整合 C/C++、Fortran 代码的工具包，以及实用的线性代数、傅里叶变换和随机数生成函数。NumPy 和稀疏矩阵运算包 SciPy 配合使用更加方便。NumPy 提供了许多高级的数值编程工具，如矩阵数据类型、矢量处理和严格的运算库，是专为进行严格的数值处理而产生的。

② SciPy。SciPy 是一款方便、易于使用、专为科学和工程设计的 Python 工具包，它在 NumPy 库的基础上增加了众多的数学、科学和工程计算中常用的库函数。SciPy 包括统计、优化、整合、线性代数、傅里叶变换、信号和图像处理、常微分方程求解器等众多模块。

③ Pandas。Pandas 是基于 NumPy 的一种工具，该工具是为了解决数据分析任务而创建的。Pandas 纳入了大量库和一些标准的数据模型，提供了高效地操作大型数据集所需的工具。Pandas 提供了大量的快速便捷处理数据的函数和方法，包括时间序列、一维数组和二维数组等。

（3）文本处理方向的常用第三方扩展库如下：

① PDFMiner。PDFMiner 是一个可以从 PDF 文件中提取各类信息的第三方扩展库。与其他的 PDF 相关工具不同，PDFMiner 能够完全获取并分析 PDF 文件中文本数据。PDFMiner 能够获取 PDF 文件中的文本准确位置、字体、行数等信息，能够将 PDF 文件转换为 HTML 格式或文本格式。

② OpenPyXL。OpenPyXL 是一个用于处理 Excel 文件的第三方扩展库，支持读写 xls、xlsx、xlsm、xltm 等格式的文件，并能进一步处理 Excel 文件中的工作表、表单和数据单元。

③ python-doc。python-doc 是一个用于处理 Word 文件的第三方扩展库，支持读取、查询和修改 doc、docx 等格式的文件，并能够通过编程来设置 Word 文件的常见样式，如字符样式、段落样式、表格样式、页面样式等。python-doc 具有添加和修改文本、图像、样式和文档等功能。

④ beautifulsoup4。beautifulsoup4 库也称为 bs4 库，是一个可以从 HTML 或 XML 文件中提取数据的 Python 第三方扩展库。beautifulsoup4 能够通过转换器实现常用的文档导航，如查找、修改文档。配合 requests 使用，beautifulsoup4 能大大提高爬虫效率。

（4）数据可视化方向的常用第三方扩展库如下：

① matplotlib。matplotlib 是一个 Python 的二维绘图库，它能够以各种硬拷贝格式和跨平台的交互式环境生成出版质量级别的图形。通过 matplotlib，开发者仅需要编写几行代码就可以生成多种图表，如直方图、功率谱、条状图、散点图等。

② TVTK。VTK 是一个三维的数据可视化工具，采用 C++语言编写，包含了近千个类帮助处理和显示数据。VTK 的 API 和 C++语言的 API 相同，不能体现出 Python 的动态语言优势，因此 TVTK 对标准的 VTK 进行包装，提供了 Python 风格的 API，支持 Trait 属性和 NumPy 的多维数组。

③ mayavi。虽然 VTK 可视化软件包的功能强大，TVTK 方便简洁，但要用这些工具快速编写实用的三维可视化程序，仍然需要花费不少的精力。mayavi 是完全采用 Python 语言编写的、基于 VTK 开发的三维可视化工具，不但是一个方便实用的数据可视化软件，而且可以方便地使用 Python 进行扩展，嵌入用户编写的 Python 程序中，或者直接使用 mayavi 的面向脚本的 API。

（5）用户图形界面方向的常用第三方扩展库如下：

① PyQt5。PyQt5 是 Qt5 应用框架的 Python 第三方扩展库，又有超过 620 个类、近 6000 个函数。PyQt5 是 Python 语言中最为成熟的商业级 GUI 第三方扩展库，可以在 Windows、Linux 和 Mac OS X 等平台上使用。

② wxPython。wxPython 是 Python 语言的一个优秀的 GUI 图形库，是对跨平台 GUI 库 wxWidgets 的 Python 封装。通过 wxPython，开发者能够轻松地创建可靠性高、功能强大的图形用户界面。wxWidgets 是使用 C++语言编写的，对采用 C/C++语言编写的功能库进行二次封装是 Python 语言的重要特点之一。

③ PyGTK。PyGTK 是对 GTK+的 Python 语言封装，提供了各种可视化元素和功能，能够轻松创建图形用户界面。PyGTK 具有跨平台性，利用它编写的代码能够不加修改地稳定运行在多种平台上，如 Windows、Linux、Mac OS X 等。

（6）机器学习方向的常用第三方扩展库如下：

① scikit-learn。scikit-learn 是采用 Python 语言实现的机器学习算法库，可以实现数据预处理、分类、回归、降维、模型选择、聚类等常用的机器学习算法。scikit-learn 是基于 NumPy、SciPy、matplotlib 实现的，也称为 sklearn。

② TensorFlow。TensorFlow 是一个开放源代码的软件库，用于进行高性能数值计算。借助其灵活的架构，用户可以轻松地将计算工作部署到多种平台（CPU、GPU、TPU）和设备（桌面设备、服务器集群、移动设备、边缘设备等）上。TensorFlow 为机器学习和深度学习提供了强力支持，其灵活的数值计算核心被广泛应用到了许多科学领域。

③ Theano。Theano 是为运行深度学习中大规模神经网络算法而设计的，适合处理多维数组。Theano 可以看成一个运算数学表达式的编译器，可以高效运行在 GPU 或 CPU 上。Theano 是一个偏向底层开发的库，更像一个研究平台而非单纯的深度学习库。

（7）Web 开发方向的常用第三方扩展库如下：

① Django。Django 是一个基于 MVC 构造的框架，Django 更关注模型（Model）、模板（Template）和视图（Views），即关注 MTV 模式。Django 的主要目的是简便、快速地开发数据库驱动的网站。Django 强调代码复用，有许多功能强大的第三方插件，这使得 Django 具有很强的可扩展性。Django 还强调快速开发和 DRY（Don't Repeat Yourself）原则。

② Pyramid。Pyramid 是一个通用、开源的 Web 应用程序开发框架，其主要的目的是让 Python 开发者更简单地创建 Web 应用。相比于 Django，Pyramid 是一个相对小巧、快速、灵活的开源 Web 框架，开发者可以灵活地选择数据库、模板风格、URL 地址结构等内容。

③ Flask。Flask 是轻量级 Web 应用框架，相比于 Django 和 Pyramid，Flask 也被称为微框架。使用 Flask 开发 Web 应用十分方便，甚至几行代码即可建立一个小型网站。Flask 的核心十分简单，并不直接包含诸如数据库访问等的抽象访问层，是通过扩展模块的形式来支持抽象访问层的。

（8）游戏开发方向的常用第三方扩展库如下：

① Pygame。Pygame 是在 SDL（Simple DirectMedia Layer）库的基础上进行封装、面向游戏开发入门的 Python 第三方扩展库。除了游戏开发，Pygame 还可用于多媒体应用。其中，SDL 是开源、跨平台的多媒体开发库，通过 OpenGL 和 Direct3D 底层函数提供了对音频、键盘、鼠标和图形硬件的便捷访问。

② Panda3D。Panda3D 是一个开源、跨平台的三维渲染和游戏开发库，是一个三维游戏引擎。Panda3D 支持 Python 语言和 C++语言，但对 Python 语言的支持更全面。Panda3D 具有很多先进游戏引擎所具有的特性，如法线贴图、光泽贴图、HDR、卡通渲染和线框渲染等。

③ cocos2d。cocos2d 是一个用于构建二维游戏和图形界面交互式应用的框架，包括 C++、JavaScript、Swift、Python 等多个版本。cocos2d 是基于 OpenGL 进行图形渲染的，能够利用 GPU 进行加速。cocos2d 采用树状结构来管理游戏对象，将一个游戏划分为不同的场景，一个场景又分为不同的层，由每个层分别处理并响应用户事件。

2.4.4　开发实践

2.4.4.1　开发设计

在 Python 语言中，模块是由 Python 代码组成的 Python 文件，任何 Python 文件都可以作为模块被引用。编写模块就像编写任何其他 Python 文件一样，模块包含类、函数和变量的定义，可以在其他 Python 程序中使用。自定义模块主要分为两个部分，一是创建模块，二是导入模块。本节引导读者自定义一个名为 string 的模块，步骤为：创建本地文件 string.py，将模块导入当前的命名空间，创建并运行文件 string_import.py。

2.4.4.2　功能实现

（1）新建 pkg 文件夹，通过 IDLE 在 pkg 文件夹中创建文件 string.py，并输入以下代码：

```
'''
这是一个与系统包 string 同名的包文件，采用相对路径进行导入
'''

print("pkg/string.py: 本地 string 包输出如下：")
x = "hello "
print(x * 6)
```

（2）通过 IDLE 在 pkg 文件夹中创建文件 string_demo.py，输入以下代码后，通过 from 语句将模块中的指定部分导入当前的命名空间。

```
'''
采用相对路径导入当前目录下的 string 包
'''

print("pkg/string_demo.py：采用相对路径导入当前目录 pkg 下的 string 包：")

from . import string
```

（3）创建文件 2.8_string_import.py，输入以下代码：

```
'''
采用相对路径导入本地 string 包
'''

print("string_import.py: 导入本地 pkg.string_demo 包：")
import pkg.string_demo
```

2.4.4.3　开发验证

在 Windows 平台的命令行工作模式下，运行 2.8_string_import.py，结果如图 2.47 所示。

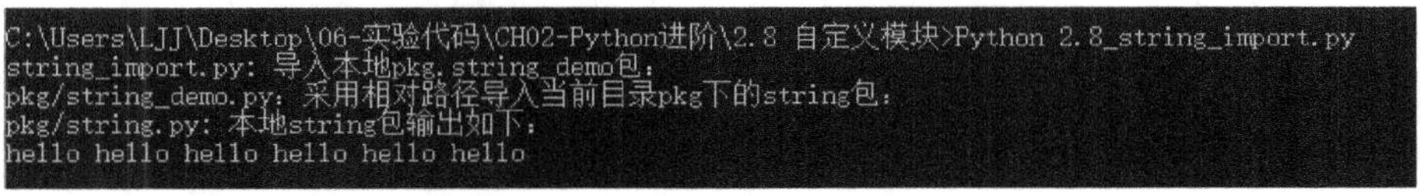

图 2.47　运行结果

2.4.5　小结

本节首先对模块进行了简要的介绍；然后介绍了自定义模块的方法，即自己开发一个模块；最后介绍了模块的导入方法。本节介绍的模块设计与使用方法在实际的开发项目中会经常应用，读者掌握相关内容后，可为后续的项目开发打下良好的基础。

2.4.6 思考与拓展

（1）什么是命名空间？它和模块有什么关联？

（2）路径搜索和搜索路径之间有什么不同？

（3）命名空间和变量作用域有什么不同？

（4）导入模块的语句有哪些？

2.5 Python 网络开发

2.5.1 TCP/IP 协议

网络协议是为了实现计算机之间的互联互通而制定的规则和标准。国际标准化组织（ISO）制定了 OSI 参考模型，该模型定义了网络的运行过程。在互联网的众多通信协议中，起举足轻重作用的是 TCP 协议和 IP 协议，因此又把互联网的通信协议称为 TCP/IP 协议。

TCP/IP 协议可以分成 4 层，和 OSI 参考模型的对应关系是：TCP/IP 协议的应用层对应 OSI 的应用层、表示层和会话层；TCP/IP 协议的传输层和网络互联层分别对应 OSI 参考模型的传输层和网络层；TCP/IP 协议的主机到网络层对应 OSI 参考模型的数据链路层和物理层。OSI 参考模型和 TCP/IP 协议的对应关系如图 2.48 所示。

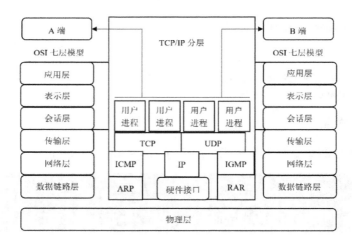

图 2.48　OSI 参考模型与 TCP/IP 协议的对应关系

2.5.2 TCP 协议和 UDP 协议

2.5.2.1 UDP 编程

UDP 是一种无连接协议，提供面向事务的简单不可靠信息传输服务。许多应用采用了

UDP 协议，如多媒体数据流。当强调传输性能而不强调传输数据的完整性时，UDP 协议是最好的选择。UDP 协议支持一对一、一对多、多对一和多对多的通信。UDP 协议数据包的封装如图 2.49 所示，UDP 协议数据包的首部如图 2.50 所示，UDP 协议数据包的伪首部如图 2.51 所示。

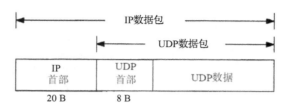

图 2.49　UDP 协议数据包的封装

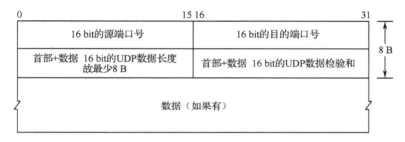

图 2.50　UDP 协议数据包的首部

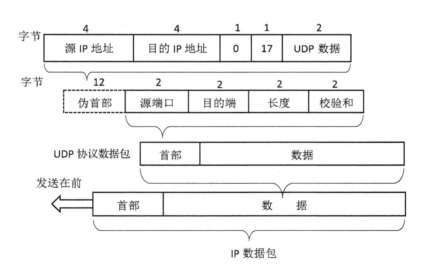

图 2.51　UDP 协议数据包的伪首部

　　UDP 协议的通信流程如图 2.52 所示。服务器的通信流程是：通过 socket()进行 Socket 的初始化、通过 bind()实现 Socket 与端口的绑定、通过 recvfrom()接收客户端的数据、处理请求后通过 close()关闭 Socket。客户端的通信流程是：通过 socket()进行 Socket 的初始化、通过 sendto()向服务器发送数据、通过 recvfrom()接收服务器发送的数据、处理请求后通过 close()关闭 Socket。

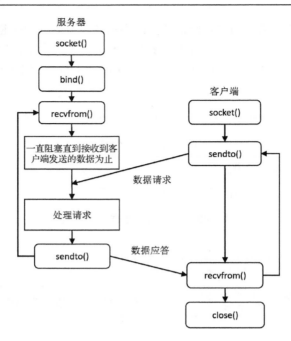

图 2.52　UDP 协议的通信流程

2.5.2.2　TCP 编程

TCP 协议是一种面向连接的、可靠的、基于字节流的传输层通信协议。TCP 协议的数据包如图 2.53 所示。

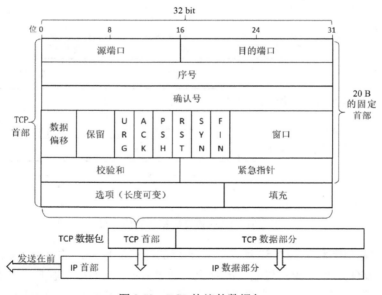

图 2.53　TCP 协议的数据包

TCP 协议建立连接的示意图如图 2.54 所示，TCP 协议使用三次握手协议建立连接，步骤如下：

（1）客户端向服务器发送 SYN 包，并进入 SYN_SEND 状态。

（2）服务器接收到 SYN 包后，回应一个 SYN（SEQ=y）+ACK（ACK=x+1）报文，进入 SYN_RECV 状态。

（3）客户端接收到服务器发送的 ACK+SYN 后，回应一个 ACK 包（ACK=y+1）报文，进入建立连接状态。

经过三次握手后，就可以在客户端和服务器之间建立连接，并开始传输数据。

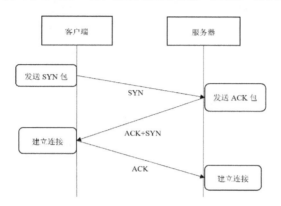

图 2.54　TCP 协议建立连接的示意图

TCP 协议提供的是一种面向连接的、可靠的字节流服务。面向连接意味着两个使用 TCP 协议的应用（客户端和服务器）在传输数据之前必须先建立一个连接。

相比于 UDP 协议的通信流程，TCP 协议的通信流程更加复杂一些，如图 2.55 所示。

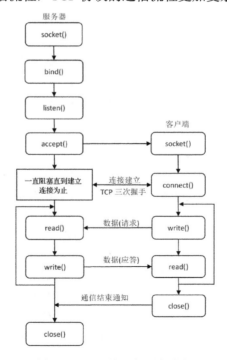

图 2.55　TCP 协议的通信流程

2.5.3 Socket 编程

2.5.3.1 Socket 简介

TCP 协议和 UDP 协议被封装在 Python 语言中的一个内置模块（socket 模块）中，如果应用程序要使用 TCP 协议和 UDP 协议，则可以使用 socket 模块的编程接口。socket 模块提供了一组基于 TCP 协议和 UDP 协议的应用程序编程接口，称为套接字（Socket）。两个应用程序之间的数据传输要通过 Socket 来完成，Socket 通信如图 2.56 所示。

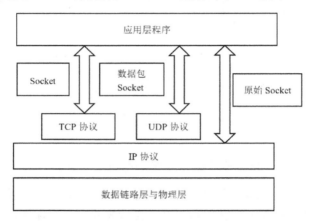

图 2.56　Socket 通信

2.5.3.2 socket 模块

socket 模块是 Python 语言中的一个内置模块，使用该模块可以轻松地在客户端和服务器之间建立 Socket 连接。建立 Socket 连接需要以下步骤：

（1）创建 socket 对象。使用关键字 import 导入 socket 模块后，通过如下的方式调用 socket() 方法建立 socket 对象：

```
socket.socket([family[, type[, protocol]]])
```

其中，family 为协议族，表示 Socket 的地址类型，既可以是 AF_UNIX，也可以是 AF_INET（对于 IPv4 系统的 TCP 协议和 UDP 协议）或 AF_INET6（对于 IPv6 系统）；type 为 Socket 类型，根据是否面向连接将 Socket 的类型分为 SOCK_STREAM（流 Socket）或 SOCK_DGRAM（数据报文 Socket）两类；protocol 一般不填，默认为 0。

由于参数 family 指定的 Socket 地址结构的类型较多，如 AF_INET、AF_INET6、AF_UNSPEC、AF_LOCAL、AF_ROUTE 等，所以在使用参数 family 时必须注意以下原则：

① 如果指定 AF_INET，socket() 方法就不能返回任何 IPv6 相关的地址信息。

② 如果仅指定 AF_INET6，socket() 方法就不能返回任何 IPv4 相关的地址信息。

③ AF_UNSPEC 意味着 socket() 方法返回的是适用于指定主机名和服务名且适合任何协议族的地址。

④ 如果某个主机既有 AAAA 记录（IPv6 系统）地址，又有 A 记录（IPv4 系统）地址，那么 AAAA 记录将作为 sockaddr_in6 结构返回，而 A 记录作为 sockaddr_in 结构返回。

这里，AF_INET6 适用于 IPv6 系统，AF_INET 和 PF_INET 适用于 IPv4 系统，其中，AF 表示 ADDRESS FAMILY 地址族，而 PF 则表示 PROTOCOL FAMILY 协议族。此外，在 Windows 平台中，AF_INET 与 PF_INET 完全一样；在 Linux 和 UNIX 平台中，不同版本的 AF_INET 与 PF_INET 有微小的差别。

（2）将 socket 对象绑定到端口。由于网络通信依赖于 IP 地址，所以 socket 对象必须与 IP 地址和端口绑定。可以使用下面的语句实现绑定：

```
socket.bind(address)
```

其中，address 是一个包含双元素的元组(host, port)，host 为主机名或 IP 地址，port 为端口号，如果端口已经被占用，或者主机名、IP 地址出现错误，就会引发 Socket Error 异常。

（3）绑定后必须准备好 socket 对象，以便接收连接请求。请求方式如下：

```
socket.listen(backlog)
```

其中，backlog 为客户端连接请求的最大数量，至少为 1。如果收到的连接请求超过 backlog，将被拒绝。

（4）服务器使用 accept()方法等待接收客户端请求。接收方式如下：

```
connection, address = socket.accept()
```

当使用 accept()方法时，Socket 连接会进入自我阻塞状态，直到接收到客户端的连接请求为止，accept()方法才会建立连接并返回结果。accept()方法返回的结果是一个包含两个元素的元组，如(connection, address)。第一个元素 connection 是服务器上的一个新的 socket 对象，服务器可以通过该对象与客户端通信；第二个元素 address 是客户的 IP 地址。

（5）在处理阶段，服务器和客户端通过 send()方法和 recv()方法进行通信（传输数据）。在处理阶段，数据发送方调用 socket 对象内置的 send()方法、以字符串的形式向对方发送数据。在数据发送完毕后，send()方法会返回已发送的字符个数。与此同时，数据接收方使用内置的 recv()方法从发送方接收数据。在使用 recv()方法时，必须设定该方法所能接收的最大数据量。recv()方法在接收数据时会进入自我阻塞状态，并在数据接收结束后返回一个接收内容的字符串。如果发送方发送的数据量超过 recv()方法的允许值，被发送的数据就会被截断，将允许值以内的数据发送到接收方，其余数据将被存入接收方的缓冲区，并在下一次接收数据时被从缓冲区删除。

（6）传输结束后，服务器使用 close()方法关闭 Socket 连接。

简单的服务器示例如下：

```
import socket
ss = socket.socket()

host = socket.gethostname()
port = 1234
ss.bind((host, port))
```

```
ss.listen(5)
while True:
    con, addr = ss.accept()
    print('连接来自', addr)
    con.send('感谢的连接!')
    con.close()
```

简单的客户端示例如下：

```
import socket

ss = socket.socket()

host = socket.gethostname()
port = 1234

ss.connect((host, port))
print(ss.recv(1024))
```

在 Python 语言中，涉及网络编程的第三方扩展库非常丰富。表 2.13 列出了常用网络协议的网络编程模块。

表 2.13　常用网络协议的网络编程模块

协　　议	功 能 用 处	端　口　号	Python 模块
HTTP	网页访问	80	httplib、urllib、xmlrpclib
NNTP	阅读和张贴新闻文章，俗称帖子	119	nntplib
FTP	文件传输	20	ftplib、urllib
SMTP	发送邮件	25	smtplib
POP3	接收邮件	110	poplib
IMAP4	获取邮件	143	imaplib
Telnet	命令行	23	telnetlib
Gopher	信息查找	70	gopherlib、urllib

2.5.3.3　Socket 的方法

表 2.14 列出了服务器常用的 Socket 方法。

表 2.14　服务器常用的 Socket 方法

函　　数	说　　明
bind()	将地址(host, port)绑定到 socket 对象，当 Socket 地址结构的类型为 AF_INET 时，以元组(host,port)的形式表示地址
listen()	开始监听 TCP 传输。backlog 用于指定操作系统可以在拒绝连接之前挂起的最大连接数量，该值至少为 1，大部分应用程序设为 5 就可以了
accept()	被动接收客户端的连接，等待连接的建立

表 2.15 列出了客户端常用的 Socket 方法。

表 2.15 客户端常用的 Socket 方法

函 数	说 明
s.recv()	接收 TCP 数据，以字符串形式返回接收到的数据。bufsize 用于指定接收的最大数据量；flag 用于提供有关消息的其他信息，通常可以忽略
s.send()	发送 TCP 数据，将 string 中的数据发送到已经建立连接的 Socket，返回值是要发送的字节数量，该数量可能小于 string 的字节大小
s.sendall()	完整发送 TCP 数据，将 string 中的数据发送到已经建立连接的 Socket，但在返回之前会尝试发送所有数据，成功则返回 None，失败则抛出异常
s.recvfrom()	接收 UDP 数据，与 recv()方法类似，但返回值是(data, address)，其中的 data 是包含接收数据的字符串，address 是发送数据的 Socket 地址
s.sendto()	发送 UDP 数据，将数据发送到已经建立连接的 Socket，address 是形式为(ipaddr, port)的元组，用于指定远程地址；返回值是发送的字节数
s.close()	关闭已经建立的 Socket 连接
s.getpeername()	返回连接 Socket 的远程地址，返回值通常是元组(ipaddr, port)
s.getsockname()	返回 Socket 的地址，返回值通常是一个元组(ipaddr, port)
s.setsockopt(level,optname,value)	设置给定 Socket 选项的值
s.getsockopt(level,optname[.buflen])	返回 Socket 选项的值
s.settimeout(timeout)	设置操作的超时期，timeout 是一个浮点数，单位是秒，当 timeout 的值为 None 时表示没有超时期。在一般情况下，超时期应该在刚刚创建 socket 对象时设置，可能用于连接的操作，如 connect()
s.gettimeout()	返回当前超时期的值，单位是秒，如果没有设置超时期，则返回 None
s.fileno()	返回 Socket 的文件描述符
s.setblocking(flag)	如果 flag 为 0，则将 Socket 设为非阻塞模式，否则将 Socket 设为阻塞模式（默认值）。在非阻塞模式下，如果使用 recv()方法没有发现任何数据，或使用 send()方法无法立即发送数据，那么将引起 socket.error 异常
s.makefile()	创建一个与该 socket 对象相关联的文件

2.5.4 网络数据的爬取

2.5.4.1 网络爬虫概述

网络爬虫（Web Spider）又称为网页蜘蛛或者网络机器人，是一种按照一定的规则自动地抓取网页数据的程序或者脚本。

按照系统结构和实现技术，可以将网络爬虫分为以下几种类型：

● 通用网络爬虫：又称为全网爬虫（Scalable Web Crawler），爬行方式是从一些种子 URL 地址开始，逐渐扩展到整个互联网。

● 聚焦网络爬虫（Focused Crawler）：又称为主题网络爬虫（Topical Crawler），只抓取与事先设定主题相关的页面数据。

- 增量式网络爬虫（Incremental Web Crawler）：在已下载网页的基础上，只爬行新产生的或者已经发生变化的网页数据，它能够在一定程度上保证所爬行的页面是尽可能新的页面。
- 深层网络爬虫：Web 的页面可以分为表层网页（Surface Web）和深层网页（Deep Web，也称为 Invisible Web Pages 或 Hidden Web），深层网络爬虫是只抓取深层网页的数据。

网络爬虫的基本工作流程为：

（1）设定爬取的目标 URL 地址。

（2）爬取目标 URL 地址的网页数据，并从中获取新的 URL 地址。

（3）将新获取的 URL 地址放入 URL 地址队列。

（4）从 URL 地址队列中读取未爬过的 URL 地址，然后重复上述步骤（2）。

（5）触发预先设置的停止条件，如果没有预先设置停止条件，网络爬虫会一直爬取下去，直到无法获取新的 URL 地址为止。如果预先设置了停止条件，网络爬虫就会在满足条件时停止爬取网页数据。

2.5.4.2 网络爬虫的工作原理

1）数据抓取

目前的网络爬虫基本都是使用现有的框架或者模块来抓取网页数据的，如 Scrapy 框架以及 Python 语言中众多的相关库，包括 urllib2（urllib3）、requests、mechanize、selenium、splinter 等。其中，urllib2（urllib3）、requests、mechanize 主要用来对目标 URL 地址的表层网页数据进行抓取；selenium、splinter 通过仿真浏览器，获取深层网页数据。

出于效率的考虑，如果可以使用 urllib2（urllib3）、requests、mechanize 等模块解决问题，那么尽量用它们，除了特殊情况，非必要不用 selenium、splinter，因为它们因需要仿真浏览器来爬取网页数据，效率较低。

2）数据解析

在 Python 语言中，能便捷地对所爬取的数据进行解析的库也有不少，包括 lxml、beautifulsoup4、re、pyquery 等。

数据解析是指从相应的页面中提取所需的数据，常用手段有 xpath 路径表达式、CSS 选择器、正则表达式等。其中，前两者主要用于提取页面中的结构化数据，正则表达式主要用于提取页面中的非结构化数据。

2.5.4.3 网络爬虫的基础使用

1）urllib 库

在 Python 2.x 中，urllib 和 urllib2 这两个第三方扩展库可以用来实现页面请求 request 的仿真，从而达到抓取页面数据的目的。而在 Python 3.x 中，urllib2 这个库已经不存在了，只剩下 urllib。Python 3.x 的 urllib 库官方链接为 https://docs.python.org/3/library/urllib.html。

在 urllib 库中，共有 4 个模块，分别为：

- urllib.request：用来发送 request 请求和获取服务器对 request 的响应结果。
- urllib.error：用于处理 urllib.request 产生的异常。
- urllib.parse：用来解析和处理 URL 地址。

● urllib.robotparse：用来解析页面的 robots.txt 文件。

urllib.request 模块提供了最基本的 HTTP 请求的构造函数，可以用来仿真浏览器发送页面请求。此外 urllib.request 模块还提供了一些针对特殊情况的处理函数，以应付授权验证、重定向、浏览器 Cookies 等。urllib.request 模块的基本语法格式如下：

```
urllib.request.urlopen(url, data=None, [timeout, ]*, cafile=None, capath=None, cadefault=False, context=None)
```

其中，url 为目标网页的地址；data 为提交请求所附带的参数，若采用字节流编码格式，则请求方式会变为 POST，否则会以 GET 的方式提出请求；timeout 为超时时间，单位为秒，若请求超出了设置时间还没有响应，则抛出异常。

urllib.request.urlopen()方法的返回结果为 HTTPResposne 类型的对象，通过 response.read() 方法可以得到返回的网页数据，同时还可以为返回的网页数据设置编码方式，如 decode ("utf-8")。不过在读取网页数据之前最好判断目标网页是否存在，可以根据 response.status 的值进行判断， response.status 的值是 200 表示请求成功，response.status 的值是 404 表示网页未找到。

尽管使用 urllib.request.urlopen()方法可以发送最基本的网页请求，但该方法中的几个简单的参数并不足以构建一个深层网页访问请求，因为有些网站还会对请求的数据包进行安全性分析。这类网站需要使用更加强大的 Request 类，以便在请求的数据包中加入需要的 headers 等信息。Request 类的定义如下：

```
class urllib.request.Request(url, data=None, headers={}, origin_req_host=None,unverifiable=False, method=None)
```

其中，url 为目标网页地址；data 为提交请求所附带的参数；headers 为数据包的头部内容，它是一个字典结构；origin_req_host 为请求方的 Host 名称或者 IP 地址；unverifiable 为状态标识符，表示请求是不是无法验证的，默认是 False；method 为一个字符串，用来表示提交请求的方式，如 GET、POST 和 PUT 等。

2）beautifulsoup4 库

beautifulsoup4 是 Python 的一个 HTML 或 XML 解析库，最主要的功能就是从网页爬取需要的数据。beautifulsoup4 将 HTML 解析为对象进行处理，将全部页面转变为字典或者数组。相对于正则表达式，beautifulsoup4 可以大大简化处理过程。

（1）beautifulsoup4 库的安装。beautifulsoup4 库依赖于 lxml 库，所以在安装 beautifulsoup4 库之前要先确保已安装 lxml 库，通过命令"pip install lxml"可安装 lxml 库。

① 在 Windows 平台安装 beautifulsoup4 库。在 Windows 平台安装 beautifulsoup4 库的最简单的方法是使用 pip 安装。在 Windows 平台的命令行工作模式下，运行命令：

```
pip install beautifulsoup4
```

即可安装 beautifulsoup 库。安装完成后，进入 python 目录，输入命令：

```
import bs4
```

即可验证是否成功。beautifulsoup4 库的安装与验证如图 2.57 所示。

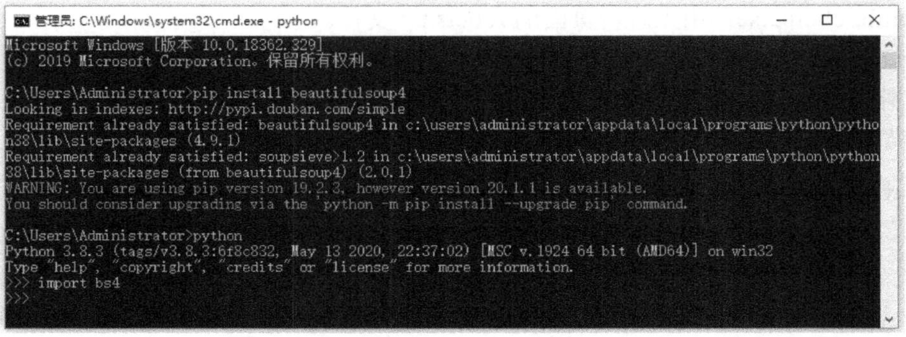

图 2.57　beautifulsoup4 库的安装与验证

② 在 Linux 平台安装 beautifulsoup4 库。在 Linux 平台安装 beautifulsoup4 库需要借助 Debian 的数据库，以便管理。在终端中以 root 用户权限（如果普通用户有权限，也可以使用 sudo 命令安装）运行命令：

```
apt-get install python3-bs4
```

即可安装 beautifulsoup4 库。

③ 在 PyCharm 中安装 beautifulsoup4 库。在 PyCharm 中安装 beautifulsoup4 库的方式与安装 NumPy 的方式类似。打开 PyCharm 后，在工作界面中选择菜单"File"→"Setting for New Projects"，在弹出的"Setting for New Projects"对话框中选择"Project Interpreter"，如图 2.58 所示。

图 2.58　在"Setting for New Projects"对话框中选择"Project Interpreter"

单击图 2.58 中的"+"按钮可添加模块。注意，在添加模块时，是搜索不到 beautifulsoup4 库的，如果要安装 beautifulsoup4 库，必须搜索安装 scrapy-beautifulsoup 库。scrapy-beautifulsoup 库会附带安装 beautifulsoup4 库和 soupsieve 库，这样就可以在 PyCharm 中正常使用 beautifulsoup4 库了。搜索安装 scrapy-beautifulsoup 库的界面如图 2.59 所示。

（2）beautifulsoup4 库的解释器。与 Scrapy 框架相比，beautifulsoup4 库中多了一个解析的过程。在 Scrapy 框架中，URL 地址返回什么数据，程序就接收什么数据，再进行过滤；在 beautifulsoup4 库中，接收数据和过滤之间多了一个解析的过程，根据解释器的不同，最终处理的数据也有所不同。

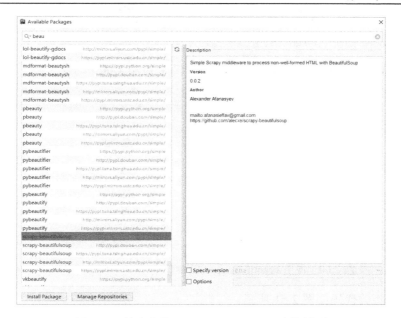

图 2.59　搜索安装 scrapy-beautifulsoup 库的界面

beautifulsoup4 库的常用解释器如表 2.16 所示。

表 2.16　beautifulsoup4 库的常用解释器

解　释　器	使 用 方 法	优　　势	劣　　势
Python 标准库	BeautifulSoup(markup, "html.parser")	Python 的内置标准库，运行速度适中，文档容错能力强	Python 2.7.3 或 Python 3.2.2 之前的版本中文档容错能力差
lxml HTML 解释器	BeautifulSoup(markup, "lxml")	速度快、文档容错能力强	需要安装 C 语言库
lxml XML 解释器	BeautifulSoup(markup, ["lxml-xml"]) BeautifulSoup(markup, "xml")	速度快、唯一支持 XML 的解释器	需要安装 C 语言库
html5lib	BeautifulSoup(markup, "html5lib")	最好的容错性，以浏览器的方式解析文档,可生成 HTML5 格式的文档	速度慢，不依赖于外部扩展

使用 beautifulsoup4 库抓取网页数据的示例如下：

```python
from urllib.request import urlopen
from bs4 import BeautifulSoup

text = urlopen('http://python.org/jobs').read()
soup = BeautifulSoup(text, 'html.parser')

jobs = set()
for job in soup.body.section('h2'):
    jobs.add('{} ({})'.format(job.a.string, job.a['href']))
```

```
print('\n'.join(sorted(jobs, key=str.lower)))
```

使用 beautifulsoup4 抓取网页数据的示例运行结果如图 2.60 所示。

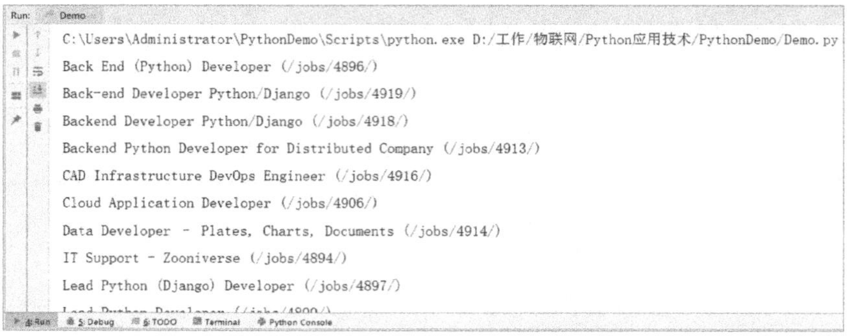

图 2.60　使用 beautifulsoup4 抓取网页数据的示例运行结果

网页数据及相关代码如图 2.61 所示。

图 2.61　网页数据及相关代码

在上面的示例中，首先要实例化用于抓取页面 HTML 代码的 BeautifulSoup 类，然后用各种方法来提取解析树的不同部分。例如，先使用 soup.body()方法来获取文档，再访问其中的第一个 section。在上面的示例中，使用参数 h2 调用返回的对象，这与使用 find_all()方法的效果类似，该方法可返回所有的 h2 元素，每个 h2 元素都表示一个职位，这里需要获取的是 h2 元素包含的第一个链接 job.a。

2.5.5　开发实践

2.5.5.1　开发设计

本节将通过 Socket 开发一个多用户群发聊天软件，该软件包括服务器程序和客户端程序，可实现两人对话、消息群发等功能。本节的开发实践是在 Linux 平台上进行的。

2.5.5.2　功能实现

新建文件 chat_server.py，输入以下代码：

```
'''
Python 聊天程序服务器
'''

import select
import socket

# 接收数据缓存数量
inBufSize = 4096
# 发送数据缓存数量
outBufSize = 4096
# 连接数组
CONNECTION_LIST = []
# ID 和数据区隔符
SEP = '||'

class ChatServer:
    # 初始化方法，默认端口为 5427
    def __init__(self, port=5247):
        # 创建服务器 socket 对象
        self.serverSocket = socket.socket(socket.AF_INET, socket.SOCK_STREAM)
        self.serverSocket.bind(('', port))
        self.serverSocket.listen(5)
        print("server wait for connect....")
        self.socketsMap = {}                    # 会话字典，id : socket
        self.idMap = {}                         # 会话字典，socket : id
        CONNECTION_LIST.append(self.serverSocket)

    # 新用户登录
    def login(self, id, sock):
        print("%s login" % id)
        self.socketsMap[id] = sock
        self.idMap[sock] = id
        sock.send(('hello %s, you login successed' % id).encode('utf8'))
        CONNECTION_LIST.append(sock) #要在这里把socket对象加进来，以便下次继续使用该socket
对象进行通信

    # 点对点聊天，发送数据格式为：id||数据
    def chat(self, sock):
        try:
            data = sock.recv(inBufSize).decode()
```

```
        except Exception:
            sock.send("remote is offline".encode('utf8'))
            sock.close()
    else:
        remote_id = data.split(SEP)[0]
        message = data.split(SEP)[1]
        print("客户端 id = %s, 客户端数据 = %s" % (remote_id, message))
        local_id = self.idMap[sock]
        if remote_id == 'all':
            # 如果客户端的 id 是 all, 则群发数据
            self.broadcast(local_id, message)
        else:
            # 如果客户端的 id 不是 all, 则点对点发送数据
            self.p2psend(local_id, message, remote_id)


# 发送数据
def p2psend(self, local_id, message, remote_id):
    if remote_id in self.socketsMap:
        remote_socket = self.socketsMap[remote_id]
    else:
        print('self.socketsMap not contains %s' % remote_id)
        return
    message_send = "%s said : %s" % (local_id, message)
    try:
        remote_socket.sendall(message_send.encode('utf8'))
    except Exception as e:
        #print(e)
        remote_socket.close()
        CONNECTION_LIST.remove(remote_socket)


# 广播数据
def broadcast(self, local_id, message):
    for sock in CONNECTION_LIST:
        if sock == self.serverSocket:
            # 跳过服务器监听 Socket 连接
            continue
        else:
            try:
                message_send = "%s said : %s" % (local_id, message)
                sock.send(message_send.encode('utf8'))
            except Exception as e:
                #print(e)
                sock.close()
                CONNECTION_LIST.remove(sock)
                continue


# 处理 socket 对象
```

```python
    def socket_handle(self):
        while True:
            # 获取可读取的 socket 对象
            read_sockets, write_sockets, error_sockets = select.select(CONNECTION_LIST, [], [])
            # 遍历每一个读取 socket 对象
            for sock in read_sockets:
                # 如果读取 socket 对象与服务器监听 socket 对象相同，则是用户第一次登录
                if sock == self.serverSocket:
                # 用户通过主 socket（即服务器开始创建的 socket，一直处于监听状态）来登录
                    # 通过 server_connection 进入的新连接
                    sockfd, addr = self.serverSocket.accept()
                    id = sockfd.recv(100).decode()
                    self.login(id, sockfd)
                # 如果不相同，则使用原有的连接进行聊天
                else:
                    self.chat(sock)

    def main(self):
        self.socket_handle()
        self.serverSocket.close()


if __name__ == '__main__':
    chat_server_obj = ChatServer()
    chat_server_obj.main()
```

新建文件 chat_client.py，输入以下代码：

```python
'''
Python 聊天程序客户端
'''

import sys
import socket
import select
import string

# 默认使用本地 IP 地址
HOST = '127.0.0.1'
# 默认的端口为 5427
PORT = 5247
# 初始的 ID 为 1
ID = 'id1'

class ChatClient:
    def __init__(self):
        # 获取一个本地随机分配的客户端 socket 对象
        self.client_socket = socket.socket(socket.AF_INET, socket.SOCK_STREAM)
```

```python
        self.client_socket.settimeout(2)
        self.connect()


    # 连接服务器，进行登录
    def connect(self):
        myid = input('请输入的 id：')
        try:
            # 连接服务器的 IP 地址和端口
            self.client_socket.connect((HOST, PORT))
            # 传输客户端 id
            self.client_socket.send(myid.encode('utf8'))
        except Exception as e:
            print('Unable to connect because of %s' % e)
            sys.exit()
        else:
            print('Connected to remote host. Start sending messages')
            self.prompt()


    # 提示用户进行输入
    def prompt(self):
        sys.stdout.write('\n<You> ')
        sys.stdout.flush()


    # 以同步轮询方式处理 socket 对象
    def socket_handle(self):
        # 以轮询方式读取数据
        while True:
            rlist = [sys.stdin, self.client_socket]                # 接收列表
            read_list, write_list, error_list = select.select(rlist, [], [], 2)
            for sock in read_list:
                # 如果客户端 socket 对象存在，则接收服务器发送的数据
                if sock == self.client_socket:
                    data = sock.recv(4096).decode()
                    # 数据空，连接异常
                    if not data:
                        print('\nDisconnected from chat server')
                        sys.exit()
                    else:
                        # 数据不为空，输出数据
                        sys.stdout.write('服务器说：' + data)
                        self.prompt()
                # 用户录入数据
                else:
                    msg = sys.stdin.readline()
                    remote_id = input("请录入需要通话的远程 id:")
                    msg_send = "%s||%s" % (remote_id, msg)
                    self.client_socket.send(msg_send.encode('utf8'))
```

```
                self.prompt()

if __name__ == '__main__':
    chat_client_obj = ChatClient()
    chat_client_obj.socket_handle()
```

2.5.5.3　开发验证

（1）启动服务器的效果如图 2.62 所示。

kinetic@ros-vm: ~/python_ws
kinetic@ros-vm:~/python_ws$ python3 chat_server.py
server wait for connect....

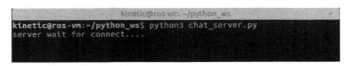

图 2.62　启动服务器的效果

（2）启动第 1 个客户端，在“请输入您的 id”后输入“mary”，如图 2.63 所示。

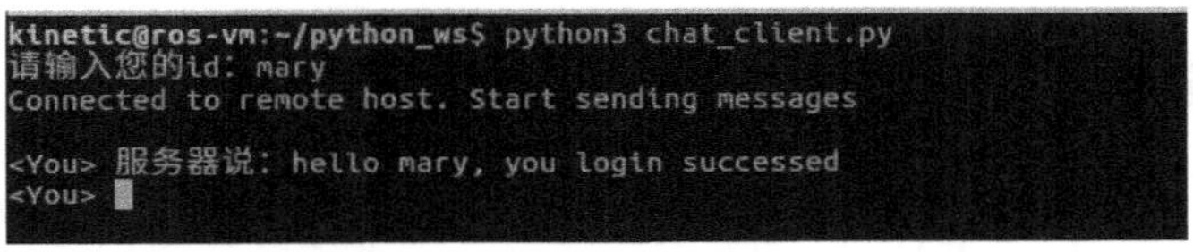
kinetic@ros-vm:~/python_ws$ python3 chat_client.py
请输入您的id: mary
Connected to remote host. Start sending messages
<You> 服务器说: hello mary, you login successed
<You>

图 2.63　启动第 1 个客户端

（3）启动第 2 个客户端，在“请输入您的 id”后输入“jack”，如图 2.64 所示。

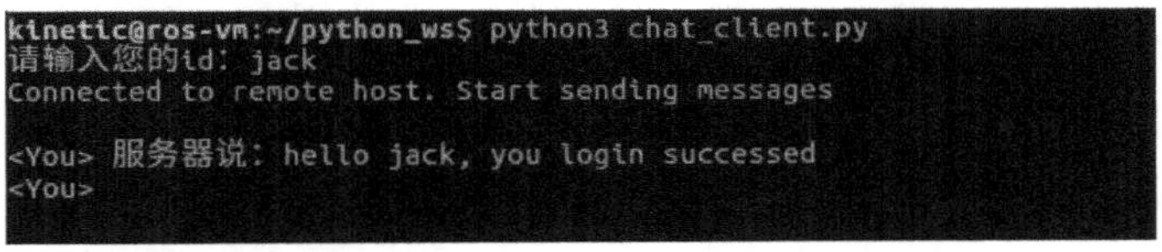
kinetic@ros-vm:~/python_ws$ python3 chat_client.py
请输入您的id: jack
Connected to remote host. Start sending messages
<You> 服务器说: hello jack, you login successed
<You>

图 2.64　启动第 2 个客户端

（4）第 1 个客户端向第 2 个客户端发送数据，如图 2.65 所示。

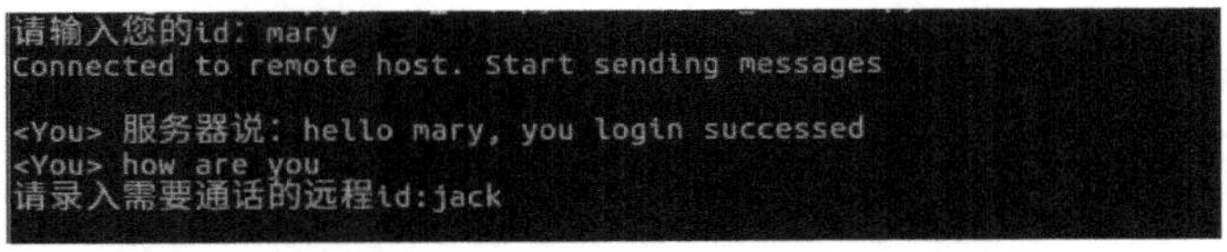
请输入您的id: mary
Connected to remote host. Start sending messages
<You> 服务器说: hello mary, you login successed
<You> how are you
请录入需要通话的远程id:jack

图 2.65　第 1 个客户端向第 2 个客户端发送数据

（5）第 2 个客户端接收到的数据如图 2.66 所示。

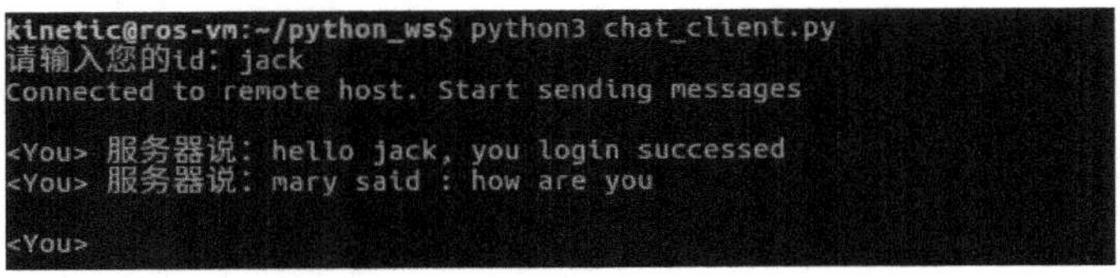
kinetic@ros-vm:~/python_ws$ python3 chat_client.py
请输入您的id: jack
Connected to remote host. Start sending messages
<You> 服务器说: hello jack, you login successed
<You> 服务器说: mary said : how are you
<You>

图 2.66　第 2 个客户端接收到的数据

（6）第 2 个客户端群发数据如图 2.67 所示。

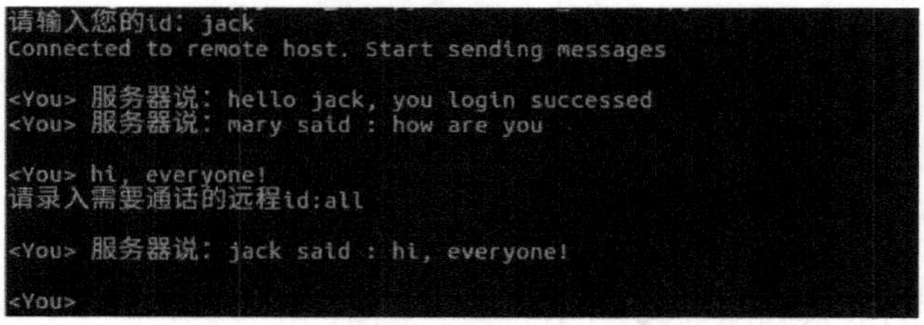

图 2.67　第 2 个客户端群发数据

2.5.6　小结

本节主要介绍 Python 的网络编程知识，主要包括计算机网络的基本知识、TCP 协议和 UDP 协议、Socket 网络编程，以及网络数据的爬取。

2.5.7　思考与拓展

（1）什么是 TCP/IP 协议？

（2）常用的 Socket 编程模块有哪些？

（3）如何获取请求响应的 HTTP 状态码？

## 第 3 章

Python 嵌入式应用开发

本章主要介绍 Python 嵌入式应用开发，首先介绍 MicroPython 的基础知识，然后结合 MicroPython 分别进行空气质量传感器和 LED 的应用开发、九轴传感器与语音合成芯片的应用开发、OLED 与点阵显示的应用开发。

3.1 MicroPython 基础知识

3.1.1 MicroPython 概述

MicroPython 是可以在微控制器（MCU）上运行的 Python，可通过 Python 脚本语言开发单片机程序，支持 32 bit 的 ARM 微控制器，如 STM32F405、STM32F407 等。

MicroPython 是 Python 3 的精简高效实现，包括 Python 标准库的一小部分，经过优化后，可在微控制器和受限环境中运行。使用 MicroPython 编程时，开发者不需要关心底层硬件操作是如何实现的，只需要调用接口函数，就可以直接操作 Python 开发平台上的硬件。

pyb 模块提供了所有的微控制器 I/O 功能，只需要通过"import pyb"导入该模块后，就可以访问 ADC、CAN、DAC、I2C、Pin、Servo、SPI 和 UART 类的资源。

MicroPython 有以下 4 个文件。

● boot.py：启动文件，用于确定启动方式，类似于引导文件。

● main.py：主程序。

● boot.py：默认的引导启动程序，开发的 Python 代码主要写在该文件中。

● pybcdc.inf：驱动程序，Windows 7 以上版本的 Windows 平台基本不需要驱动。

MicroPython 的特点如下：

● 兼容 Python 3 的语法。

● 具有完整的 Python 词法分析器、解释器、编译器、虚拟机和运行时（Runtime）。

● 包含命令行接口，可离线运行。

● Python 字节码由内置的虚拟机编译运行。

● 具有高效的内部存储算法，能提高内存利用率。

- 整数变量存储在内存堆中，而不是存储在栈中。
- 使用 Python Decorators 特性，函数可以被编译成原生机器码，虽然这一特性会使内存的消耗增加 1 倍，但可以使 Python 的运行速度更快。
- 通过内联汇编功能，应用程序可以完全接入底层的运行时，内联汇编器也可以像普通的 Python 函数一样被调用。

3.1.2 MicroPython 的源码分析

MicroPython 实现了 Python 的词法分析器、解释器、编译器、虚拟机和运行时，读者可在 Github 上下载 MicroPython 的源码，链接为 https://github.com/micropython/micropython。解压缩后 MicroPython 的源码的目录如图 3.1 所示。

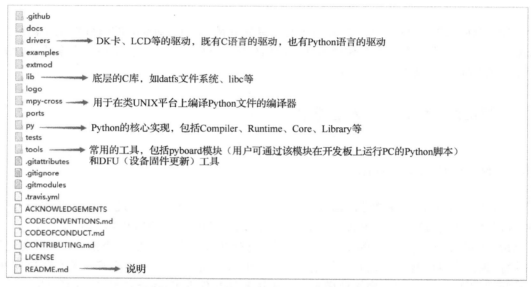

图 3.1　解压缩后 MicroPython 的源码的目录

目录 ports 中的内容如图 3.2 所示。

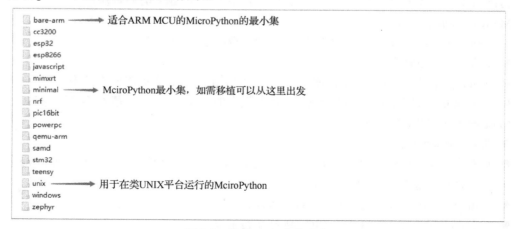

图 3.2　目录 ports 中的内容

目前，MicroPython 可运行于类 UNIX 平台，以及 PIC16、ARM 等硬件上，本节以 STM32
系列 MCU 为例介绍 MicroPython 的实现。图 3.1 的目录 py 下存放的是 Python 的核心实现代
码，包括用 C 语言实现的 Python 的解释器、运行时、虚拟机组件等。在 STM32 系列 MCU
上实现 MicroPython 的编程时，图 3.1 中的目录 py 和 tools 下存放的是主要代码，main 函数位
于图 3.2 中的目录 stm32 下。MCU 在启动后会进入 main 函数，代码如下：

```
int main(void) {
// TODO 禁用 JTAG
// 堆栈限制，应小于实际堆栈的大小
    mp_stack_ctrl_init();
    mp_stack_set_limit((char*)&_ram_end - (char*)&_heap_end - 1024);
/* STM32F4xx 的 HAL 库初始化
  -配置 Flash 预取，以及指令和数据的缓存
  -将 Systick 配置为每毫秒生成一次中断
  -将 NVIC 组优先级设置为 4
  -全局 MSP（MCU 支持包）初始化
*/
    HAL_Init();
    // set the system clock to be HSE
    SystemClock_Config();
    ……
    // GC init
    gc_init(&_heap_start, &_heap_end);
    // MicroPython init
    mp_init();
    mp_obj_list_init(mp_sys_path, 0);
    mp_obj_list_append(mp_sys_path, MP_OBJ_NEW_QSTR(MP_QSTR_));
    mp_obj_list_append(mp_sys_path, MP_OBJ_NEW_QSTR(MP_QSTR__slash_flash));
    mp_obj_list_append(mp_sys_path, MP_OBJ_NEW_QSTR(MP_QSTR__slash_flash_slash_lib));
    mp_obj_list_init(mp_sys_argv, 0);
    // 将指向已安装设备的指针清零
    memset(MP_STATE_PORT(fs_user_mount), 0, sizeof(MP_STATE_PORT(fs_user_mount)));
    readline_init0();
    pin_init0();
    extint_init0();
    timer_init0();
    uart_init0();
    // Define MICROPY_HW_UART_REPL to be PYB_UART_6 and define
    // MICROPY_HW_UART_REPL_BAUD in your mpconfigboard.h file if you want a
    // REPL on a hardware UART as well as on USB VCP
# if defined(MICROPY_HW_UART_REPL)
    {
        mp_obj_t args[2] = {
            MP_OBJ_NEW_SMALL_INT(MICROPY_HW_UART_REPL),
            MP_OBJ_NEW_SMALL_INT(MICROPY_HW_UART_REPL_BAUD),
        };
        MP_STATE_PORT(pyb_stdio_uart) = pyb_uart_type.make_new((mp_obj_t)&pyb_uart_type,
                                            MP_ARRAY_SIZE(args), 0, args);
```

```
    }
# else
    MP_STATE_PORT(pyb_stdio_uart) = NULL;
# endif
    i2c_init0();

soft_reset_exit:
}
```

3.1.3　内建对象的创建

创建内建对象或方法应遵循以下步骤。

（1）建立 mp 对象，代码如下：

```
const mp_obj_type_t pyb_led_type = {
    { &mp_type_type },
    .name = MP_QSTR_LED,                        // name
    .print = led_obj_print,                     // 重载的 print()方法
    .make_new = led_obj_make_new,               // 构造函数
    .locals_dict = (mp_obj_t)&led_locals_dict,  // 该对象所拥有的方法字典
};
```

（2）建立方法字典 led_locals_dict，代码如下：

```
STATIC MP_DEFINE_CONST_FUN_OBJ_1(led_obj_on_obj, led_obj_on);
STATIC MP_DEFINE_CONST_FUN_OBJ_1(led_obj_on_obj, led_obj_off);
STATIC MP_DEFINE_CONST_FUN_OBJ_1(led_obj_toggle_obj, led_obj_toggle);
STATIC MP_DEFINE_CONST_FUN_OBJ_VAR_BETWEEN(led_obj_intensity_obj , 1, 2, led_obj_inte)
STATIC const mp _map_elem_t led_locals_dict_table[] ={
    { MP_0BJ_NEW_QSTR(MP_QSTR_on),(mp_obj_t)&led_obj_on_obj },
    { MP_0BJ_NEW_QSTR(MP_QSTR_off), (mp_obj_t)&led_obj_off_obj },
    { MP_0BJ_NEW_QSTR(NP_QSTR_toggle), (mp_obj_t) &led_obj_toggle_obj },
    { MP_0B3_NEW_QSTR(MP_QSTR_intensity), (mp_obj_t)&led_obj_intensity_obj }
};
STATIC MP_DEFINE_CONST_DICT(led_locals_dict,led_locals_dict_table);
```

（3）实现内建的方法。实现上面代码中的加粗部分的方法，以及步骤（1）中的 print()方法、构造函数等。

（4）将 mp 对象的 pyb_led_type 添加到 modpyb.c 中的全局 Python 对象表 pyb_module_globals_table[]中，代码如下：

```
{ MP_OBJ_NEW_QSTR(MP_QSTR_DAC), (mp_obj_t)&pyb_dac_type }
```

3.1.4　Python 嵌入式开发平台

AI-MPH7 是常用的 Python 嵌入式开发平台，本书的开发实践是在 AI-MPH7 开发平台（见图 3.3）上进行的。

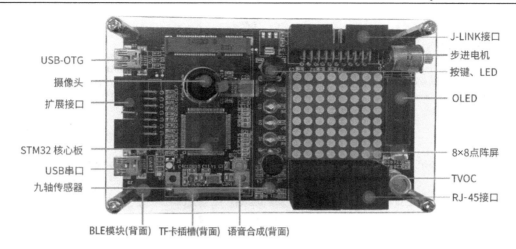

图 3.3　AI-MPH7 开发平台实物

AI-MPH7 开发平台的特点如下：

● 采用 ARM Cortex-M7 微控制器，主频高达 400 MHz。
● 集成 OLED、8×8 点阵屏、陀螺仪、加速度、地磁仪、TVOC、LED、按键、JTAG、USB 串口、语音合成等功能。
● 集成 BLE 模块。
● 支持 MDK/IAR 嵌入式接口开发、传感器接口开发、在线仿真调试。
● 支持 MicroPython 运行环境，提供 Python 嵌入式硬件例程。
● 支持 ARM 的 CMSIS-NN 神经网络库，能够运行卷积神经网络，可实现 AI 图像处理和物体快速识别，提供了二维码识别、人脸检测、颜色识别等 AI 应用案例。

3.1.5　Python 嵌入式开发平台的连接

（1）通过 USB 连接线将 Python 嵌入式开发平台（AI-MPH7 开发平台）的 OTG 接口和计算机的 USB 接口连接在一起，在计算机的设备管理器的 COM 端口会出现 USB 串行设备，如图 3.4 所示。

图 3.4　在计算机的设备管理器的 COM 端口出现的 USB 串行设备

（2）安装串口工具 SecureCRT。

（3）运行 SecureCRT，在"快速连接"对话框中，将"协议"设置为"Serial"，将"端口"设置为设备管理器中出现的 USB 串行设备的端口号，这里是"COM12"；将串口的相关参数设置为 115200（波特率）、8（数据位）、无（奇偶校验）、1（停止位）。SecureCRT 的设置如图 3.5 所示。

（4）设置 SecureCRT 的相关参数后，单击"连接"按钮可进入 SecureCRT 的工作窗口，按下组合键"Ctrl+C"可进入 MicroPython 的命令模式，如图 3.6 所示，会出现提示符">>>"。

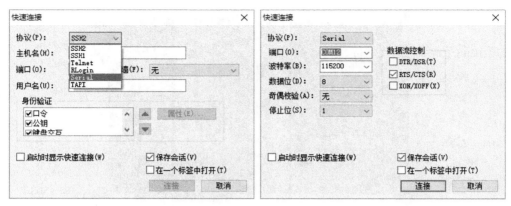

图 3.5　SecureCRT 的设置

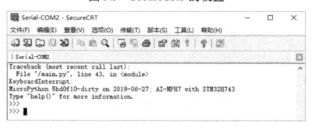

图 3.6　MicroPython 的命令模式

（5）输入"help()"可以查看命令的帮助，如图 3.7 所示。

```
| Serial-COM12
>>> help()
Welcome to MicroPython!

For online help please visit http://micropython.org/help/.

Quick overview of commands for the board:
  pyb.info()      -- print some general information
  pyb.delay(n)    -- wait for n milliseconds
  pyb.millis()    -- get number of milliseconds since hard reset
  pyb.Switch()    -- create a switch object
                     Switch methods: (), callback(f)
  pyb.LED(n)      -- create an LED object for LED n (n=1,2,3,4)
                     LED methods: on(), off(), toggle(), intensity(<n>)
  pyb.Pin(pin)    -- get a pin, eg pyb.Pin('X1')
  pyb.Pin(pin, m, [p]) -- get a pin and configure it for IO mode m, pull mode p
                     Pin methods: init(..), value([v]), high(), low()
  pyb.ExtInt(pin, m, p, callback) -- create an external interrupt object
  pyb.ADC(pin)    -- make an analog object from a pin
                     ADC methods: read(), read_timed(buf, freq)
  pyb.RTC()       -- make an RTC object; methods: datetime([val])
  pyb.rng()       -- get a 30-bit hardware random number
  pyb.OLED()      -- create OLED object for display
                     OLED methods: fill(0/1), show(), pixel(x,y,0/1),
                     text(str,x,y,0/1)
  pyb.IMU()       -- create an IMU object
                     IMU methods: accel_x(), accel_y(), accel_z(), gryo_x(),
                     gryo_y(), gryo_z(), mag_x(), mag_y(), mag_z(), measure(),
  pyb.DOTS()      -- create an LED lattice object
                     DOTS methods: pixel(x,y,0/1), fill(0/1), display(str), show()
  pyb.Stepper()   -- create an Stepper object
                     Stepper methods: run(steps,runtime,speed)

Pins are numbered X1-X12, X17-X22, Y1-Y12, or by their MCU name
Pin IO modes are: pyb.Pin.IN, pyb.Pin.OUT_PP, pyb.Pin.OUT_OD
Pin pull modes are: pyb.Pin.PULL_NONE, pyb.Pin.PULL_UP, pyb.Pin.PULL_DOWN
Additional serial bus objects: pyb.I2C(n), pyb.SPI(n), pyb.UART(n)

Control commands:
  CTRL-A          -- on a blank line, enter raw REPL mode
  CTRL-B          -- on a blank line, enter normal REPL mode
  CTRL-C          -- interrupt a running program
  CTRL-D          -- on a blank line, do a soft reset of the board
  CTRL-E          -- on a blank line, enter paste mode

For further help on a specific object, type help(obj)
For a list of available modules, type help('modules')
>>>
```

图 3.7　输入"help()"可以查看命令的帮助

（6）通过命令控制硬件，首先输入"import pyb"来导入 pyb 模块，然后输入"led[2].on()"，如图 3.8 所示，可打开 Python 开发板上的 LED3。其他硬件的操作请参考命令帮助与相关控制程序。

图 3.8　打开 LED3 的命令

3.1.6　开发实践

本节的开发实践将引导读者在 Python 嵌入式开发平台上测试 Python 代码。

（1）连接 Python 嵌入式开发平台（AI-MPH7 开发平台）和计算机后，可在计算机中看到一个类似 U 盘的存储设备，如图 3.9 所示。

图 3.9　类似 U 盘的存储设备

（2）打开识别到的 USB 存储设备，把待测试的 Python 代码文件复制到当前目录下，如图 3.10 所示，注意文件名必须是 main.py。

图 3.10　把待测试的 Python 代码文件复制到当前目录下

（3）断电重启 AI-MPH7 开发平台后，就可以运行 Python 代码了。

（4）在 AI-MPH7 开发平台上可以看到，D1 间隔闪亮，按下 K1 按键时，4 个 LED（D1、D2、D3、D4）循环点亮。AI-MPH7 开发平台的验证效果如图 3.11 所示。

图 3.11　AI-MPH7 开发平台的验证效果

3.1.7　小结

本节介绍了 MicroPython 的基本概念、MicroPython 的源码结构、MicroPython 内建对象的创建步骤，以及 Python 嵌入式开发平台命令的使用。通过在 Python 嵌入式开发平台上测试 Python 代码，可帮助读者理解 Python 程序是如何控制硬件设备的。

3.1.8　思考与拓展

（1）MicroPython 与 Python 有什么区别？
（2）简述创建 MicroPython 内建对象的步骤。
（2）Python 程序是如何下载到设备上运行的？

3.2　空气质量传感器以及 RGB 和 LED 的应用开发

3.2.1　空气质量传感器的开发

3.2.1.1　空气质量传感器的原理

空气质量传感器属于气体传感器，本节以 MP503 型空气质量传感器（见图 3.12）为例介绍空气质量传感器的开发。MP503 型空气质量传感器采用多层厚膜制造工艺，在微型 Al_2O_3 陶瓷基片的两面分别形成加热器和金属氧化物半导体气敏层，用电极引线引出，经 TO-5 金属外壳封装而成。当空气中存在被检测的气体时，MP503 型空气质量传感器的电导率将发生变化，被检测的气体浓度越高，电导率就越高，采用简单的电路即可将电导率的变化转换为与气体浓度相对应的输出信号。

MP503 型空气质量传感器的特点是对酒精、烟雾的灵敏度高，响应快、恢复快、体积小、低功耗、检测电路简单、稳定性好、寿命长，适用于家庭环境及办公室环境中的有害气体检测、自动排风装置、空气清新机等领域。

在使用 MP503 型空气质量传感器时应注意：

（1）避免将 MP503 型空气质量传感器暴露在有机硅蒸气中。如果传感器的表面吸附了有机硅蒸气，则传感器的敏感材料会被包裹住，抑制传感器的敏感性，并且不可恢复。

（2）避免在高腐蚀性的环境中使用 MP503 型空气质量传感器。当传感器暴露在高腐蚀性的环境中时，如 H_2S、SO_x、Cl_2、HCl 等腐蚀性气体，不仅会腐蚀或破坏加热材料及传感器引线，还会使敏感材料的性能发生不可逆的改变。

（3）在使用 MP503 型空气质量传感器时，应避免碱、碱金属盐、卤素等的污染。传感器被碱金属，尤其是盐水喷雾污染后，或者暴露在卤素中，会引起性能的劣变。

（4）避免 MP503 型空气质量传感器接触水。水会造成传感器敏感特性的下降。

（5）避免 MP503 型空气质量传感器的表面结冰。如果传感器敏感材料的表面结冰，会导致敏感材料碎裂，从而丧失敏感特性。

（6）避免对 MP503 型空气质量传感器施加高于规定值的电压。如果对敏感元件或加热器施加高于规定值的电压，即使传感器没有受到物理损坏，也会引起敏感特性的下降。

（7）避免电压加错 MP503 型空气质量传感器的引脚。MP503 型空气质量传感器的引脚如图 3.13 所示，1、2 引脚为加热电极，3、4 引脚为测量电极，在满足传感器电性能要求的前提下，加热电极和测量电极可共用一个电源电路。

图 3.12　MP503 型空气质量传感器

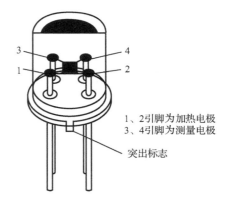

图 3.13　MP503 型空气质量传感器的引脚

MP503 型空气质量传感器的灵敏度特性曲线如图 3.14 所示，R_s 表示传感器在不同浓度气体中的电阻值；R_0 表示传感器在洁净空气中的电阻值。

典型的温度、湿度特性曲线如图 3.15 所示，R_s 表示在含 50 ppm 酒精、各种温/湿度下的电阻值；R_{s0} 表示在含 50 ppm 酒精、20℃、65%RH 下的电阻值。

AI-MPH7 开发平台 TVOC 传感器的引脚连接如图 3.16 所示。

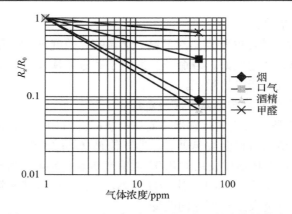

图 3.14　MP503 型空气质量传感器的灵敏度特性曲线

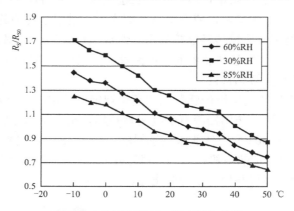

图 3.15　典型的温度、湿度特性曲线

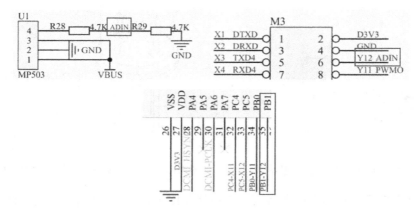

图 3.16　AI-MPH7 开发平台 TVOC 传感器的引脚连接

3.2.1.2　Pin 类和 ADC 类的开发接口

1）Pin 类的开发接口

Pin 类用于控制 I/O 引脚，可设置引脚的模式（输入、输出等），以及数字逻辑层，完成对引脚的虚拟控制。Pin 类的构造函数语法如下：

class pyb.Pin(id, …)

该函数用于创建一个与 id 关联的新的引脚对象。Pin 类的常用方法如表 3.1 所示。

表 3.1　Pin 类的常用方法

方　　法	说　　明
Pin.init(mode, pull=Pin.PULL_NONE, af=-1)	初始化引脚
Pin.value([value])	获取或设置引脚的数字逻辑层级别，若无参数，返回 0 或 1 则取决于引脚的数字逻辑层级别；给定 value，可设置引脚的数字逻辑层级别。value 可以是任何可转换成布尔值的值。若 value 的值转换为 True，则将引脚设置为高电平；否则设置为低电平
Pin.gpio()	返回与引脚相关联的 GPIO 数据块的基地址
Pin.mode()	返回引脚的当前配置模式，该方法的返回值为整数。该方法的返回值将与 Pin.init()方法的参数 mode 的可选值之一相匹配
Pin.name()	获取引脚的名称
Pin.pin()	获取引脚的数量
Pin.port()	获取引脚的端口

2）ADC 类

ADC 类的构造函数的语法如下：

class pyb.ADC(pin)

该构造函数将创建一个与给定引脚相关联的 ADC 对象，通过给定引脚即可读取 ADC 的模拟值。通过 ADC.read()方法，可在引脚上读取并返回 ADC 的模拟值，返回值为 0~4095。

3）延时模块

pyb 模块包含了与插件相关的特定函数，其中与时间相关的延时方法如表 3.2 所示。

表 3.2　延时方法说明

方　　法	功　　能
pyb.delay(ms)	延时给定的毫秒数
pyb.udelay(us)	延时给定的微秒数
pyb.millis()	插件重置后，返回毫秒数
pyb.elapsed_millis(start)	返回从 start 到当前所经过的毫秒数，该方法是对 pyb.millis()方法的封装，始终返回一个正数，最大的测量时间范围约为 12.4 天
pyb.elapsed_micros(start)	返回从 start 到当前所经过的微秒数，该方法是对 pyb.millis()方法的封装，始终返回一个正数，最大的测量时间范围约为 17.8 分钟

在 Micropython 中，系统延时需要用到 utime 模块（延时模块），该模块有以下 3 种方法。

（1）utime.sleep(seconds)：以秒为单位进行的延时。

（2）utime.sleep_ms(ms)：以毫秒为单位进行的延时。

（3）utime.sleep_us(us)：以微秒为单位进行的延时。

例如：

```
# 延时 500 ms
utime.sleep_ms(500)
```

3.2.1.3　空气质量传感器的开发与实践

1）空气质量传感器应用的程序设计

空气质量传感器应用的程序设计流程如下：

（1）从 pyb 模块导入需要使用的硬件资源，如 Pin、ADC 和 delay 等。

（2）创建 ADC 对象。

（3）通过 ADC 接口读取传感器的数据。

（4）根据读取到的 ADC 数据进行值转换。

（5）通过串口打印 TVOC 传感器的测量值。

（6）延时 500 ms 后，跳到步骤（3）。

空气质量传感器应用的程序代码如下：

```
# main.py -- put your code here!
from pyb import Pin,ADC,delay

# 创建 ADC 对象
adc = ADC(Pin('TVOC'))
while True:
    # 通过 ADC 接口读取传感器数据
    tvoc = (adc.read()/4096)*3.3*2
    # Calculate TVOC value
    if tvoc < 1.25:
        tvoc = 0
    elif tvoc <3.25:
        tvoc = (tvoc - 1.25) / 2 * 50
    else:
        tvoc = (tvoc - 3.25) / 0.4 * 50 + 50
    # 定义输出格式
    tvoc_show = "%.3f" % tvoc
    # 串口输出数据
    print("tvoc:", tvoc_show)
    delay(500)
```

2）空气质量传感器的应用测试

（1）空气质量传感器的硬件测试。在 MicroPython 系统的命令行模式下，通过 import pyb 导入 pyb 模块，如图 3.17 所示。

在 MicroPython 系统的命令行模式下输入命令"help(pyb.Pin.board)"，可以查看空气质量传感器的引脚的对应关系，如图 3.18 所示。这里将 Y12 重命名为 TVOC（MicroPython 编程时对 Y12 引脚进行操作）。

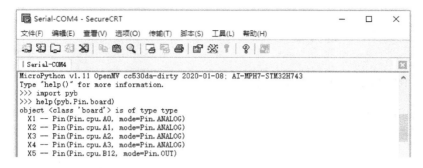

图 3.17　通过 import pyb 导入 pyb 模块

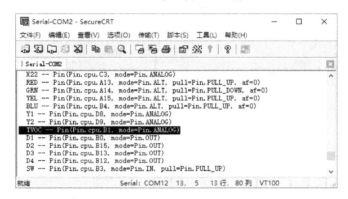

图 3.18　空气质量传感器的引脚的对应关系

（2）连接 Python 嵌入式开发平台（AI-MPH7 开发平台）和计算机，详见 3.1.6 节。

（3）打开串口工具 SecureCRT，串口会显示测量值（可通过酒精或打火机气体来改变测量值），如图 3.19 所示。

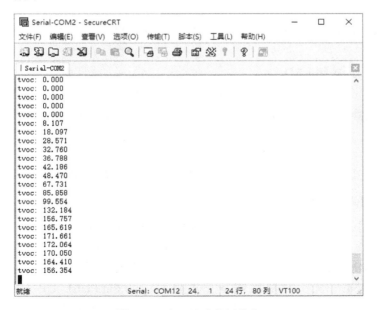

图 3.19　串口显示的测量值

3.2.2　RGB 与 LED 的开发

3.2.2.1　RGB 与 LED 的硬件原理

RGB 与 LED 的开发涉及的硬件包括 4 个 LED（D1、D2、D3、D4）和 2 个按键（K1、K2）。LED 和按键的硬件连接如图 3.20 所示。

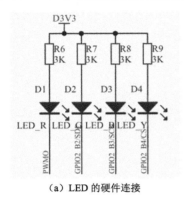
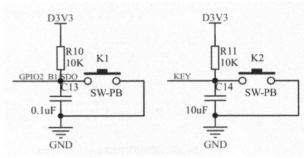

（a）LED 的硬件连接　　　　　　　　　　　　（b）按键的硬件连接

图 3.20　LED 和按键的硬件连接

3.2.2.2　LED 类和 ExtInt 类开发接口

1）LED 类

LED 类用于控制 LED，其构造函数的语法如下：

```
class pyb.LED(id)
```

该构造函数可创建一个与给定 LED 相关联的 LED 对象，id 是 LED 的编号。LED 类的常用方法如下。

（1）LED.off()：关闭 LED。

（2）LED.on()：打开 LED，达到最大强度。

（3）LED.toggle()：切换 LED 的开关。若 LED 在非零强度下，则会被认为已打开，随之被切换为关。

2）ExtInt 类

ExtInt 类用于配置 I/O 引脚的外部中断事件，其构造函数的语法如下：

```
class pyb.ExtInt(pin, mode, pull, callback)
```

该构造函数用于创建一个 ExtInt 对象，其中参数 pin 表示激活中断的引脚；参数 mode 的取值为 ExtInt.IRQ_RISING（上升沿触发中断）、ExtInt.IRQ_FALLING（下降沿触发中断）、ExtInt.IRQ_RISING_FALLING（上升沿或下降沿触发中断）；参数 pull 的取值为 pyb.Pin.PULL_NONE（无上拉电阻或下拉电阻）、pyb.Pin.PULL_UP（启用上拉电阻）、pyb.Pin.PULL_DOWN（启用下拉电阻）；参数 callback 是中断在触发时调用的函数（回调函数），回调函数必须接收确切的 1 个参数，即触发中断的线。

ExtInt 类的常用方法如表 3.3 所示。

表 3.3　ExtInt 类的常用方法

方　　法	方　法　说　明
ExtInt.disable()	禁用与 ExtInt 对象关联的中断，这对消除抖动有帮助
ExtInt.enable()	启用禁用的中断
ExtInt.line()	返回引脚映射的行号
ExtInt.swint()	通过软件触发回调函数

例如，当引脚上出现下降沿时的回调函数为：

```
extint = pyb.ExtInt(pin, pyb.ExtInt.IRQ_FALLING, pyb.Pin.PULL_UP, callback)
```

3.2.2.3　RGB 与 LED 的开发与实践

1）RGB 与 LED 应用的程序设计

RGB 与 LED 应用的程序设计流程如下：

（1）从 pyb 模块导入需要使用的硬件资源，如 Pin、LED、ExtInt、delay 等。

（2）创建 4 个 LED 对象。

（3）打开 LED1（D1），关闭其他 LED。

（4）创建数组 led。

（5）定义按键调用的流水灯处理函数。

（6）定义按键中断回调函数。

（7）通过 while 循环等待用户按键中断回调函数，延时 500 ms。

RGB 与 LED 应用程序的代码如下：

```
from pyb import Pin,LED,ExtInt,delay

# 创建 4 个 LED 对象
led1 = LED(1)
led2 = LED(2)
led3 = LED(3)
led4 = LED(4)
# 打开 LED1，关闭其他 LED
led1.on()
led2.off()
led3.off()
led4.off()
# 创建数组 led
led = [led1, led2, led3, led4]
index = 3
# 定义按键调用的流水灯处理函数
def k1_isr():
    global index
```

```
        led[index].off()
        index = (index+1)%len(led)
        led[index].on()
# 定义按键中断回调函数
callback = lambda e : k1_isr()
ext = ExtInt(Pin('K1'), ExtInt.IRQ_FALLING, Pin.PULL_UP, callback)

while True:
    # 等待按键，延时处理
    delay(500)
```

2）RGB 与 LED 的应用测试

（1）RGB 与 LED 的硬件测试。在 MicroPython 系统的命令行模式中通过命令"import pyb"导入 pyb 模块。在 MicroPython 系统的命令行模式中输入命令"help(pyb.Pin.board)"，可以查看 RGB 与 LED 的引脚的对应关系，如图 3.21 所示。

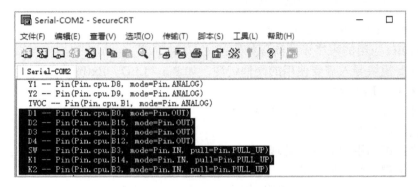

图 3.21　RGB 与 LED 的引脚的对应关系

（2）连接 Python 嵌入式开发平台（AI-MPH7 开发平台）和计算机，详见 3.1.6 节。

（3）运行 RGB 与 LED 应用程序，AI-MPH7 开发平台上的 LED1（D1）实现了流水灯的效果，并间隔闪亮；按下按键 K1 后，4 个 LED 分别循环点亮。RGB 与 LED 应用程序的运行效果如图 3.22 所示。

图 3.22　RGB 与 LED 应用程序的运行效果

3.2.3 小结

本节主要介绍了空气质量传感器以及 RGB 和 LED 的应用开发。通过本节的学习,读者可以掌握 MicroPython 最基础的硬件开发、ADC 硬件接口的使用、RGB 与 LED 的编程开发,以及中断与 GPIO 的使用。

3.2.4 思考与拓展

(1)通过 MicroPython 进行数据采集的开发与通过传统的 MCU 进行数据采集的开发有什么区别?

(2)简述 MicroPython 编写硬件中断处理的步骤。

(3)请尝试修改 TVOC 的程序,设置一个阈值,当 TVOC 传感器采集到的数据小于或等于阈值时点亮绿灯,当大于阈值时点亮红灯。

3.3 九轴传感器与语音合成芯片的应用开发

3.3.1 九轴传感器的应用开发

3.3.1.1 九轴传感器简介

MPU-9250 是一款主流的九轴传感器,内部集成了三轴陀螺仪、三轴加速度计和三轴磁力计,其输出是 16 bit 的数字量。MPU-9250 通过 I2C 接口可以和 MCU 进行数据交互。三轴陀螺仪的角速度测量范围最高达±2000 °/s,具有良好的动态响应特性。三轴加速度计的测量范围最大为±16g(g 为重力加速度),静态测量精度高。三轴磁力计采用高灵敏度的霍尔型传感器进行数据采集,磁感应强度测量范围为±4800 μT,可用于偏航角的辅助测量。

MPU-9250 自带了数字运动处理器硬件加速引擎,可以整合采集到的数据,输出完整的九轴融合数据。通过 InvenSense 公司提供的运动处理库,可以实现姿态解算,不仅可以降低运动处理运算对操作系统的负荷,还可以降低开发难度。

MPU-9250 的应用领域主要包括无须触碰的操作、手势控制、体感游戏控制器、位置查找服务、手机等便携式游戏设备、PS4 或 XBox 等游戏手柄控制器、三维电视遥控器或机顶盒、三维鼠标和智能可穿戴设备等。

MPU-9250 的引脚连接如图 3.23 所示。

3.3.1.2 IMU 类的开发接口

MicroPython 中的 IMU 类用于控制 MPU-9250,可以测量三轴的加速度、转弯速率和磁感应强度,该类可返回 Vector3D 结构的数据。IMU 类的构造函数语法如下:

```
clss pyb.IMU()
```

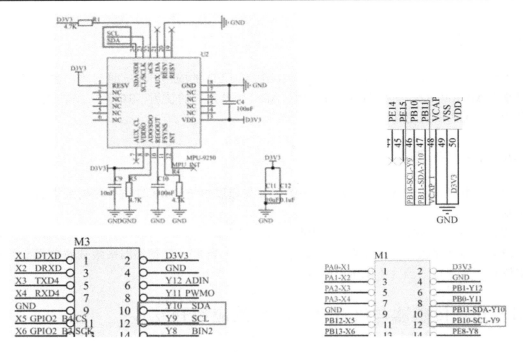

图 3.23　MPU-9250 的引脚连接

IMU 类的常用方法如表 3.4 所示。

表 3.4　IMU 类的常用方法

方　　法	方　法　说　明	方　　法	方　法　说　明
imu.measure()	更新 IMU 类的数据	accel_x()	获取 x 轴的加速度值
accel_y()	获取 y 轴的加速度值	accel_z()	获取 z 轴的加速度值
gryo_x()	获取陀螺仪在 x 轴上的数据	gryo_y()	获取陀螺仪在 y 轴上的数据
gryo_z()	获取陀螺仪在 z 轴上的数据	mag_x()	获取磁力计在 x 轴上的数据
mag_y()	获取磁力计在 y 轴上的数据	mag_z()	获取磁力计在 z 轴上的数据

3.3.1.3　九轴传感器的应用开发

1）九轴传感器应用的程序设计

九轴传感器应用的程序设计流程如下：

（1）从 pyb 模块导入使用硬件资源，如 Pin、IMU、delay 等。

（2）创建 IMU 对象。

（3）创建加速度、角速度、磁感应强度数组。

（4）更新 IMU 数据与三个分量数组。

（5）定义三个分量的输出格式。

（6）串口输出三个分量数据。

（7）延时 250 ms，跳到步骤（3）。

九轴传感器应用的程序代码如下：

```
# main.py -- put your code here!
from pyb import Pin,IMU,delay

# 创建 IMU 对象
imu = IMU()
# 创建加速度、角速度、磁感应强度数组
acc = [0, 0, 0]
gyro = [0, 0, 0]
mag = [0, 0, 0]

while True:
    # 更新 IMU 数据
    imu.measure()
    # 更新 IMU 的三个分量数组
    acc[0] = imu.accel_x() / 100
    acc[1] = imu.accel_y() / 100
    acc[2] = imu.accel_z() / 100
    gyro[0] = imu.gryo_x() / 100
    gyro[1] = imu.gryo_y() / 100
    gyro[2] = imu.gryo_z() / 100
    mag[0] = imu.mag_x() / 100
    mag[1] = imu.mag_y() / 100
    mag[2] = imu.mag_z() / 100
    # 定义三个分量的输出格式
    acc_show  = "ACC:  X={:+.2f}, Y={:+.2f}, Z={:+.2f}".format(acc[0], acc[1], acc[2])
    gyro_show = "GYRO: X={:+.2f}, Y={:+.2f}, Z={:+.2f}".format(gyro[0], gyro[1], gyro[2])
    mag_show  = "MAG:  X={:+.2f}, Y={:+.2f}, Z={:+.2f}".format(mag[0], mag[1], mag[2])
    # 串口输出三个分量数据
    print(acc_show)
    print(gyro_show)
    print(mag_show+"\n")
    delay(250)
```

2）九轴传感器的应用测试

（1）九轴传感器硬件测试。MPU-9250 需要使用 I2C 接口，SCL、SDA 引脚分别连接到微控制器的 PB10、PB11 引脚，在 MicroPython 中名称为 Y9、Y10。在 MicroPython 的命令行模式中通过命令"import pyb"导入 pyb 模块；通过命令"help(pyb.Pin.board)"，可以查看 MPU-9250 对应的引脚关系，如图 3.24 所示；通过命令"help()"，可以查看 MPU-9250 对应的函数关系，如图 3.25 所示。

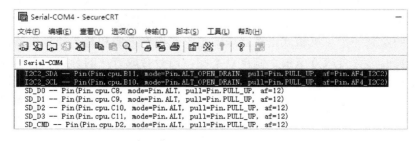

图 3.24　MPU-9250 对应的引脚关系

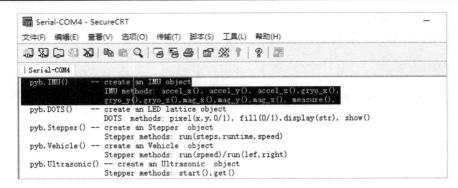

图 3.25　MPU-9250 对应的函数关系

（2）连接 Python 嵌入式开发平台（AI-MPH7 开发平台）和计算机，详见 3.1.6 节。

（3）打开串口工具 SecureCRT，串口会输出 MPU-9250 的测量值，如图 3.26 所示。

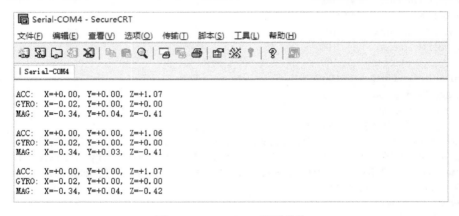

图 3.26　MPU-9250 的测量值

3.3.2　语音合成应用开发

3.3.2.1　语音合成技术

语音合成技术又称为文语转换（Text to Speech）技术，能将文字信息实时地以标准流畅的语音朗读出来，相当于给机器装上了人工嘴巴。语音合成技术涉及声学、语言学、数字信号处理、计算机科学等技术，是中文信息处理领域的一项前沿技术，解决的主要问题是如何将文字信息转化为可听的语音信息，让机器像人一样开口说话。

语音合成的发展经历了机械式语音合成、电子式语音合成和基于计算机的语音合成等阶段。基于计算机的语音合成方法由于侧重点不同，语音合成方法的分类也有一些差异，但主流的、获得多数认同的分类则是将语音合成方法按照设计的主要思想分为规则驱动方法和数据驱动方法。前者的主要思想是根据人类发音的物理过程制定一系列规则来模拟语音，后者则是在语音库的基础上利用统计方法（如建模）来实现语音合成的方法，因而数据驱动方法更多地依赖于语音库的质量、规模和最小单元等。语音合成方法的具体分类如图 3.27 所示，各个方法也不是完全独立的，近年来研究人员取长补短地将它们整合到了一起。

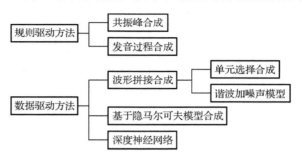

图 3.27　语音合成方法的具体分类

3.3.2.2　SYN6288 型语音合成芯片简介

SYN6288 型语音合成芯片可通过异步串口（UART）通信的方式接收待合成的文本数据，实现文本到语音（或 TTS 语音）的转换。

1）SYN6288 型语音合成芯片的基本功能

SYN6288 型语音合成芯片广泛应用在车载信息终端语音播报、公交报站器、排队叫号机、收银机、信息机、智能变压器、智能玩具、智能手表、电动自行车、语音电子书、彩屏故事书、语音电子词典、语音电子导游、短消息播放和新闻播放、电子地图等，具有以下基本功能：

（1）文本合成功能。SYN6288 型语音合成芯片支持任意中文文本的合成，可以采用 GB2312、GBK、BIG5 和 Unicode 四种编码方式；该芯片支持英文字母的合成，遇到英文单词时按字母方式发音；每次合成的文本量可达 200 B。

（2）文本智能分析处理。SYN6288 型语音合成芯片具有文本智能分析处理功能，对于常见的数值、电话号码、时间日期、度量衡符号等格式的文本，该芯片能够根据内置的文本匹配规则进行正确识别和处理。

（3）具有多音字处理和中文姓氏处理能力。SYN6288 型语音合成芯片可以自动对文本进行分析，判别文本中多音字的读法。

（4）支持多种控制命令。SYN6288 型语音合成芯片的控制命令包括合成文本、停止合成、暂停合成、恢复合成、状态查询、进入低功耗模式、修改通信波特率等。控制器可通过 UART 接口发送控制命令来实现对芯片的控制。

（5）支持多种文本控制标记。SYN6288 型语音合成芯片支持多种文本控制标记，可通过合成命令来发送文本控制标记、调节音量、设置数字读法、设置词语语速、设置标点是否读出等。

（6）支持低功耗模式。SYN6288 型语音合成芯片支持低功耗模式，通过控制命令可以使芯片进入低功耗模式；复位芯片可以使其从低功耗模式恢复到正常工作模式。

2）基于 SYN6288 型语音合成芯片构成的最小系统结构

基于 SYN6288 型语音合成芯片构成的最小系统包括：控制器、SYN6288 型语音合成芯片、功率放大器和喇叭。控制器和 SYN6288 型语音合成芯片之间通过 UART 接口连接，控制器可以向 SYN6288 型语音合成芯片发送控制命令和文本，SYN6288 型语音合成芯片把接收到的文本转化为语音信号输出，输出的信号经功率放大器进行放大后连接到喇叭进行播放。基于 SYN6288 型语音合成芯片构成的最小系统结构如图 3.28 所示。

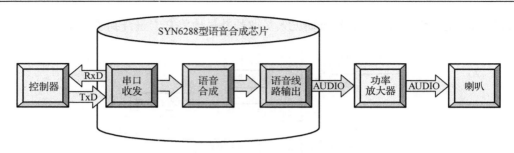

图 3.28　基于 SYN6288 型语音合成芯片构成的最小系统结构

3）SYN6288 型语音合成芯片的通信方式

SYN6288 型语音合成芯片提供一组全双工的异步通信（UART）接口，可实现与微处理器或 PC 的数据传输，利用 TxD 和 RxD 实现串口通信。SYN6288 型语音合成芯片通过 UART 接口接收上位机发送的命令和数据，允许发送数据的最大长度为 206 B。

串口通信的配置要求为：初始波特率为 9600 bit/s，起始位为 1，数据位为 8，校验位为无，停止位为 1，无流控制。串口通信帧的结构如表 3.5 所示。

表 3.5　串口通信帧的结构

起始位	D0	D1	D2	D3	D4	D5	D6	D7	停止位

（1）SYN6288 型语音合成芯片的通信协议。SYN6288 型语音合成芯片支持"帧头+数据区长度+数据区"的命令格式，如表 3.6 所示（最大为 206 B）。

表 3.6　SYN6288 型语音合成芯片支持的命令格式

帧结构	帧头（1 B）	数据区长度（2 B）	数据区（≤203 B）			
			命令字（1 B）	命令参数（1 B）	待发送文本（≤200 B）	异或校验（1 B）
数据	0xFD	0xXX 0xXX	0xXX	0xXX	0xXX	0xXX
说明	定义为十六进制 0xFD	高字节在前低字节在后	长度必须和前面的"数据区长度"一致			

注意：数据区（包含命令字、命令参数、待发送文本、异或校验）的实际长度必须与帧头后定义的数据区长度严格一致，否则会导致接收失败。

SYN6288 型语音合成芯片支持的控制指令如表 3.7 所示。

表 3.7　SYN6288 型语音合成芯片支持的控制指令

数据区（≤203 B）					待发送文本（≤200 B）	异或校验（1 B）
命令字（1 B）		命令参数（1 B）				
取值	对应功能	字节高 5 位	对应功能	字节低 3 位	对应功能	
0x01	语音合成播放命令	0、1、…、15	（1）0 表示不加背景音乐；（2）其他值表示所选背景音乐的编号	0	设置文本为 GB2312 编码格式	待合成文本的二进制内容	对之前所有字节（包括帧头、数据区）进行异或校验得出的字节
				1	设置文本为 GBK 编码格式		
				2	设置文本为 BIG5 编码格式		
				3	设置文本为 Unicode 编码格式		

数据区（≤203 B）						待发送文本 （≤200 B）	异或校验 （1 B）
命令字（1 B）		命令参数（1 B）					
取值	对应功能	字节高 5 位	对应功能	字节低 3 位	对应功能		
0x31	设置通信波特率命令（初始波特率为 9600 bit/s）	0	无功能	0	设置通信波特率为 9600 bit/s	无文本	
				1	设置通信波特率为 19200 bit/s		
				2	设置通信波特率为 38400 bit/s		
0x02	停止合成命令	无参数					
0x03	暂停合成命令						
0x04	恢复合成命令						
0x21	芯片状态查询命令						
0x88	芯片进入睡眠模式命令						

（2）SYN6288 型语音合成芯片的控制命令如下：

语音合成播放命令如表 3.8 所示。

表 3.8　语音合成播放命令

帧结构	帧头	数据区长度	数据区			
			命令字	命令参数	待发送文本	异或校验
数据	0xFD	0x00　0x0B	0x01	0x00	"字音天下"：0xD3 0xEE 0xD2 0xF4 0xCC 0xEC 0xCF 0xC2	0xC1
数据帧	0xFD 0x00 0x0B 0x01 0x00 0xD3 0xEE 0xD2 0xF4 0xCC 0xEC 0xCF 0xC2 0xC1					
说明	播放文本编码格式为"GB2312"的文本"字音天下"，不带背景音乐					

波特率设置命令如表 3.9 所示。

表 3.9　波特率设置命令

帧结构	帧头	数据区长度	数据区			
			命令字	命令参数	待发送文本	异或校验
数据	0xFD	0x00　0x03	0x31	0x00		0xCF
数据帧	0xFD 0x00 0x03 0x31 0x00 0xCF					
说明	设置波特率为：9600 bit/s					

停止合成命令如表 3.10 所示。

表 3.10　停止合成命令

帧结构	帧头	数据区长度	数据区			
			命令字	命令参数	待发送文本	异或校验
数据	0xFD	0x00　0x02	0x02			0xFD
数据帧	0xFD　0x00　0x02　0x02　0xFD					
说明	停止合成命令					

4）SYN6288 型语音合成芯片的硬件连接

SYN6288 型语音合成芯片的接口电路如图 3.29 所示。

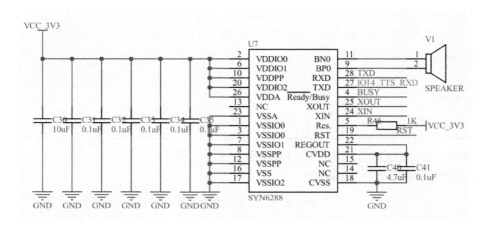

图 3.29　SYN6288 型语音合成芯片的接口电路

AI-MPH7 开发平台的语音合成模块的引脚连接如图 3.30 所示，TXD、RXD 引脚分别连接到 PA10、PA9 引脚，在 MicroPython 中的名称为 PD5、PD6。

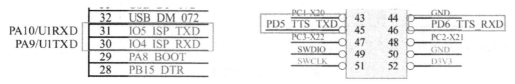

图 3.30　AI-MPH7 开发平台的语音合成模块的引脚连接

3.3.2.3　TTS 类的开发接口

TTS 类用于控制语音合成模块，其构造函数的语法如下：

```
class pyb.TTS()
```

该构造函数可创建一个语音播放的 TTS 对象，初始化串口并设置波特率。TTS 类的 tts.play(str)方法用于播放参数 str 指定的字符串。示例如下：

```
from pyb import UART , TTS
# 创建 TTS 对象
```

```
tts = TTS()
uart = UART("UAT")
# 初始化串口，将波特率设置为 115200 bit/s
uart.init(115200, bits=8, parity=None, stop=1, timeout=100)
# 播报字符串 123
tts.play(123)
```

3.3.2.4　SYN6288 型语音合成芯片的应用开发

1）SYN6288 型语音合成芯片应用的程序设计

SYN6288 型语音合成芯片应用的程序设计流程如下：

（1）从 pyb 模块导入使用硬件资源，如 Pin、UART、ExtInt、TTS、delay 等。

（2）创建 TTS 对象和串口对象。

（3）初始化串口的波特率、数据位、停止位、奇偶校验位。

（4）定义按键 K1、K2 控制语音播报函数。

（5）定义按键外部中断函数。

（6）通过 while 语句等待按键触发外部中断，跳到步骤（4），根据触发条件选择运行的代码。

SYN6288 型语音合成芯片应用的程序代码如下：

```
# main.py -- put your code here!
from pyb import Pin,UART,ExtInt,TTS,delay

# 创建 TTS 对象和串口对象
tts = TTS()
uart = UART("UAT")
# 初始化串口
uart.init(115200, bits=8, parity=None, stop=1, timeout=100)

def k1_isr():
    tts.play("白日依山尽")
def k2_isr():
    tts.play("黄河入海流")
# 定义按键控制语音播报函数和外部中断函数
callback = lambda e : k1_isr()
callback1 = lambda f : k2_isr()
ext = ExtInt(Pin('K1'), ExtInt.IRQ_FALLING, Pin.PULL_UP, callback)
ext = ExtInt(Pin('K2'), ExtInt.IRQ_FALLING, Pin.PULL_UP, callback1)

while True:
    # Wait For Key Press
    delay(500)
```

2）SYN6288 型语音合成芯片的应用测试

（1）SYN6288 型语音合成芯片的硬件测试。在 MicroPython 的命令行模式中通过命令"import pyb"导入 pyb 模块；通过命令"help(pyb.Pin.board)"可以查看对应的引脚关系，如

图 3.31 所示；通过命令"help()"可以查看对应的函数关系，如图 3.32 所示。

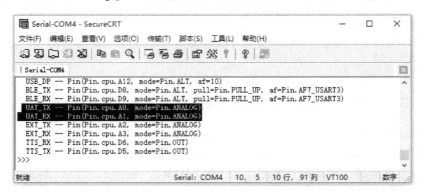

图 3.31　SYN6288 型语音合成芯片的对应的引脚关系

图 3.32　对应的函数关系

（2）连接 Python 嵌入式开发平台（AI-MPH7 开发平台）和计算机，详见 3.1.6 节。

（3）按下按键 K1，AI-MPH7 开发平台会播放"白日依山尽"的语音；按下按键 K2，AI-MPH7 开发平台会播放"黄河入海流"的语音。

3.3.3　小结

本节主要介绍空气质量传感器和语音合成芯片的开发应用。通过本节的学习，读者可以掌握 MicroPython 的硬件开发、I2C 和 UART 接口的使用、九轴传感器和语音合成芯片的编程开发。

3.3.4　思考与拓展

（1）通过 MicroPython 进行 I2C 接口开发与通过传统的 MCU 进行 I2C 接口开发有什么区别？

（2）通过 MicroPython 进行语音合成与通过传统的 MCU 进行语音合成有什么区别？

（3）请尝试修改语音合成应用的程序，按下按键 K1 后，点亮 LED1 并播报"灯亮"；按下按键 K2 后，熄灭 LED1 并播报"灯灭"。

3.4　OLED 与点阵显示的应用开发

3.4.1　OLED 开发与实践

有机发光显示屏（Organic Light Emitting Display，OLED）的研究最早可以追溯到 20 世纪 50 年代。1953 年，Bernanose 等人对蒽单晶施加直流高压（400 V）时观察到蓝色发光现象。1963 年，美国纽约大学的 Pope 等人在厚度为 20 μm 的蒽单晶两侧加上高达 400 V 的直流电压时观察到发光现象。1965 年，Schneider 等人对蒽单晶的电致发光做了更进一步的研究。1982 年，Vincett 的研究小组利用真空蒸镀方法制得厚度为 50 nm 的蒽薄膜并施加电压，首次将工作电压降低到 30 V 以内，但外量子产率仅为 0.03%左右。该有机电致发光器件由于效率过低，没有实用价值，并没有引起研究者的兴趣。

1987 年，美国 Eastern Kodak 公司的邓青云等人发明了 OLED 双层器件，提出了多层薄膜结构的有机电致发光器件概念，这是 OLED 发展的第一个里程碑，自此之后 OLED 的研究和发展进入了一个崭新的时代。随后，人们相继发明了三层及多层结构器件，利用在主体有机材料中进行掺杂客体来控制器件的发光颜色。

OLED 历史上第二个里程碑是开发出聚合物有机电致发光器件。英国剑桥大学的 Burroughes 等人于 1990 年第一次提出了以高分子为基的 OLED，他们成功地利用旋涂方法将有机共轭高分子材料制成薄膜，采用下旋涂法将共轭高分子材料制成薄膜，成功制备出了单层结构的聚合物电致发光器件（POLED），让实现大规模、工艺流程简单、低成本的有机电致发光器件成为可能。1992 年，Heeger 等人首次利用塑料作为器件的衬底制备出了可以弯曲的柔性 OLED 显示器，进一步拓宽了 OLED 的应用领域。1995 年，Kido 等人成功研制出了白光 OLED，使得 OLED 作为显示器的背光源和固态照明成为可能。

磷光 OLED 的开发是继聚合物有机电致发光器件之后 OLED 发展史上的又一个里程碑。1998 年，普林斯顿大学的 Forrest 等人利用基质掺杂的方法，发现了三重态磷光可在室温下被利用，其内量子产率甚至可接近 100%。在良好的发展前景和空间下，几乎所有的著名化学公司及显示器厂商都对 OLED 这一领域进行了研究。

1997 年，研制出了世界上第一个商品化的有机平板显示产品——汽车音响显示屏；2008 年相继开发出了 27 英寸和 31 英寸的 OLED 电视；2009 年分别研制出了 TFT 驱动的 2.5 英寸柔性 OLED 显示器和 6.5 英寸的柔性 OLED 面板；2010 年推出了 14 英寸透明 OLED 手提电脑，制造了 24.5 英寸的 OLED 3D 电视；2013 年推出了首款 55 英寸 OLED 曲面电视。

3.4.1.1　OLED 的基本结构和发光原理

1）OLED 的基本结构

OLED 由基板、阴极、阳极、空穴注入层（HIL）、电子注入层（EIL）、空穴传输层（HTL）、电子传输层（ETL）、电子阻挡层（EBL）、空穴阻挡层（EBL）、发光层（EML）等部分构成。OLED 的基本结构如图 3.33 所示。其中，基板是整个 OLED 的基础，所有的功能层都需要蒸镀到基板上。通常使用玻璃制作基板，但如果需要制作可弯曲的柔性 OLED，则需要使用其他材料（如塑料等）。阳极与 OLED 外加驱动电压的正极相连，阳极中的空穴会在外加驱动电压的驱动下向 OLED 中的发光层移动，阳极需要在 OLED 工作时具有一定的透光性，使得 OLED 内部发出的光能够被外界观察到；阳极最常使用的材料是 ITO。空穴注入层能够对 OLED 的阳极进行修饰，并可以使来自阳极的空穴顺利地注入空穴传输层；空穴传输层负责将空穴传输到发光层；电子阻挡层会把来自阴极的电子阻挡在 OLED 的发光层界面处，从而增大 OLED 发光层界面处电子的浓度。

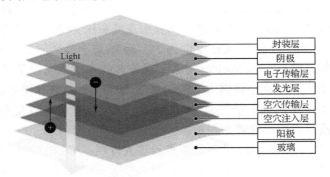

图 3.33　OLED 的基本结构

2）OLED 的发光原理

OLED 是一种在外加驱动电压下可主动发光的器件，无须背光源。OLED 中的电子和空穴在外加驱动电压的驱动下，从两极向中间的发光层移动，到达发光层后在库仑力的作用下电子和空穴进行再结合形成激子，激子的产生会使发光层中的有机材料活化，进而使有机分子最外层的电子克服最高占有分子轨道（HOMO）能级和最低未占有分子轨道（LUMO）能级之间的能级势垒，从稳定的基态跃迁到极不稳定的激发态，处于激发态的电子由于状态极不稳定，会通过振动弛豫和内转换回到 LUMO 能级，如果电子从 LUMO 能级直接跃迁到稳定的基态，则 OLED 会发出荧光；如果电子先从 LUMO 能级跃迁到三重激发态，然后从三重激发态跃迁到稳定的基态，则 OLED 会发出磷光。

OLED 的发光原理如图 3.34 所示。当在 OLED 的阴极和阳极施加驱动电压时，来自阴极的电子和来自阳极的空穴会在驱动电压的驱动下由 OLED 的两端向器件的发光层移动，到达 OLED 发光层的电子和空穴会进行再结合使得发光层中有机分子的能量被激活，进而使有机分子的电子状态从稳定的基态跃迁到能量较高的激发态；由于处于激发态的电子很不稳定，所以电子会从能量较高的激发态回到基态，并将能量以光、热等形式释放，形成发光现象。

OLED 的发光过程可分为：电子和空穴的注入、电子和空穴的传输、电子和空穴的再结合、激子的退激发光。

（1）电子和空穴的注入。处于阴极中的电子和阳极中的空穴在外加驱动电压的驱动下会向 OLED 的发光层移动，在向 OLED 发光层移动的过程中，若 OLED 包含电子注入层和空穴注入层，则电子和空穴首先需要克服阴极与电子注入层以及阳极与空穴注入层之间的能级势垒，然后由电子注入层和空穴注入层向器件的电子传输层和空穴传输层移动。

（2）电子和空穴的传输。在外加驱动电压的驱动下，来自阴极的电子和阳极的空穴会分别移动到 OLED 的电子传输层和空穴传输层，电子传输层和空穴传输层会分别将电子和空穴移动到 OLED 发光层的界面处；与此同时，电子传输层和空穴传输层分别会将来自阳极的空穴和来自阴极的电子阻挡在 OLED 发光层的界面处，使得 OLED 发光层界面处的电子和空穴得以累积。

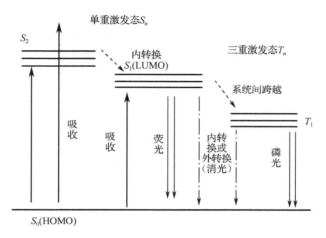

图 3.34　OLED 的发光原理

（3）电子和空穴的再结合。当 OLED 发光层界面处的电子和空穴达到一定数目时，电子和空穴会进行再结合并在发光层产生激子。

（4）激子的退激发光。在发光层处产生的激子会使得 OLED 发光层中的有机分子被激活，进而使得有机分子最外层的电子从基态跃迁到激发态，由于处于激发态的电子极其不稳定，其会向基态跃迁，在跃迁的过程中会有能量以光的形式被释放出来，从而实现 OLED 的发光。

3.4.1.2　OLED 的驱动方式

OLED 的驱动方式分为被动式驱动（无源驱动）和主动式驱动（有源驱动）。

1）无源驱动

无源驱动分为静态驱动和动态驱动。

（1）静态驱动：在静态驱动的 OLED 上，一般有机电致发光像素的阴极是连在一起引出的，各像素的阳极是分立引出的，这就是共阴极连接方式。若要一个像素发光，只要让恒流源的电压与阴极的电压之差大于像素发光值，像素将在恒流源的驱动下发光；若要一个像素不发光，就将它的阳极接在一个负电压上，就可将它反向截止。但是在图像变化比较多时可能出现交叉效应，为了避免这种效应必须采用交流的形式。静态驱动一般用于段式显示屏的驱动上。

（2）动态驱动：在动态驱动的 OLED 上，人们把像素的两个电极做成了矩阵结构，即水平一组显示像素的相同性质的电极是共用的，纵向一组显示像素的相同性质的电极是共用的。如果像素可分为 N 行和 M 列，就可有 N 个行电极和 M 个列电极。行和列分别对应发光像素的两个电极，即阴极和阳极。在实际电路驱动的过程中，要逐行点亮或者要逐列点亮像素，通常采用逐行扫描的方式。

2）有源驱动

有源驱动的每个像素都配备了具有开关功能的低温多晶硅薄膜晶体管（TFT），而且每个像素都配备了一个电荷存储电容，外围驱动电路和显示阵列集成在同一玻璃基板上。与 LCD

相同的 TFT 结构，无法用于 OLED，这是因为 LCD 采用电压驱动，而 OLED 却依赖电流驱动，其亮度与电流成正比，因此除了需要进行 ON/OFF 切换动作的选址 TFT，还需要能让足够电流通过的导通阻抗较小的小型驱动 TFT。

有源驱动属于静态驱动，具有存储效应，可进行 100%的负载驱动，这种驱动不受扫描电极数的限制，可以对各像素独立地进行选择性调节。有源驱动无占空比问题，易于实现高亮度和高分辨率。由于有源驱动可以对红色像素和蓝色像素独立地进行灰度调节，更有利于OLED 彩色化实现。

OLED 的硬件原理图如图 3.35 所示。

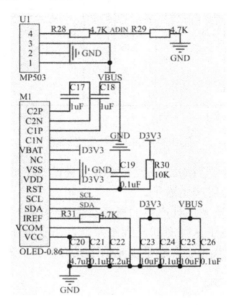

图 3.35　OLED 的硬件原理图

3.4.1.3　OLED 类的开发接口

常用的 OLED 有 SPI 和 I2C 两种接口，它们的功能相同，只是接口方式不同。SPI 有 6线和 7 线两种，而 I2C 接口只使用了 4 根线，使用上更加方便。OLED 模块的构造函数如下所示：

```
class pyb.OLED()
```

对于采用 I2C 接口的 OLED，可通过下面的语句创建对象：

```
class pyb.OLED(width,height,i2c,addr=0x3c,external_vcc=False)
```

其中，width 表示 OLED 的宽度，常用的 OLED 是 128×64 和 128×32 点阵的；height 表示 OLED 的高度；i2c 表示采用 I2C 接口；addr 表示 OLED 模块的 I2C 设备地址，默认为 0x3c，这个地址可以通过一个电阻进行设置；external_vcc 表示电压选择。

对于采用 SPI 接口的 OLED，可通过下面的语句创建对象：

```
class pyb.OLED(width,height,spi,dc,res,cs,external_vcc=False)
```

其中，参数 width 和 height 含义同上；spi 表示采用 SPI 接口，支持硬件 SPI 和软件 SPI；dc 表示数据/命令的选择；res 表示复位控制；cs 表示 SPI 设备的片选信号。

OLED 类的常用方法如表 3.11 所示。

表 3.11　OLED 类的常用方法

方　　法	方　法　说　明
OLED.poweron()	打开 OLED 模块
OLED.poweroff()	关闭 OLED 模块
OLED.contrast(contrast)	设置显示的对比度（在 OLED 上实际是亮度）。参数 contrast 的值为 0～255，0 表示最暗，255 表示最亮
OLED.invert(invert)	设置正常方式显示和反显，它会影响整个 OLED。当参数 invert 是奇数时表示反显，偶数表示正常显示
OLED.pixel(x,y,c)	画点，(x, y) 是点阵的坐标，不能超过屏幕的范围；c 代表颜色，因为是单色屏，所以 0 表示不显示，大于 0 表示显示
OLED.fill(c)	用颜色 c 填充整个屏幕（清屏）
OLED.scroll(dx,dy)	移动显示区域，dx/dy 代表 x 方向和 y 方向上的移动距离，可以是负数
OLED.text(string,x,y,c=1)	在 (x, y) 处显示字符串，颜色是 c
OLED.show()	在更新 OLED 的显示内容时，数据实际上是先写入缓冲区，只有调用该方法后，才会将缓冲区的内容更新到 OLED 上

3.4.1.4　OLED 的应用开发

1）OLED 应用的程序设计

OLED 应用的程序设计流程如下：

（1）从 pyb 导入使用硬件资源，如 OLED、delay 等。

（2）创建 OLED 对象。

（3）清除 OLED 缓存。

（4）设置 OLED 显示的数据与坐标。

（5）更新 y 方向的坐标。

（6）延时 100 ms，跳到步骤（3）。

OLED 应用的程序的代码如下：

```
# main.py -- put your code here!
from pyb import OLED,delay


# 创建 OLED 对象
oled = OLED()
# 清除 OLED 缓存
oled.fill(0)
# 更新 OLED 显示内容
oled.show()
# 创建坐标变量
```

```
x = 8
y = 0

    # 更新 OLED 显示内容
while True:
    oled.fill(0)
    # 设置 OLED 显示数据与坐标
    oled.text("MicroPython", x, y, 1)
    oled.show()
    # 更新 y 方向的坐标
    y = y+1
    if y == 32:
        y = -8
    delay(100)
```

2）OLED 的应用测试

（1）OLED 硬件测试。在 MicroPython 的命令行模式中通过命令"import pyb"导入 pyb 模块；通过命令"help(pyb.Pin.board)"可以查看对应的引脚关系；通过命令"help()"可以查看对应函数关系，如图 3.36 所示。

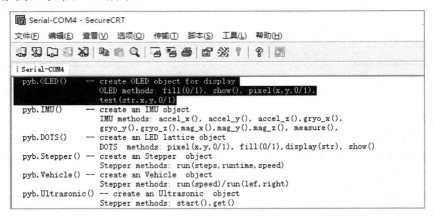

图 3.36　OLED 应用的对应函数关系

（2）连接 Python 嵌入式开发平台（AI-MPH7 开发平台）和计算机，详见 3.1.6 节。

（3）AI-MPH7 开发平台的运行结果如图 3.37 所示。

图 3.37　AI-MPH7 开发平台的运行结果

3.4.2　点阵屏的开发与实践

3.4.2.1　点阵屏简介

点阵屏以灯亮灭来显示文字、图片、动画、视频等，通常由显示模块、控制系统及电源系统组成。点阵屏的制作简单，被广泛应用于各种公共场合，如汽车报站器、广告屏及公告牌等。点阵屏实际上是由许多发光二极管组成的，依靠 LED 的亮灭来显示字符。LED 点阵有 4×4、4×8、5×7、5×8、8×8、16×16、24×24、40×40 等多种组合。

点阵屏的工作原理是：点阵屏的每一行将 LED 的低电位端连接在一起，每一列的 LED 的高电位端连接在一起，若要选中某一列，则要给此列施加高电平；若要选中某一行，则要给此行施加低电平；若要选中某点，则要给该点所在的列施加高电平，给该点所在的行施加低电平。

按照点阵屏的屏体颜色分类，点阵屏可分为单色点阵屏、双基色点阵屏、三基色（全彩）点阵屏。单色点阵屏只选取一种发光材料，在大多数情况下以红色居多。双基色点阵屏的发光材料一般由红色和绿色构成。三基色点阵屏可分为全彩色和真彩色两种，行和列的交叉点由红色、绿色、蓝色 3 种 LED 组成，可产生彩色效果，全彩色由红色、黄色、绿色及蓝色组成，真彩色由红色、绿色和蓝色组成。

按点阵屏的显示性能分类，点阵屏可分为视频点阵屏、文本点阵屏、图文点阵屏和点阵显示屏。

本节使用 8×8 点阵屏，其硬件原理图如图 3.38 所示。

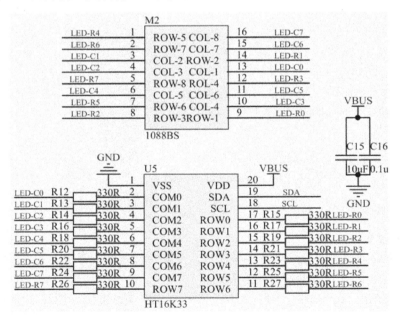

图 3.38　8×8 点阵屏的硬件原理图

3.4.2.2　点阵屏的应用开发

1）点阵屏应用的程序设计

点阵屏应用的程序设计流程如下：

（1）从 pyb 模块导入使用硬件资源，如 DOTS、delay 等。

（2）创建 DOTS 对象。

（3）清除 DOTS 缓存，更新点阵屏的显示内容。

（4）如果开关变量为 1，则将开关变量切换为 2，点阵屏显示大号心形图案。

（5）如果开关变量为 2，则将开关变量切换为 1，点阵屏显示小号心形图案。

（6）更新点阵屏的显示内容。

（7）延时 500 ms，跳到步骤（4）。

点阵屏应用的程序代码如下：

```
# main.py
from pyb import DOTS,delay

# 创建 DOTS 对象
dot = DOTS()
# 清除 DOTS 缓存
dot.fill(0)
# 更新点阵屏显示内容
dot.show()
# 创建开关变量
content = 1
# 更新 DOTS 显示内容
while True:
    if content == 1:
        content = 2
        # 开关变量==2，点阵屏显示大号心形图案
        dot.display(b'\x30\x78\x7C\x3E\x3E\x7C\x78\x30')
    elif content == 2:
        content = 1
        # 开关变量==1，点阵屏显示小号心形图案
        dot.display(b'\x00\x30\x38\x1c\x1c\x38\x30\x00')
    dot.show()
    delay(500)
```

2）点阵屏的应用测试

（1）点阵屏点阵取模。打开点阵字模软件，点阵字模软件的界面如图 3.39 所示。这里使用的点阵字模软件是 PCtoLCD2002 完美版。

单击 "🗋" 按钮，在弹出的 "新建图像" 对话框中将图片宽度和图片高度设置 8（这是因为本节使用的是 8×8 点阵屏），如图 3.40 所示。

单击 "◎" 按钮，在弹出的 "字模选项" 对话框中设置相应的参数，如图 3.41 所示，单击 "确定" 按钮。

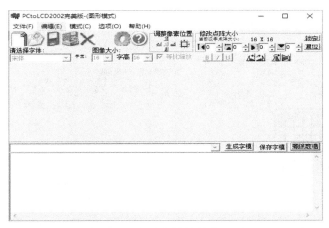

图 3.39　点阵字模软件的界面

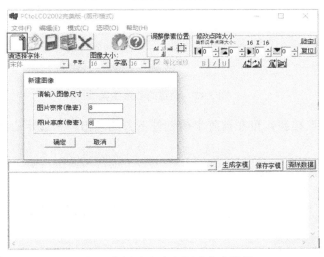

图 3.40　将图片宽度和图片高度设置 8

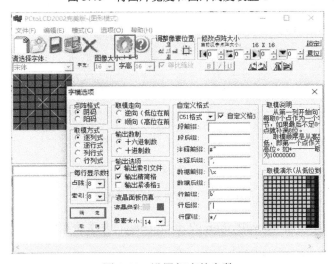

图 3.41　设置相应的参数

设置的心形图案如图 3.42 所示。

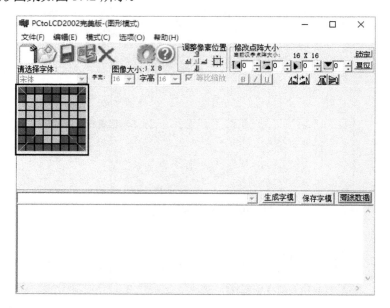

图 3.42　设置的心形图案

单击"生成字模"按钮，可在点阵字模软件下方的输出栏中显示心形图案的字模数据，如图 3.43 所示。

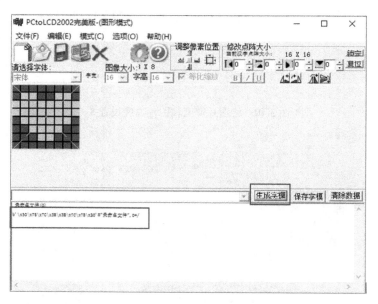

图 3.43　心形图案的字模数据

生成的字模数据可通过 MicroPython 的 dot.display()方法调用。

dot.display(b'\x30\x78\x7C\x3E\x3E\x7C\x78\x30')

（2）连接 Python 嵌入式开发平台（AI-MPH7 开发平台）和计算机，详见 3.1.6 节。

（3）AI-MPH7 开发平台的点阵屏上会闪烁显示心形图案，运行结果如图 3.44 所示。

图 3.44　AI-MPH7 开发平台的点阵屏上闪烁显示心形图案

3.4.3　小结

本节主要介绍空气质量传感器和语音合成芯片的开发应用，以及 OLED 和点阵屏的应用开发。通过本节的学习，读者可以掌握 MicroPython 的硬件开发、I2C 和 UART 接口的使用、九轴传感器和语音合成芯片的编程开发、通过 I2C 使用 OLED 的方法，以及点阵屏的编程开发。

3.4.4　思考与拓展

（1）通过 MicroPython 编程开发 OLED 应用的步骤是什么？

（2）尝试修改 OLED 应用的程序，使字符从左到右显示。

（3）尝试修改点阵屏应用的程序，实现数字 9～0 的倒计时显示。

## 第 4 章

Python 通信应用开发

本章以串口通信和蓝牙通信为例介绍 Python 的通信应用开发。本章首先介绍串口通信和蓝牙通信的基础知识，然后介绍应用设计与开发，最后通过上位机串口通信实现读写应用，以及实现基于串口的蓝牙通信应用。

4.1　串口通信应用的设计与开发

4.1.1　串口通信的基础知识

4.1.1.1　串口的基本概念

串口也称为串行通信接口或串行接口，是采用串行通信方式的扩展接口。串行通信的数据是按照顺序一位一位地传输的，其特点是通信线路简单，只要一对传输线就可以实现双向通信，大大降低了成本，特别适合远距离通信，但其传输速率较低。

串行通信的特点是：数据的传输是按照顺序一位一位地传输的，最少只需要一根传输线即可完成通信；成本低但传输速率低；串行通信的距离为从几米到几千米。根据数据的传输方向，串行通信可以进一步分为单工、半双工和全双工三种。

4.1.1.2　串口通信协议

串口在数据传输过程中采用串行逐位传输的方式，计算机上的 9 针 COM 端口即串口通信接口。按通信方式的不同，串口通信可以分为同步通信和异步通信。在异步通信中，数据通常是以字符（或字节）为单位组成字符帧传输的，字符帧由发送端一帧一帧地发送，通过传输线被接收端一帧一帧地接收，发送端和接收端由各自的时钟来控制数据的发送和接收，这两个时钟源彼此独立，互不同步。在异步通信中，单一帧内的每个位之间的时间间隔是一定的，而相邻帧之间的时间间隔是不固定的。并行通信和串行通信如图 4.1 所示。

图 4.1　并行通信和串行通信

串口通信常用的参数有波特率、数据位、校验位和停止位，当两个设备相互通信时，其参数必须一致。异步通信的一个数据帧由起始位、数据位、校验位和停止位组成，如图 4.2 所示。

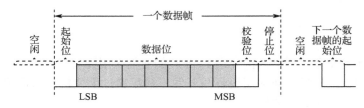

图 4.2　异步通信的数据帧格式

起始位：位于数据帧的开头，只占 1 bit，始终为逻辑 0（低电平）。

数据位：根据情况可选择 5 bit、6 bit、7 bit 或 8 bit，低位在前、高位在后。若所传输的数据为 ASCII 字符，则取 7 bit。

校验位：仅占 1 bit，用于表示串口通信中采用的是奇校验还是偶校验。

停止位：位于数据帧的末尾，为逻辑 1（高电平），通常可取 1 bit、1.5 bit 或 2 bit。

串口通信的常用参数如下：

（1）波特率和比特率。在数字通信中，波特率指每秒传输的信号数量，单位为波特（Baud）。在异步通信中，波特率是最重要的指标，用于表征数据传输的速率。波特率越高，数据传输速率越快。比特率是指数据的传输速率，它用单位时间内传输的二进制代码的有效位（bit）来表示，其单位为 bit/s。

波特率与比特率的关系为：比特率=波特率×单个调制状态对应的二进制位数，即

$$I=S\log_2 N$$

式中，I 为比特率；S 为波特率；N 为每个数字信号的信息量，以比特为单位。波特率与比特率区别如下：

① 每秒传输的二进制数的位数为比特率，由于在单片机串口通信中传输的信号是二进制信号，因此波特率与比特率在数值上相等，单位也采用 bit/s。

② 波特率与字符的实际传输速率不同，字符的实际传输速率指每秒内所传字符的帧数。例如，假如数据的传输速率是 120 字符/秒，而每个字符包含 10 bit（1 个起始位、8 个数据位和 1 个停止位），则其波特率为 10 bit×120 字符/秒＝1200 Baud。

（2）数据位。数据位是衡量通信中实际数据位的参数。当计算机发送一个数据帧时，实际的数据往往不是 8 bit 的，标准的值是 6 bit、7 bit 和 8 bit。如果数据使用标准 ASCII 码，那么每个数据帧使用 7 bit 的数据。每个数据帧包括起始位、停止位、数据位和校验位。

（3）停止位。停止位是每个数据帧的最后一位，停止位不仅仅表示传输的结束，而且为

通信双方提供了校正时钟的机会。

（4）校验位。奇偶校验是串口通信中常用的一种简单的检错方式（当然没有校验位也是可以的），分为偶校验和奇校验两种情况。串口通信通常会设置校验位（数据位后面的一位），用一个值确保传输的数据有偶数个或者奇数个逻辑高电平。例如，如果数据是 01111，那么对于偶校验，校验位为 0，保证有偶数个逻辑高电平；如果是奇校验，校验位为 1，这样就有奇数个逻辑高电平。

4.1.1.3　串口的接口标准

按电气标准及协议来分，串口包括 RS-232、RS-422、RS-485 等，这三种标准只对串口的电气特性进行了规定，不涉及接插件、电缆或协议。

（1）RS-232。RS-232 称为标准串口，是最常用的一种串口，它是在 1970 年由美国电子工业协会（EIA）联合贝尔实验室、调制解调器厂家及计算机终端生产厂家共同制定的用于串口通信的标准。传统的 RS-232-C 标准有 22 根线，采用标准 25 芯 D 型插头（DB25），后来简化为 9 芯 D 型插头（DB9）。

RS-232 采取不平衡传输方式，即单端通信。由于 RS-232 的发送电平与接收电平的差仅为 2～3 V，共模抑制能力差，再加上双绞线上的分布电容，其最大传输距离约为 15 m，最大传输速率为 20 kbit/s。RS-232 是为点对点通信而设计的，适合本地设备之间的通信。RS-232 接口的定义如图 4.3 所示。

（2）RS-422。RS-422 是四线制接口，实际上还有一根信号地线，共 5 根线。由于接收端采用高输入阻抗和发送驱动器，相比 RS-232 有更强的驱动能力，允许在相同传输线上连接多个节点，最多可连接 10 个节点，其中一个为主机，其余为从机，从机之间不能通信，所以 RS-422 支持一对多的双向通信。接收端输入阻抗为 4 kΩ，故发送端的最大负载能力是 10×4 kΩ+100 Ω（终接电阻）。由于 RS-422 采用单独的发送通道和接收通道，因此不必控制数据方向，各设备之间的信号交换均可以按软件方式（XON/XOFF 握手）或硬件方式（一对单独的双绞线）实现。

RS-422 的最大传输距离为 1219 m，最大传输速率为 10 Mbit/s，其平衡双绞线的长度与传输速率成反比，当传输速率在 100 kbit/s 以下时，才可能达到最大传输距离；只有在很短的距离下才能获得最大传输速率。一般 100 m 长的双绞线上所能获得的最大传输速率仅为 1 Mbit/s。RS-422 接口的定义如图 4.4 所示。

（3）RS-485。RS-485 是在 RS-422 基础上发展而来的，所以 RS-485 的许多电气规定与 RS-422 相同。例如，二者都采用平衡传输方式，都需要在传输线上接终接电阻等。RS-485 可以采用二线制与四线制方式，二线制可实现多点双向通信；采用四线制连接时，与 RS-422 一样只能实现一对多的通信，即只能有一个主机，其余为从机，但比 RS-422 有改进，无论四线制还是二线制，总线上都可连接 32 个节点。

RS-485 与 RS-422 的不同之处是它们的共模输出电压是不同的，RS-485 为-7～+12 V，而 RS-422 为-7～+7 V；RS-485 接收端的最小输入阻抗为 12 kΩ，RS-422 接收端的最小输入阻抗为 4 kΩ。由于 RS-485 满足 RS-422 的规范，所以 RS-485 的驱动器可以在 RS-422 中使用。

RS-485 与 RS-422 一样，其最大传输距离约为 1219 m，最大传输速率为 10 Mbit/s，平衡双绞线的长度与传输速率成反比，当传输速率在 100 kbit/s 以下时，才可能达到最大传输距离，只有在很短的距离下才能获得最大传输速率，一般长度为 100 m 的双绞线最大传输速率仅为 1 Mbit/s。RS-485 接口的定义如图 4.5 所示。

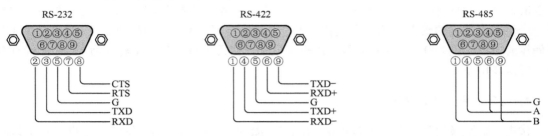

图 4.3　RS-232 接口的定义　　　图 4.4　RS-422 接口的定义　　　图 4.5　RS-485 接口的定义

　　AI-MPH7 开发平台的串口硬件原理图如图 4.6 所示，DTXD、DRXD 引脚分别连接到 MCU 的 PA0、PA1 引脚，在 MicroPython 中的名称为 X1、X2。

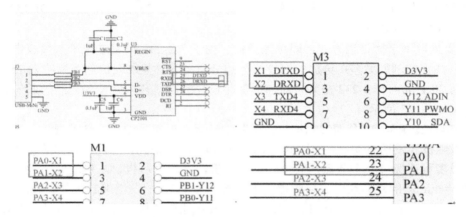

图 4.6　AI-MPH7 开发平台的串口硬件原理图

4.1.1.4　UART 类的开发接口

　　UART 类用于控制双向串口通信总线，运行的标准是 UART/USART 双向串口通信协议，其物理层包括 RX 和 TX 两条传输线。UART 类的构造函数的语法如下：

```
class pyb.UART(bus, ...)
```

　　该构造函数可以在给定总线上创建一个 UART 对象，bus 可为 1 或 3。若无额外参数，在创建 UART 对象时并不进行初始化（UART 对象的设置来自总线的最后一次初始化）；若给定额外参数，则在创建 UART 对象时进行初始化。UART 类的常用方法如表 4.1 所示。

表 4.1　UART 类的常用方法

方　　法	方　法　说　明
UART.init()	使用给定参数初始化 UART 对象
UART.deinit()	关闭 UART
UART.any()	返回等待的字节数

方　　法	方　法　说　明
UART.read([nbytes])	读取字符。若指定 nbytes，则最多只能读取 nbytes 个字节
UART.readchar()	在总线上接收单个字符
UART.readinto(buf[, nbytes])	将字节读取到 buf。若指定 nbytes，则最多只能读取 nbytes 个字节；否则最多只能读取 len(buf) 个字节
UART.readline()	读取一行，以换行符结尾。若存在这样的一行，则立即返回。若超时时间过期，则无论是否存在新的一行，都返回所有可用的数据
UART.write(buf)	将 buf 中的字节写入总线
UART.writechar(char)	在总线上写入单个字符。char 是要写入的字符，返回值为 None
UART.sendbreak()	在总线上发送一个中断状态，这将使 UART 总线持续 13 bit 的低电平

UART 类的示例如下：

```
#使用给定的参数创建 UART 对象
uart = UART(3, 9600, timeout_char=1000)
# 使用给定参数初始化 UART 对象
uart.init(9600, bits=8, parity=None, stop=1, timeout_char=1000)
```

4.1.2　串口通信的开发实践

4.1.2.1　串口通信应用的程序设计

串口通信应用的程序设计流程如下：

（1）从 pyb 模块导入使用的硬件资源，如 OLED、UART、delay 等。

（2）创建 OLED 对象。

（3）清除 OLED 缓存，更新显示内容。

（4）创建 UART 对象，初始化 UART 参数。

（5）从串口读取 36 个字符。

（6）如果读取数据不为空，则 OLED 分三行显示接收到的数据，每行显示 12 个字符，更新 OLED 的显示内容。

（7）数据通过串口回传。

（8）读取 100 个字符，清除串口接收缓冲区。

（9）程序跳到步骤（5）。

串口通信应用的程序代码如下：

```
from pyb import OLED,UART,delay

# 创建 OLED 对象
oled=OLED()
# 清除 OLED 缓存，更新显示内容
oled.fill(0)
```

```
oled.show()
# 创建 UART 对象
uart = UART("UAT")
# 初始化 UART 参数
uart.init(115200, bits=8, parity=None, stop=1, timeout=100)

while True:
    #从串口读取 36 个字符
    data = uart.read(36)
    if data != None:
        oled.fill(0)
        # OLED 分三行显示接收到的数据，每行显示 12 个字符
        oled.text(data[:12], 0, 0, 1)
        if len(data) > 12:
            oled.text(data[12:24], 0, 12, 1)
            if len(data) > 24:
                oled.text(data[24:], 0, 24, 1)
        # 更新 OLED 显示内容
        oled.show()
        # 数据通过串口回传
        uart.write(data)
        # 读取 100 个字符，清除串口接收缓冲区
        data = uart.read(100)
```

4.1.2.2　串口通信应用的测试程序

串口通信应用的测试程序代码如下：

```
from pyb import Pin,LED,UART,delay
# 创建 LED 对象
led1 = LED(1)
led1.on()
# 创建 UART 对象
uart = UART("UAT")
# 初始化 UART 参数
uart.init(115200, bits=8, parity=None, stop=1, timeout=100)
# 延时 500 ms 后使 LED1 亮灭一次，串口输出"Hello World"
while True:
    led1.off()
    delay(500)
    led1.on()
    delay(500)
# 初始化 UART 参数
    uart.write("Hello World\n")
```

4.1.2.3　串口通信测试

（1）串口硬件测试。在 MicroPython 的命令行模式中通过命令"import pyb"导入 pyb 模

块；通过命令"help(pyb.Pin.board)"可以查看对应的引脚关系，如图 4.7 所示。

图 4.7　与串口对应的引脚关系

（2）连接 Python 嵌入式开发平台（AI-MPH7 开发平台）和计算机，使用 USB 连接线连接 AI-MPH7 开发平台的 USB-UART 接口（接口上标有 UART 标识），在设备管理器中的 COM 端口出现 USB 串行设备。

（3）打开串口助手 SmartMcu，在发送区输入"123abc"，单击"发送"按钮，如图 4.8 所示。

图 4.8　通过串口助手发送"123abc"

（4）在 AI-MPH7 开发平台的 OLED 上会显示发送的数据，如图 4.9 所示。

图 4.9　AI-MPH7 开发平台的 OLED 上显示发送的数据

4.1.3　小结

本节通过 Python 嵌入式开发平台（AI-MPH7 开发平台）实现了串口通信，读者可以了解基于 MicroPython 的串口通信应用开发，掌握串口的设置。

4.1.4　思考与拓展

（1）通过 MicroPython 进行串口通信应用开发的步骤有哪些？

（2）尝试修改串口通信应用的程序，对接收的数据进行识别，当识别到数据中包含数字 5 时，点亮红色 LED。

4.2　蓝牙通信应用设计与开发

4.2.1　蓝牙通信的基础知识

4.2.1.1　BLE 网络概述

1）BLE 概述

低耗能蓝牙（BLE）是蓝牙的最新规范标准。BLE 技术包含三个部分：控制器部分、主机部分与应用规范部分。BLE 技术主要有三个特点：待机时间长、连接速度快以及发射和接收功耗低。这些特点决定了它的超低功耗性能。另外，BLE 技术还具有低成本、可实现多种设备之间的互连等优点。

BLE 技术应用在 2.4 GHz 的 ISM 频段，采用可变连接时间间隔技术，这个时间间隔根据具体应用可以设置为几毫秒到几秒。由于 BLE 技术采用非常快速的连接方式，因此平时可以处于非连接状态，此时链路两端相互间只是知晓对方，只有在必要时才开启链路，然后在尽可能短的时间内完成传输并关闭链路。BLE 网络架构如图 4.10 所示。

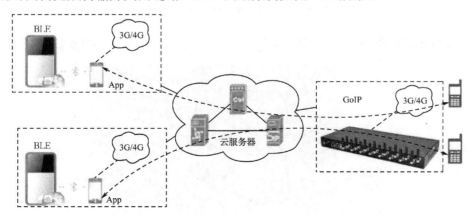

图 4.10　BLE 网络架构

BLE 技术适合用于微型无线传感器（每半秒交换一次数据）或采用异步通信的遥控器等设备。这些设备传输的数据量非常少（通常几字节），而且发送的次数也很少（如每秒几次到每分钟一次，甚至更少）。

2）跳频技术

蓝牙的工作频率为 2400～2483.5 MHz，这是在全球范围内无须取得许可的工业、科学和医疗（ISM）用的 2.4 GHz 无线电频段。

蓝牙使用跳频技术，将传输的数据分割成数据包。传统蓝牙通过 79 个指定的蓝牙信道传输数据包，每个信道的带宽为 1 MHz。BLE 使用 2 MHz 的带宽，可容纳 40 个信道，第一个信道始于 2402 MHz，每 2 MHz 一个信道，直到 2480 MHz，40 个信道分为 3 个广播信道和 37 个数据信道。BLE 采用自适应跳频技术，通常每秒跳 1600 次。BLE 信道分配如图 4.11 所示。

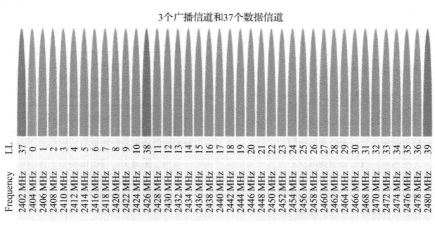

图 4.11　BLE 信道分配

4.2.1.2　BLE 技术架构和协议栈架构

1）BLE 技术架构

传统蓝牙技术使用的数据包较长，在发送这些较长的数据包时，无线设备必须在功耗相对较高的状态保持较长的时间，容易使硅片发热。这种发热将改变材料的物理特性和传输频率（中断链路），频繁地对无线设备进行再次校准将需要更多的功耗（并且要求闭环架构）。BLE 技术架构如图 4.12 所示。

（1）无线射频单元：负责数据和语音的发送和接收，特点是短距离、低功耗。蓝牙天线一般体积小、质量轻，属于微带天线。

（2）基带与链路控制单元：进行射频信号与数字信号或语音信号的相互转化，实现基带协议和底层的连接。

（3）链路管理单元：负责管理蓝牙设备之间的通信，完成链路的建立、验证、配置等操作。

2）BLE 协议栈架构

蓝牙技术联盟推出了蓝牙协议栈规范，其目的是使不同厂商之间的蓝牙设备能够在硬件和软件两个方面相互兼容，实现互操作。为了实现远端设备之间的互操作，互连的设备（服务器与客户端）需要运行同一协议栈。对于不同的实际应用，会使用蓝牙协议栈中的一层或多层的协议层，而非全部的协议层，但所有的实际应用都要建立在链路层和物理层之上。BLE协议栈架构如图 4.13 所示。

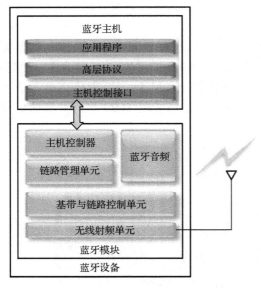

图 4.12　BLE 技术架构　　　　　　　图 4.13　BLE 协议栈架构

（1）BLE 底层协议。BLE 底层协议由链路层协议、物理层协议组成，它是蓝牙协议栈的基础，实现了蓝牙数据流的传输链路。

① 物理层协议：主要规定信道分配、射频频率、射频调制特性等底层特性。

② 链路层（LL）协议：负责管理接收或发送帧的排序和计时，其操作可包含五个状态，分别为就绪态、广播态、扫描态、发起态和连接态。链路层的状态转换图如图 4.14 所示。

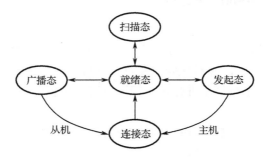

图 4.14　链路层的状态转换图

（2）BLE 中间层协议。BLE 中间层协议主要完成数据的解析和重组、服务质量控制等服务，该协议层包括主机控制器接口（HCI）层、逻辑链路控制与适配协议（L2CAP）层。

（3）BLE 高层协议。BLE 高层协议包括通用访问协议（GAP）层、通用属性协议（GATT）层、属性协议（ATT）层。高层协议主要为应用层提供访问底层协议的接口。

4.2.1.3　BLE 组网方式

BLE 网络采用一种灵活的无基站的组网方式，使得一个 BLE 设备可同时与 7 个其他的 BLE 设备相连接。BLE 网络的拓扑结构有两种形式：微微网（Piconet）和分布式网络（Scatternet）。

1）微微网

微微网是通过 BLE 技术以特定方式连接起来的一种微型网络，一个微微网最多有 8 台设备，可以只有两台相连的设备，如一台笔记本电脑和一部移动电话。在一个微微网中，所有设备的地位都是平等的，具有相同的权限。蓝牙采用自组织组网的方式，微微网由主机（发起连接的设备）和从机构成，有 1 个主机和最多 7 个从机。主机负责提供时钟同步信号和跳频序列，从机一般是受控的同步设备，由主机控制。微微网的架构如图 4.15 所示。

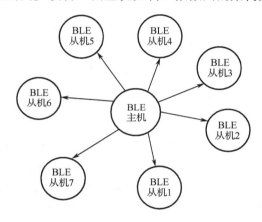

图 4.15　微微网的架构

例如，在手机与耳机间组建的一个简单的微微网，手机作为主机，而耳机充当从机。再如，两个手机间也可以直接应用 BLE 技术进行无线数据传输。办公室的 PC 可以是一个主机，主机负责提供时钟同步信号和跳频序列，从机一般是受控的同步设备，由主机控制，如无线键盘、无线鼠标和无线打印机。BLE 有两种组网方式：一种是 PC 对 PC 组网；另一种是 PC 对 BLE 接入点组网。

（1）PC 对 PC 组网。在 PC 对 PC 组网方式中，一台 PC 通过有线网络接入互联网，利用蓝牙适配器充当互联网的共享代理服务器；另外一台 PC 通过蓝牙适配器与共享代理服务器组建 BLE 网络，充当一个客户端，从而实现无线连接、共享网络的目的。这种方案是在家庭 BLE 组网中最具有代表性和最普遍采用的方案，具有很大的便捷性。PC 对 PC 组网如图 4.16 所示。

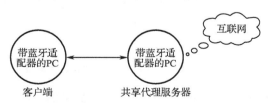

图 4.16　PC 对 PC 组网

（2）PC 对 BLE 接入点组网。在 PC 对 BLE 接入点的组网方式中，BLE 接入点，即 BLE 网关，通过与宽带接入设备相连接入互联网；由 BLE 接入点发射无线信号，与带有 BLE 功能的设备相连接来组建一个无线网络，实现所有设备的共享上网。设备可以是 PC 和笔记本电脑等，但必须带有 BLE 功能，且不能超过 7 台设备。PC 对 BLE 接入点组网如图 4.17 所示。

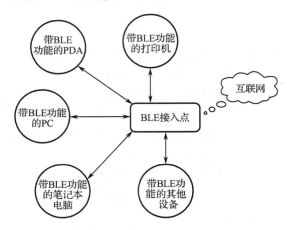

图 4.17　PC 对 BLE 接入点组网

2）分布式网络

分布式网络是由多个独立的非同步的微微网组成的，以特定的方式连接在一起。一个微微网中的主机同时也可以作为另一个微微网中的从机，这种设备称为复合设备。BLE 独特的组网方式赋予了它无线接入的强大生命力，同时允许 7 个移动 BLE 用户通过一个 BLE 接入点与互联网相连，依靠跳频顺序识别每个微微网，同一微微网所有用户都与这个跳频顺序同步。

BLE 分布式网络是自组织网络的一种特例，其最大特点是可以没有基站，每个设备的地位都是平等的，并可独立地进行分组转发，具有灵活性、多跳性、拓扑结构动态变化和分布式控制等特点。

4.2.1.4　WH-BLE 103 模块

WH-BLE 103 模块是一款支持蓝牙 4.2 协议的低功耗模块，该模块是主从一体的，传统的串口设备或者 MCU 通过该模块可进行蓝牙无线通信，如图 4.18 所示。用户还可以根据标准的 BLE 协议开发 App，方便地与 WH-BLE 103 模块进行数据通信。

图 4.18　MCU 通过 WH-BLE 103 模块进行蓝牙无线通信的示意图

WH-BLE 103 模块支持 Mesh 组网模式，可以实现简单的自组织网络，支持一对多的数据广播。该模块内置了 iBeacon 协议，经过简单的配置就可以作为一个 iBeacon 设备使用。

WH-BLE 103 模块的功能架构如图 4.19 所示。

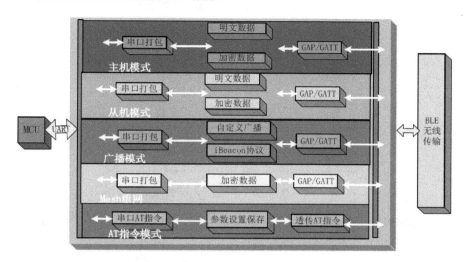

图 4.19　WH-BLE 103 模块的功能架构

WH-BLE 103 的硬件原理图如图 4.20 所示，WH_RX、WH_TX 引脚分别连接到 MCU 的 PD9、PD8 引脚，在 MicroPython 中的名称分别为 Y2、Y1。

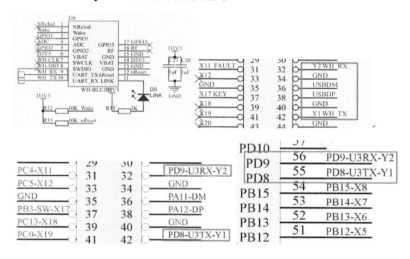

图 4.20　WH-BLE 103 的硬件原理图

4.2.1.5　蓝牙 BLE 工具使用

（1）使用 USB 连接线连接 AI-MPH7 开发平台的 USB-OTG 接口和计算机的 USB 接口。

（2）在手机上安装 BLE 蓝牙调试助手，这里使用的是 BLE Utility。

（3）运行 BLE 蓝牙调试助手，连接 AI-MPH7 开发平台（该开发平台使用的是 WH-BLE 103 模块）与手机。在 BLE 蓝牙调试助手中选择"WH-BLE 103"设备（找到与 OLED 上显示的 AMC 地址一致的设备），并单击后面的"连接"按钮，如图 4.21 所示。

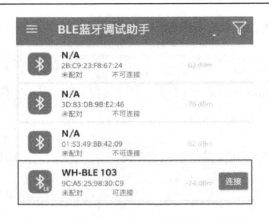

图 4.21　连接 AI-MPH7 开发平台与手机

（4）连接 AI-MPH7 开发平台与手机后的界面如图 4.22 所示，选择"Unknown Service"，并单击下面的"NOTIFY"和"WRITE"属性。

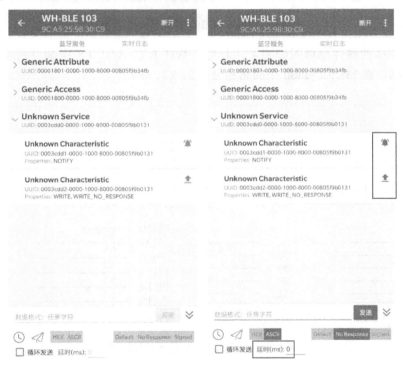

图 4.22　连接 AI-MPH7 开发平台与手机后的界面

4.2.2　蓝牙通信的开发实践

4.2.2.1　蓝牙通信驱动程序的设计

蓝牙通信驱动程序的设计流程如下：

（1）从 pyb 模块导入使用硬件资源，如 Pin、LED、UART、OLED 和 delay 等。

（2）创建 OLED 对象，清除 OLED 缓存，更新显示内容。

（3）创建并初始化 BLE 对象。

（4）设定 AT 模式，通过串口从蓝牙设备读取 10 个字符。

（5）查询 BLE 模块的 MAC 地址，通过串口从蓝牙设备读取 MAC 地址。

（6）设定传输模式。

（7）通过 OLED 显示 BLE 模块的 MAC 地址。

（8）初始化并点亮 LED1。

（9）循环点亮和熄灭 LED1，发送"Hello World"，延时 500 ms。

蓝牙通信驱动程序的代码如下：

```python
# main.py -- put your code here!
from pyb import Pin,LED,UART,OLED,delay
# 创建 OLED 对象
oled=OLED()
# 清除 OLED 缓存，更新显示内容
oled.fill(0)
oled.show()


# 创建 BLE 对象
ble = UART("BLE")
# 初始化 BLE 对象
ble.init(57600, bits=8, parity=None, stop=1, timeout=100)
# 设定 AT 模式
ble.write("+++a")
ble.read(10)
# 查询 BLE 模块的 MAC 地址
ble.write("AT+MAC?\r\n")
mac = ble.read(100)[7:19]
# 设定传输模式
ble.write("AT+Z\r\n")
ble.read(100)
# 通过 OLED 显示 BLE 模块的 MAC 地址
oled.text("MAC:",0,0,1)
oled.text(mac,0,12,1)
oled.show()


led1 = LED(1)
led1.on()
# 循环点亮和熄灭 LED1，发送"Hello World"，延时 500 ms
while True:
    led1.off()
    delay(500)
    led1.on()
    delay(500)
```

```
ble.write("Hello World\n")
delay(500)
```

运行蓝牙通信应用的程序后，AI-MPH7 开发平台的 OLED 上会显示 BLE 模块的 MAC 地址，如图 4.23 所示。

图 4.23　运行蓝牙通信应用的程序的效果

使用 BLE 蓝牙调试助手连接 AI-MPH7 开发平台和手机，在 BLE 蓝牙调试助手的界面中选择"蓝牙服务"→"Unknown Service"→"NOTIFY"，如图 4.24 所示。

选择"实时日志"→"ASCII"，如图 4.25 所示，此时会显示 AI-MPH7 开发平台发送的字符串"Hello World"。

 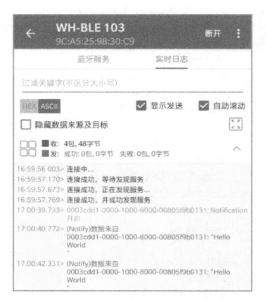

图 4.24　选择"蓝牙服务"→"Unknown Service"→"NOTIFY"　　图 4.25　选择"实时日志"→"ASCII"

4.2.2.2　蓝牙通信的应用程序设计

蓝牙通信的应用程序设计流程如下：

（1）从 pyb 模块导入使用硬件资源，如 LED、UART 和 OLED 等。

（2）创建 OLED 对象。

（3）清除 OLED 缓存，更新显示内容。

（4）创建 LED 对象。

（5）创建 BLE 对象，初始化 BLE 参数。

（6）通过串口从 BLE 模块读取 10 个字符。

（7）如果读取数据不为空，并且数据长度为 6，则关闭 LED。

（8）更新 OLED 内容，显示 BLE 模块发送的数据。

（9）通过串口回传 BLE 模块发送的数据。

（10）跳到步骤（6）。

蓝牙通信的应用程序代码设计如下：

```
from pyb import LED,OLED,UART

# 创建 OLED 对象
oled=OLED()
# 清除 OLED 缓存，更新显示 oled.fill(0)
oled.fill(0)
oled.show()

# 创建 LED 对象
led1 = LED(1)
led2 = LED(2)
led3 = LED(3)
led4 = LED(4)

# 创建 led 数组
led = [led1, led2, led3, led4]
# 创建 BLE 对象
ble = UART("BLE")
# 初始化 BLE 参数
ble.init(57600, bits=8, parity=None, stop=1, timeout=100)

while True:
    # 通过串口从 BLE 模块读取 10 个字符
    data = ble.read(10)
    if data != None and len(data)==6:              # 数据格式: [led1/2/3/4=0/1]
        if data[:3] == b'led':
            try:
                tag = int(data[3])-48
                value = int(data[5])-48
            except ValueError:                     # data 不是 led，错误处理
                continue
            if tag >=1 and tag <= 4:
                if value == 0:
```

```
                led[tag-1].off()                  # 熄灭 LED1

        else:
                led[tag-1].on()                   # 点亮 LED1
        # 清除 OLED 缓存
        oled.fill(0)
        # OLED 的显示内容
        showdata = "led%d=%d"%(tag,value)
        # 更新 OLED 的显示内容
        oled.text(showdata, 16, 10, 1)
        oled.show()
    # 通过串口回传 BLE 模块发送的数据
    ble.write(data)
    #读取 100 个字符，清除串口接收缓冲区
    data = ble.read(100)
```

4.2.2.3　蓝牙应用测试

（1）连接 Python 嵌入式开发平台（AI-MPH7 开发平台）和手机。

（2）进入 BLE 蓝牙调试助手的"实时日志"界面，选择"us-ascii"，在发送区输入"led1=1"，单击"发送"按钮，如图 4.26 所示。

图 4.26　发送"led1=1"

（3）在 AI-MPH7 开发平台的 OLED 上会显示"led1=1"，并点亮 LED1，如图 4.27 所示。

图 4.27　OLED 显示"led1=1"并点亮 LED1

（4）在 BLE 蓝牙调试助手的"实时日志"界面中，输入"led1=0"，单击"发送"按钮，如图 4.28 所示。

图 4.28　发送"led1=0"

（5）在 AI-MPH7 开发平台的 OLED 上会显示"led1=0"，并熄灭 LED1，如图 4.29 所示。

图 4.29　OLED 显示"led1=0"并熄灭 LED1

4.2.3　小结

本节主要介绍 Python 嵌入式开发平台（AI-MPH7 开发平台）的蓝牙通信应用开发，主要内容包括基于 MicroPython 的蓝牙通信编程开发，读者可掌握基于 MicroPython 的蓝牙通信应用的开发流程。

4.2.4　思考与拓展

（1）基于 MicroPython 的蓝牙通信应用开发的步骤有哪些？
（2）如何在蓝牙通信驱动程序中设置指令模式与传输模式？

4.3　蓝牙综合应用的设计与开发

本节在手机与 AI-MPH7 开发平台的蓝牙模块建立连接后，在手机 App 中输入命令来控制 AI-MPH7 开发平台，使其完成数据采集、数据显示和语音播报功能。

4.3.1　蓝牙综合应用设计

4.3.1.1　蓝牙综合应用的功能分析

蓝牙综合应用的功能需求分析如表 4.2 所示。

表 4.2　蓝牙综合应用的功能需求分析

功　能	功　能　描　述
蓝牙连接	手机通过蓝牙通信连接到 AI-MPH7 开发平台
九轴传感器数据采集	通过 AI-MPH7 开发平台的九轴传感器采集数据

功　能	功 能 描 述
点阵屏控制	控制 AI-MPH7 开发平台的点阵屏
LED 控制	控制 AI-MPH7 开发平台的 LED
语音播报控制	控制 AI-MPH7 开发平台的语音播报

4.3.1.2　蓝牙综合应用的设计框架

本节介绍的蓝牙综合应用涉及 AI-MPH7 开发平台的九轴传感器、OLED、点阵屏、语音合成、蓝牙等模块，通过蓝牙实现手机和 AI-MPH7 开发平台的连接。蓝牙综合应用的设计框架如图 4.30 所示。

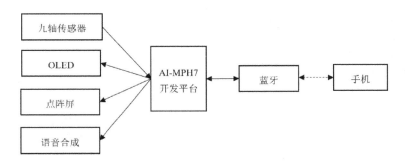

图 4.30　蓝牙综合应用的设计框架

4.3.2　蓝牙综合应用的开发实践

4.3.2.1　蓝牙综合应用的程序设计

蓝牙综合应用的程序代码如下：

```
from pyb import UART, Pin, ExtInt, ADC,OLED,DOTS,TTS, IMU
import ujson as js                          # 导入 JSON 解析模块
import pyb                                  # 导入 pyb 模块
tvoc = ADC(Pin('TVOC'))                      # 初始化 TVOC 传感器
lcd=OLED()                                   # 初始化 OLED
lcd.fill(0)
lcd.show()
dot=DOTS()                                   # 初始化点阵屏
dot.fill(0)
dot.show()

imu=IMU()                                    # 初始化九轴传感器
mt=Stepper()                                 # 初始化步进电机
led_d1 = Pin('D1',Pin.OUT_PP)                # 初始化 LED1
led_d2 = Pin('D2',Pin.OUT_PP)                # 初始化 LED2
```

```
led_d3 = Pin('D3',Pin.OUT_PP)                                    # 初始化 LED3
led_d4 = Pin('D4',Pin.OUT_PP)                                    # 初始化 LED4
led=[led_d4,led_d3,led_d2,led_d1]
ble = UART("BLE")                                                # 初始化蓝牙
ble.init(57600, bits=8, parity=None, stop=1, timeout=100,rxbuf=1000)  # 设置蓝牙的参数
ble.write('+++a')                                                # 进入蓝牙的配置模式
ble.read(10)
ble.write("AT+MAC?\r\n")                                         # 获取蓝牙模块的 MAC 地址
mac = ble.read(100)[7:19]
ble.write("AT+Z\r\n")                                            # 退出蓝牙的配置模式
ble.read(100)                                                    # 蓝牙的初始化信息
mac0=mac[0:2]+':'+mac[2:4]+':'+mac[4:6]+':'+mac[6:8]+':'+mac[8:10]+':'+mac[10:12]
mac1=mac[0:2]+':'+mac[2:4]+':'+mac[4:6]
mac2=mac[6:8]+':'+mac[8:10]+':'+mac[10:12]
lcd.qrcode(mac0,1,1,1)
lcd.text('MAC:',49,2,1)
lcd.text(mac1,33,12,1)
lcd.text(mac2,33,22,1)
lcd.show()
tts=TTS()                                                        # 初始化语音合成模块
tag={}                                                           # 初始化参数
drec=b''
while True:
    data = ble.read()                                           # 蓝牙模块接收数据
    if data != None:
        for i in data:                                          # 遍历接收到的数据
            if i == 0:                                          # 判断字符串的结尾标识，\x00
                try:
                    drec=drec.decode('utf-8')                   # 编码格式的处理
                    dic=js.loads(drec)                          # JSON 协议的解析，生成字典
                except:
                    print(drec)
                    drec=b''                                    # 解析出错，清空缓冲
                    break;                                      # 解析出错，退出循环

                if 'dots' in dic:                               # 控制点阵屏
                    dot.fill(0)
                    dot.display(bytes(dic['dots']))
                    dot.show()
                    tag['dots']=dic['dots']                     # 存储点阵屏的状态
                if 'led' in dic:                                # 控制 LED
                    for i in range(0,len(dic['led']),1):
                        led[i].value(dic['led'][i])
                    tag['led']=dic['led']                       # 存储 LED 的状态
                if 'voice' in dic:                              # 语音播报
                    tts.play(dic['voice'])
                if 'lcd' in dic:                                # OLED
```

```
            lcd.fill(0)
            lcd.text(dic['lcd'],0,10,1)
            lcd.show()
        if 'read' in dic:                          # 查询命令
            stag = {}
            tag['imu']=[imu.accel_x(),imu.accel_y(),imu.accel_z(),
                        imu.gryo_x(),imu.gryo_y(),imu.gryo_z(),
                        imu.mag_x(),imu.mag_y(),imu.mag_z()]
            tag['tvoc']=tvoc.read()/4096*3.3*2
            for i in dic['read']:
                if i in tag:
                    stag[i]=tag[i]
            snd = js.dumps(stag)+'\x00'             # 生成 JSON 格式的字符串，以\x00 结尾
            for i in range(0,len(snd),20):          # 蓝牙发送数据，每个数据包的大小为 20 B
                ble.write(snd[i:i+20])
                pyb.delay(120)                      # 延时 120 ms 后发送，保证蓝牙发送成功
            drec=b''                                # 运行完毕，清空
            break
        else:
            drec=drec+bytes([i])                    # 拼接字符串
imu.measure()                                       # 启动九轴传感器采集数据
```

4.3.2.2　蓝牙综合应用的测试

运行蓝牙综合应用的程序后，AI-MPH7 开发平台的 OLED 会显示蓝牙模块的 MAC 地址以及连接蓝牙模块的二维码，如图 4.31 所示。蓝牙综合应用的相关控制功能需要通过手机 App来实现。

图 4.31　蓝牙模块的 MAC 地址以及连接蓝牙模块的二维码

4.3.2.3　Android 应用测试

（1）硬件连接测试。连接 Python 嵌入式开发平台（AI-MPH7 开发平台）和手机，通过手机 App 配置 AI-MPH7 开发平台的蓝牙连接，配置方式包括手动输入、扫码连接和列表选择，

这里介绍扫码连接的方式。本节使用的手机 App 是 PythonBleDemo，读者可在本书配套的资源中找到该 App 的安装文件（PythonBleDemo.apk）。打开 PythonBleDemo 后，单击"扫码连接"选项，打开手机摄像头扫描 AI-MPH7 开发平台的 OLED 显示的二维码，如图 4.32 所示，识别成功后软件会进行自动连接。

图 4.32　扫描 OLED 显示的二维码

连接成功后手机 App 的界面如图 4.33 所示。

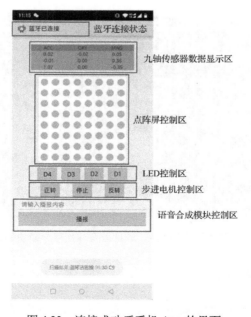

图 4.33　连接成功后手机 App 的界面

（2）软件功能测试。在点阵屏控制区，设置需要点亮的图形，AI-MPH7 开发平台的点阵屏会实时同步点亮，效果如图 4.34 所示。

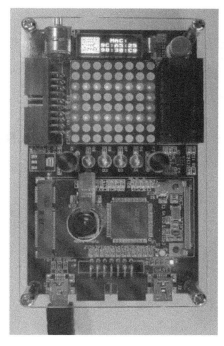

图 4.34　点阵屏的显示效果

在 LED 控制区分别单击"D4""D3""D2"和"D1"按钮，可以控制 AI-MPH7 开发平台上对应的 LED，LED 的控制效果如图 4.35 所示。

图 4.35　LED 的控制效果

移动 AI-MPH7 开发平台，可以在九轴传感器数据显示区中看到数据的实时更新效果。读者也可以对步进电机和语音合成模块进行实时控制。

4.3.3　小结

本节通过蓝牙综合应用的设计与开发，带领读者掌握点阵屏、九轴传感器、OLED、蓝牙模块、语音合成模块的综合应用开发方法。

4.3.4　思考与拓展

请简述在蓝牙综合应用开发中，蓝牙协议接收数据的处理流程。

本章主要介绍 Python 机器视觉应用，主要内容包括机器视觉的基础开发、图像处理应用的设计与开发、人脸识别技术的应用与开发、目标跟踪技术和颜色跟踪技术的应用与开发、卷积神经网络技术的应用与开发。

5.1 机器视觉的基础开发

5.1.1 机器视觉概述

作为一门新兴技术，机器视觉涉及计算机视觉、图像处理、模式识别、人工智能、信号处理、光机电一体化等多个领域的技术，可分析并处理二维图像信息，获取所需的数据。伴随着人工智能的快速发展，机器视觉在工业、农业、交通、医疗等行业得到了广泛的应用。

我国对机器视觉的研究起步于 20 世纪 80 年代，初期主要应用于半导体和电子行业，投入较少、缺乏自主研发。随着机器视觉的广泛应用和迅速发展，我国对机器视觉的研究得到了快速发展，逐渐成为世界第三大机器视觉应用市场。

机器学习从 20 世纪 80 年代中期开始，在国外获得了蓬勃的发展，在 90 年代进入高速发展时期，业界提出了多种新概念、新方法、新理论。随着深度学习概念的提出，卷积神经网络、循环神经网络等算法的推广应用，通过训练，机器可以自主建立识别逻辑，使图像识别的准确率得到大幅提升，机器视觉发展进入了一个新的阶段。目前，机器视觉在机器人、三维视觉、工业传感器、图像处理、人工智能等领域得到了广泛的应用。

基于 PC 的机器视觉系统结构如图 5.1 所示。

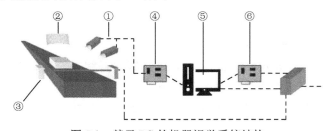

图 5.1　基于 PC 的机器视觉系统结构

① 相机：属于成像器件，机器视觉系统都是由一套或者多套成像系统组成的，如果有多个相机，既可以通过切换图像采集卡来获取图像数据，也可以通过同步控制来同时获取多个相机的图像数据。

② 光源：属于辅助的成像器件。

③ 传感器：通常以光纤开关、接近开关等形式出现，用来判断被测对象的位置和状态。

④ 图像采集卡：通常以插入卡的形式安装在 PC 平台中，图像采集卡的主要作用是把相机图像传输到 PC 平台。

⑤ PC 平台：基于 PC 的视觉系统的核心，其作用是完成图像处理和大部分的控制逻辑。PC 平台通常都有视觉处理软件，该软件用来处理图像并输出结果。

⑥ 控制单元：用来控制被测对象，如生产过程等。

机器视觉主要分为三类：

（1）单目视觉技术：通过单个相机来采集图像，一般只能获取二维图像。

（2）双目视觉技术：模拟人眼处理环境信息的方式，通过两个相机从外界采集图像，可建立被测对象的三维坐标。

（3）多目视觉技术：采用多个相机来减少盲区，可降低错误检测的概率，常用于物体运动检测。

5.1.2　OpenMV 模块简介

AI-MPH7 开发平台集成了 OpenMV 模块，该模块是一个开源、低成本、功能强大的机器视觉模块。OpenMV 模块以 STM32F427 为核心，具有 UART、I2C、SPI、PWM、ADC、DAC 和 GPIO 等接口，集成了摄像头，提供了 Python 编程接口，不仅可以实现颜色识别、模板匹配、特征点检测、测距等基础的图像处理操作，也可以实现人脸检测、人脸识别、瞳孔识别以及卷积神经网络图像分类等高级机器视觉应用。

5.1.2.1　OpenMV 模块的功能

OpenMV 模块中的机器视觉算法包括寻找色块、人脸检测、眼球跟踪、边缘检测、标志跟踪等，常用的功能如下：

（1）运动检测。通过 OpenMV Cam 和帧差分算法，可以检测场景中的运动情况。

（2）颜色追踪。OpenMV 模块可检测 16 种颜色，并且每种颜色都可以有任意数量的不同色块。OpenMV 模块可以检测出每个色块的位置、大小、中心和方向。

（3）标记跟踪。通过 OpenMV Cam，可以检测被测对象上的颜色标签，获取标签的内容，从而实现标记跟踪。

（4）人脸检测。通过 OpenMV Cam 和 Haar 模板可进行对象检测，通过内置的 Frontal Face 模板和 Eye Haar 模板可检测人脸和眼睛。

（5）眼动跟踪。通过 OpenMV Cam，可以使用眼动跟踪来检测某人的注视方向，跟踪眼睛、检测瞳孔的位置，并检测图像中是否有眼睛。

（6）人检测。通过 OpenMV 模块内置的人检测器（TensorFlow Lite 模型），可以检测场景中是否有人。

（7）光流。通过 OpenMV 模块的光流功能可以检测摄像头前的画面。

（8）二维码检测/解码。通过 OpenMV Cam，可以检测并读取场景中的二维码，从而使智能机器人读取场景中的标签。

（9）矩阵码检测/解码。通过 OpenMV Cam，可以检测并读取场景中的矩阵码。

（10）标记跟踪。通过 OpenMV Cam，可以追踪 AprilTags。AprilTags 是旋转不变、尺度不变、剪切不变和照明不变的基准标记。

（11）直线检测。通过 OpenMV Cam，可以在几乎满帧率的情况下，快速地完成直线检测。

（12）圆形检测。通过 OpenMV 模块，可以检测图像中的圆形。

（13）矩形检测。通过 OpenMV 模块，可以检测图像中的矩形。

（14）模板匹配。通过 OpenMV 模块的模板匹配，可以检测场景中是否有与模板相似的图片。例如，可以使用模板匹配来查找 PCB 上的标记或读取显示器上的数字。

（15）图像捕捉。通过 OpenMV 模块，可以捕获灰度图像，并在 Python 脚本中捕获图像。例如，使用机器视觉的算法进行直线和字符的绘制。

5.1.2.2　OpenMV IDE 的安装与使用

在 星 瞳 科 技 的 官 网 （ https://singtown.com/openmv-download/）下载 OpenMV IDE 的安装软件，这里使用的是 Windows 版的安装软件 openmv-ide-windows.exe，双击安装软件即可安装 OpenMV IDE。OpenMV IDE 的安装界面如图 5.2 所示。

图 5.2　OpenMV IDE 的安装界面

安装成功后运行 OpenMV IDE，其运行界面如图 5.3 所示。

图 5.3　OpenMV IDE 的运行界面

单击 OpenMV IDE 的运行界面右侧的"■"按钮，可弹出如图 5.4 所示的视频窗口。

图 5.4　OpenMV IDE 的视频窗口

使用 USB 连接线连接 AI-MPH7 开发平台和计算机后，单击 OpenMV IDE 运行界面左下方的"■"按钮，可建立 AI-MPH7 开发平台和 OpenMV IDE 的连接，如图 5.5 所示。

图 5.5　建立 AI-MPH7 开发平台和 OpenMV IDE 的连接

建立 AI-MPH7 开发平台和 OpenMV IDE 的连接后，在视频窗口可以看见摄像头拍摄的图像，如图 5.6 所示，接下来就可以进行机器视觉的程序编写与调试了。

图 5.6　视频窗口显示的摄像头拍摄的图像

5.1.2.3　使用 OpenMV IDE 进行机器视觉的程序编写与调试

（1）在计算机桌面新建文件 test.py，使用 Notepad++打开文件 test.py 并输入如图 5.7 所示的代码。

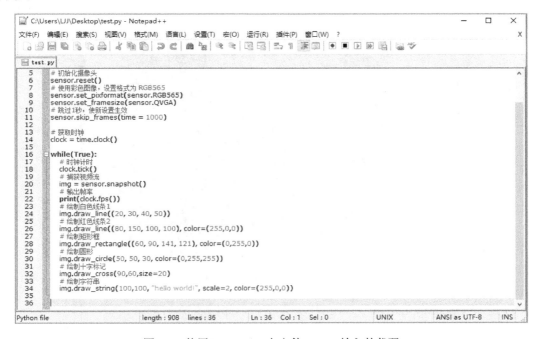

图 5.7　使用 Notepad++向文件 test.py 输入的代码

（2）打开 OpenMV IDE，单击"🖼"按钮来打开文件 test.py，如图 5.8 所示。

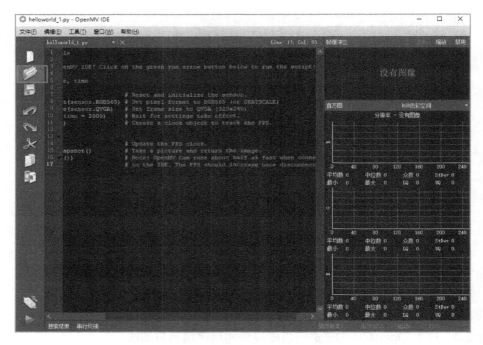

图 5.8　在 OpenMV IDE 中打开 test.py 文件

（3）使用 USB 连接线连接 AI-MPH7 开发平台和计算机，如图 5.9 所示，AI-MPH7 开发平台使用的是 USB-OTG 接口（接口上方有 OTG 字母标识），计算机使用的是 USB 接口。

图 5.9　使用 USB 连接线连接 AI-MPH7 开发平台和计算机

（4）连接 OpenMV IDE 和 AI-MPH7 开发平台，如图 5.10 所示。

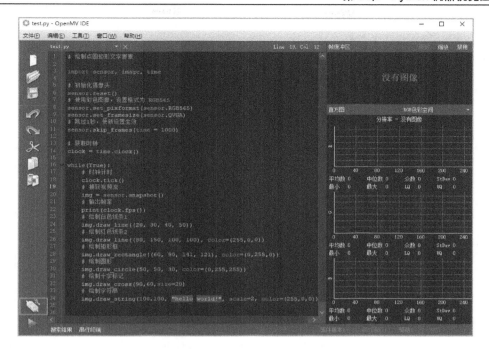

图 5.10 连接 OpenMV IDE 和 AI-MPH7 开发平台

（5）单击"▶"按钮运行文件 test.py，如图 5.11 所示。

图 5.11 运行文件 test.py

（6）文件 test.py 的运行效果如图 5.12 所示。

图 5.12　文件 test.py 的运行效果

5.1.3　OpenMV 的开发接口

5.1.3.1　OpenMV 模块的感光元件

sensor 类用于设置感光元件的参数，其常用方法如表 5.1 所示。

表 5.1　sensor 类的常用方法

方　法	方　法　说　明
sensor.reset()	初始化感光元件
sensor.set_pixformat()	设置像素模式，参数 sensor.GRAYSCALE 表示灰度，每个像素的大小均为 8 bit；sensor.RGB565 表示彩色，每个像素的大小均为 16 bit
ensor.set_framesize()	设置图像的大小
sensor.skip_frames(n=10)	跳过 n 帧，等待感光元件变稳定
sensor.snapshot()	拍摄一张照片，返回一个 image 对象
sensor.set_hmirror(True)	设置水平方向翻转
sensor.set_vflip(True)	设置垂直方向翻转
sensor.set_gainceiling(gainceiling)	设置相机图像的增益上限，可选值为 2、4、8、16、32、64 和 128
sensor.set_contrast(contrast)	设置相机图像的对比度，取值范围为 -3～+3

5.1.3.2　OpenMV 模块的常用图像处理方法

（1）获取/设置像素点。获取/设置像素点的方法如表 5.2 所示。

表 5.2　获取/设置像素点的方法

方　　法	方　法　说　明
image.get_pixel(x, y)	用于获取像素点。对于灰度图，该方法可返回坐标（x,y）的灰度值；对于彩色图，该方法可返回坐标（x,y）的 RGB 值，返回值是元组类型的(r,g,b)
image.set_pixel(x, y, pixel)	用于设置像素点。对于灰度图，该方法可设置坐标（x,y）的灰度值；对于彩色图，该方法可设置坐标（x,y）的 RGB 值

（2）获取图像信息的方法如表 5.3 所示。

表 5.3　获取图像信息的方法

方　　法	方　法　说　明
image.width()	返回图像的宽度（以像素为单位）
image.height()	返回图像的高度（像素）
image.format()	对于灰度图，该方法返回 sensor.GRAYSCALE；对于彩色图，该方法返回 sensor.RGB565
image.size()	返回图像的大小（以字节为单位）

（3）图像运算的方法如表 5.4 所示。

表 5.4　图像运算的方法

方　　法	方　法　说　明
image.invert()	取反，对于二值化的图像运算，可以使 0（黑）变成 1（白）、使 1（白）变成 0（黑）。图像可以是另一个 image 对象，或者从 bmp、pgm、ppm 文件读入的 image 对象，但必须具有相同的尺寸和类型（灰度图/彩色图）
image.nand(image)	与另一张图像进行与非运算
image.nor(image)	与另一张图像进行或非运算
image.xor(image)	与另一张图像进行异或运算
image.xnor(image)：	与另一张图像进行异或非运算
image.difference(image)	从一张图像减去另一张图像，常用于移动检测

（4）画图的方法如表 5.5 所示。

表 5.5　画图的方法

方　　法	方　法　说　明
image.draw_line(line_tuple, color=White)	在图像中画一条直线。参数 line_tuple 的格式是(x0, y0, x1, y1)，表示从(x0, y0)到(x1, y1)的直线；参数 color 可以是灰度值（0～255），或者彩色值（r, g, b），默认是白色
image.draw_rectangle(rect_tuple, color=White)	在图像中画一个矩形框。参数 rect_tuple 的格式是(x, y, w, h)，表示从坐标(x, y)画一个宽度为 w、高度为 h 的矩形框，(x, y)是矩形的左上角的坐标
image.draw_circle(x, y, radius, color=White)	在图像中画一个圆，x 和 y 是圆心坐标，radius 是圆的半径
image.draw_cross(x, y, size=5, color=White)	在图像中画一个"十"字，x 和 y 是"十"字的中心坐标，size 是两侧的尺寸

方　　法	方 法 说 明
image.draw_string(x, y, text, color=White)	在图像中写字符，字符的像素是 8×10，x 和 y 是字符的坐标，使用\n、\r、\r\n 等可以将光标移动到下一行。text 是要写的字符串

（5）寻找色块的方法为 find_blobs()，通过该方法可以找到色块，示例如下：

image.find_blobs(thresholds, roi=Auto, x_stride=2, y_stride=1, invert=False, area_threshold=10, pixels_threshold=10, merge=False, margin=0, threshold_cb=None, merge_cb=None)

其中，参数 thresholds 表示颜色阈值，该参数是一个列表，列表中包含了多个颜色。如果只需要一个颜色，则列表中只需要一个颜色值；如果需要多个颜色阈值，则列表中需要多个颜色阈值。例如：

```
green = (xxx,xxx,xxx,xxx,xxx,xxx)
blue = (xxx,xxx,xxx,xxx,xxx,xxx)
img=sensor.snapshot()
green_blobs = img.find_blobs([green])
color_blobs = img.find_blobs([green,blue])
```

参数 roi 是感兴趣区域的矩形元组(x, y, w, h)，x 和 y 是感兴趣区域左上角的坐标，w 和 h 分别是感兴趣区域的宽度和高度。对图像的操作仅限于感兴趣区域内的像素。

参数 x_stride 表示查找的色块在 x 方向上的最小宽度的像素。找到色块后，可采用直线填充算法确定具体的像素。若已知色块较大，可通过增加 x_stride 来提高查找色块的速度。

参数 y_stride 表示查找的色块在 y 方向上的最小宽度的像素。找到色块后，可采用直线填充算法确定具体的像素。若已知色块较大，可通过增加 y_stride 来提高查找色块的速度。

参数 invert 表示反转阈值操作，像素在已知颜色范围之外，而非在已知颜色范围内进行匹配。

参数 area_threshold 表示面积阈值，如果色块被框起来的面积小于该阈值，则会被过滤掉。

参数 pixels_threshold 表示像素数量阈值，如果色块的像素数量小于该阈值，则会被过滤掉。

参数 merge 表示合并，若 merge 为 True，则合并所有没有被过滤掉的色块。

参数 margin 表示边界，如果设置为 1，那么两个间距为 1 个像素的色块将会被合并。

参数 threshold_cb 用于在进行阈值筛选后为每个色块设置回调函数，该回调函数以待筛选的色块为参数，返回 True 表示保留该色块，返回 False 表示过滤该色块。

参数 merge_cb 用于为待合并的两个色块设置回调函数，该回调函数以两个待合并的色块为参数，返回 True 表示同意合并，返回 False 表示禁止合并。

5.1.4　OpenMV 模块的开发实践

5.1.4.1　简单图形的绘制

机器视觉系统通常需要检测目标物体，并进行外框标识，因此需要在图像或视频流中绘制点、线、圆、矩形或文字等要素。本节使用 OpenMV 模块在视频流中绘制简单的图形。

（1）新建文件 draw_point_rect.py，首先使用 Notepad++（或者其他程序编辑软件）打开该文件并输入以下代码，然后保存该文件。

```python
# 绘制点、圆、矩形、文字等要素
import sensor, image, time
# 初始化摄像头
sensor.reset()
# 使用彩色图，设置格式为 RGB565
sensor.set_pixformat(sensor.RGB565)
sensor.set_framesize(sensor.QVGA)
# 跳过 1 s，使新设置生效
sensor.skip_frames(time = 1000)


# 获取时钟
clock = time.clock()

while(True):
    # 时钟计时
    clock.tick()
    # 捕获视频流
    img = sensor.snapshot()
    # 输出帧率
    print(clock.fps())
    # 绘制蓝色线条 1
    img.draw_line((100, 80, 130, 80), color=(0,0,255))
    # 绘制红色线条 2
    img.draw_line((170, 80, 220, 80), color=(255,0,0))
    # 绘制绿色矩形框
    img.draw_rectangle((90, 60, 141, 121), color=(0,255,0))
    # 绘制黄色圆框
    img.draw_circle(160, 140, 30, color=(255,255,0))
    # 绘制"十"字标记
    img.draw_cross(90,60,size=20)
    # 绘制紫色字符串
    img.draw_string(60,200, "Machine vision", scale=2, color=(128,0,128))
```

（2）运行文件 draw_point_rect.py，其结果如图 5.13 所示。

图 5.13　文件 draw_point_rect.py 的运行结果

5.1.4.2 色块的识别与跟踪

本节使用 OpenMV 模块识别不同的色块，并用矩形框进行标识，在识别色块后实时跟踪色块的移动。

（1）新建文件 color_track.py，并输入以下代码：

```
# 识别不同色块，并用矩形框进行标识

import sensor, image, time

# 初始化摄像头
sensor.reset()
# 使用彩色图，设置格式为 RGB565
sensor.set_pixformat(sensor.RGB565)
sensor.set_framesize(sensor.QVGA)
# 跳过 1 s，使新设置生效
sensor.skip_frames(time = 1000)

# 获取时钟
get_clock = time.clock()

# 目标色块
# 选择"工具"→"机器视觉"→"阈值编辑器"，获取绿色和蓝色样本色块的阈值
green = (0, 100, -128, -18, -128, 127)
blue = (0, 30, -128, 127, -128, -12)

while(True):
    # 时钟计时
    get_clock.tick()
    # 获取视频流
    srcImg = sensor.snapshot()
    # 输出帧率
    print(get_clock.fps())
    # 识别指定的色块
    color_blocks = srcImg.find_blobs([green, blue])

    # 对识别的色块进行标注
    for cblock in color_blocks:
        # 获取识别的色块矩形区域
        color_area = cblock.rect()
        # 绘制红色矩形框进行标注
        srcImg.draw_rectangle(color_area, color=(255,0,0))
```

（2）运行文件 color_track.py，并设置相关参数。首先，需要使用 OpenMV IDE 获取样本色块的颜色阈值，具体操作为：选择 OpenMV IDE 的菜单"工具"→"机器视觉"→"阈值

编辑器"，如图 5.14 所示；选择源图像的位置（见图 5.15）后，打开如图 5.16 所示的"阈值编辑器"对话框。

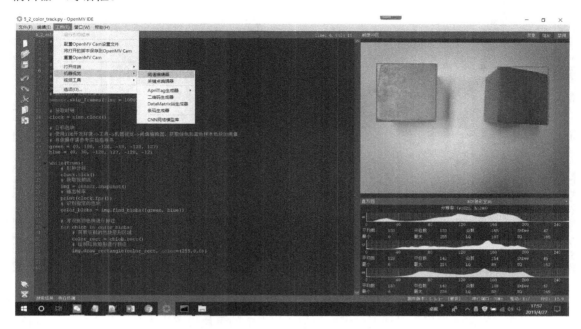

图 5.14　选择 OpenMV IDE 的菜单"工具"→"机器视觉"→"阈值编辑器"

图 5.15　选择源图像的位置

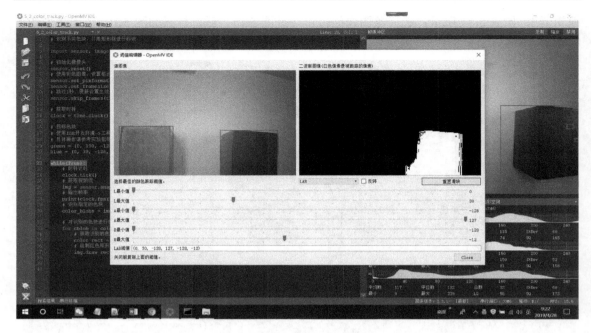

图 5.16 "阈值编辑器"对话框

然后在"阈值编辑器"对话框中调整阈值，将指定的色块设置为白色，其余色块为黑色，即可在"LAB 阈值"中看到颜色阈值，将颜色阈值复制到文件 color_track.py 中。

（3）文件 color_track.py 的运行结果如图 5.17 所示，本例可以成功识别出绿色和蓝色的色块，在移动摄像头时，标记会实时追踪色块。

图 5.17 文件 color_track.py 的运行结果

5.1.5 小结

本节主要介绍机器视觉的基础开发，首先简要地对机器视觉进行了概述，然后重点介绍了 OpenMV 模块，接着介绍了 OpenMV 模块的开发接口，最后使用 OpenMV 模块实现了两个案例，即简单图形的绘制以及色块的识别与跟踪。

5.1.6　思考与拓展

（1）机器视觉系统工作原理是什么？
（2）简述 OpenMV 模块的功能。

5.2　图像处理技术的应用与开发

本节主要介绍图形处理技术的应用与开发，主要内容有 MicroPython 的文件操作和图像边缘特征的检测。

5.2.1　MicroPython 的文件操作

5.2.1.1　MicroPython 的文件读写

MicroPython 内置了读写文件的函数，用法和 C 语言兼容，本节主要介绍文件的读写、打开、关闭、文件对象等内容。

（1）常用的读文件函数如下：

● read(size)函数：每次最多读取 size 个字节。
● readline()函数：每次读取一行的内容。
● readlines()函数：可以一次读取所有的内容。

（2）写文件函数 write()：写文件的函数用法和读文件函数的用法一样，唯一区别是在调用 open()函数时，标识符 w 或者 wb 表示写文本文件或写二进制文件，a 表示追加等。文件打开模式如表 5.6 所示。

表 5.6　文件打开模式

模　　式	描　　述
r	以只读方式打开文件，文件的指针将会放在文件的开头，这是默认模式
rb	以二进制格式打开一个文件，用于只读，文件指针将会放在文件的开头，这是默认模式
r+	打开一个文件，用于读写，文件指针将会放在文件的开头
rb+	以二进制格式打开一个文件，用于读写，文件指针将会放在文件的开头
w	打开一个文件，只用于写。如果该文件已存在则将其覆盖；如果该文件不存在则创建新文件
wb	以二进制格式打开一个文件，只用于写入。如果该文件已存在则将其覆盖；如果该文件不存在则创建新文件
w+	打开一个文件，用于读写。如果该文件已存在则将其覆盖；如果该文件不存在则创建新文件
wb+	以二进制格式打开一个文件，用于读写。如果该文件已存在则将其覆盖；如果该文件不存在则创建新文件
a	打开一个文件，用于追加内容。如果该文件已存在，则文件指针将会放在文件的结尾。也就是说，新的内容将会被写入到已有内容之后。如果该文件不存在，则创建新文件进行写入
ab	以二进制格式打开一个文件，用于追加内容。如果该文件已存在，则文件指针将会放在文件的结尾。也就是说，新的内容将会被写入到已有内容之后。如果该文件不存在，则创建新文件进行写入

续表

模　式	描　　述
a+	打开一个文件，用于读写。如果该文件已存在，则文件指针将会放在文件的结尾。如果该文件不存在，则创建新文件
ab+	以二进制格式打开一个文件，用于追加内容。如果该文件已存在，则文件指针将会放在文件的结尾。如果该文件不存在，则创建新文件

（3）file 对象。当打开一个文件时，会产生一个 file 对象。file 对象的内置属性如表 5.7 所示。

表 5.7　file 对象的内置属性

file 对象的内置属性	描　　述
file.closed	表示文件已经被关闭，否则为 False
file.mode	打开文件时使用的打开模式
file.encoding	文件所使用的编码
file.name	文件名
file.newlines	未读取到行分隔符时为 None；只有一种行分隔符时为一个字符串；当文件有多种类型的行结束符时，则为一个包含所有当前所遇到的行结束符的列表
file.softspace	为 0 时表示在输出一数据后要加上一个空格符，为 1 时表示不加。该属性通常在程序内部使用

5.2.1.2　MicroPython 的 os 模块

在 MicroPython 中，对文件或文件夹进行的操作通常会涉及 os 模块，通过该模块可进行新建目录库、新建文件之类的操作。os 模块的方法如表 5.8 所示。

表 5.8　os 模块的方法

os 模块的方法	描　　述
os.listdir([dir])	如果没有参数，则列出当前目录；如果给了参数，则列出参数所代表的目录
os.chdir(path)	改变当前目录
os.getcwd()	获得当前目录
os.mkdir(path)	新建一个目录
os.remove(path)	删除文件
os.rmdir(path)	删除目录
os.rename(old_path, new_path)	重命名文件
os.stat(path)	获得文件或者路径的状态

5.2.1.3　读写图像文件的类

1）ImageWriter 类

ImageWriter 类可以快速地将未压缩的图像文件写入磁盘，该类的构造函数为：

```
classimage.ImageWriter(path)
```

通过 ImageWriter 类创建的 ImageWriter 对象，可以在 OpenMV 模块中将未压缩的图像文件写入磁盘，未压缩的图像文件可以使用 ImageReader 类的方法读取。ImageWriter 类的常用方法如表 5.9 所示。

表 5.9　ImageWriter 类的常用方法

方　法	方　法　说　明
imagewriter.size()	返回正在写入的图像文件的大小
imagewriter.add_frame(img)	将图像文件写入磁盘。图像文件不需要压缩，虽然写入速度快，但会占用大量的磁盘空间
imagewriter.close()	关闭图像文件。在对图像文件进行操作后，必须关闭图像文件，否则会损坏图像文件

2）ImageReader 类

通过 ImageReader 类可以快速地从磁盘中读取未压缩的图像文件。该类的构造函数为：

```
classimage.ImageReader(path)
```

ImageReader 对象可以回放由 ImageWriter 对象编写的图像文件。ImageReader 类的常用方法如表 5.10 所示。

表 5.10　ImageWriter 类的常用方法

方　法	方　法　说　明
imagereader.size()	返回正在读取的图像文件的大小
imagereader.next_frame([copy_to_fb=True, loop=True])	从 ImageWriter 对象写入的图像文件中返回图像对象。若 copy_to_fb 为 True，则图像对象将被直接加载到帧缓冲区中；否则图像对象将被放入堆中。若 loop 为 True，则图像流的最后一张图像读取之后，将重新开始回放
imagereader.close()	关闭正在读取的图像文件

5.2.1.4　图像文件读写应用的开发

图像数据一般是通过图像文件来保存的，常见的图像文件格式有 BMP、JPEG、JPG、PNG 等。本节通过 MicroPython 的机器视觉包，实现对图像文件的写入和读取。

首先，需要在 AI-MPH7 开发平台中插入一张 SD 卡，当插入 SD 卡后，根目录就是 SD 卡；不插入 SD 卡时，根目录就是内置的 Flash；然后，进行图像文件的写入和读取操作。相关步骤如下：

（1）打开 U 盘，新建文件夹 pic，如图 5.18 所示。

（2）新建文件 image_writer.py，输入以下代码：

```python
# 图像文件的写入和读取
import sensor, image, time
# 初始化摄像头
sensor.reset()
# 设置图像色彩格式，设置格式为 GRAYSCALE 的灰度图
sensor.set_pixformat(sensor. GRAYSCALE)
sensor.set_framesize(sensor.QVGA)
# 跳过 1 s，使新的设置生效
```

```
sensor.skip_frames(time = 1000)

# 获取摄像头视频流
srcImg = sensor.snapshot()

# 保存为非压缩的 dat 文件
srcImg_writer = image.ImageWriter("/pic/example.dat")

# 在视频流中增加帧
srcImg _writer.add_frame(srcImg)

# 关闭图像文件的写入
srcImg _writer.close()
```

图 5.18 新建的 pic 文件夹

运行文件 image_writer.py 后，可从摄像头获取的视频中抽取一个帧，并保存为图像文件。

（3）读取文件。从 SD 卡中读取视频流文件，并使用 OpenMV IDE 的摄像头窗口显示。
新建文件 image_reader.py，输入以下代码：

```
# 图像文件的读取
import sensor, image, time

# 初始化摄像头
sensor.reset()
# 设置图像色彩格式，设置格式为 GRAYSCALE 的灰度图
sensor.set_pixformat(sensor. GRAYSCALE)
sensor.set_framesize(sensor.QVGA)
# 跳过 1 s，使新的设置生效
sensor.skip_frames(time = 1000)
# 获取时钟
```

```
get_clock = time.clock()
# 读取视频流文件
reader = image.ImageReader("/pic/example.dat")
# 控制开关，读取图像后，设置为 True
flag = False

while(True):
    # 时钟滴答
    get_clock.tick()
    # 获取视频流文件
    img = sensor.snapshot() if flag else reader.next_frame(copy_to_fb=True, loop=True)
    # 输出帧率
    print(get_clock.fps())
```

5.2.2　图像边缘特征的检测

5.2.2.1　Canny 边缘检测算法的工作原理

图像边缘检测是图像边缘特征提取的重要内容，常用的图像边缘检测算法是 Canny 边缘检测算法，该算法包括以下几个步骤：

1）图像去噪

类似于 LoG（Laplacian of Gaussian）算子，图像去噪的常用算法是高斯模糊，主要作用就是去除噪声。噪声主要集中于高频信号，很容易被识别为伪边缘。当采用高斯模糊算法去除噪声时，可提高伪边缘的识别率。由于图像边缘通常也是高频信号，因此采用高斯模糊算法时，半径选择很重要，过大的半径很容易检测不到一些弱边缘。

2）计算梯度的幅值和方向

图像边缘可以指向不同的方向，因此 Canny 边缘检测算法使用 4 个梯度算子来分别计算水平、垂直和两个对角线方向的梯度。但在实际中并不用 4 个梯度算子来计算 4 个方向，常用边缘差分算子（如 Rober、Prewitt、Sobel）来计算水平和垂直方向的差分 W_x 和 W_y，这样就可以得到梯度的幅值和方向：

$$W = \sqrt{W_x^2 + W_y^2}$$
$$\theta = \arctan2(W_x, W_y)$$

梯度方向 θ 的范围是 $-\pi \sim \pi$，可近似 4 个方向，分别代表水平、垂直和两个对角线方向（0°、90°、45°、135°）。

3）非最大值抑制

通过上面两个步骤得到的梯度边缘是用多个像素的宽度表示的，这样的梯度图还是很模糊的。非最大值抑制是一种常用的边缘细化算法，通过非最大值抑制，可以保留局部的最大梯度幅度、抑制其他梯度幅度，这意味着可以只保留梯度变化中最锐利的位置。非最大值抑制的原理是：比较当前点的梯度幅度和正负梯度方向点的梯度幅度，如果当前点的梯度幅度和同方向的其他点的梯度幅度相比较是最大的，则保留当前的梯度幅度；否则就抑制当前点的梯度幅度,将其设为 0。

4)双阈值

经过非最大值抑制后,仍然有很多的可能边缘点,需要进一步设置一个双阈值,即低阈值和高阈值。当像素的梯度幅度变化大于高阈值时,将其设置为强边缘像素;当像素的梯度幅度变化小于低阈值时,则剔除该像素;在低阈值和高阈值之间的像素被设置为弱边缘像素。

设置双阈值目的是只保留强边缘轮廓,但有可能使边缘无法闭合,这就需要从低阈值和高阈值之间选取像素进行补充,使得边缘尽可能闭合。

5)滞后边界跟踪

强边缘点可以认为是真边缘点,弱边缘点则可能是真边缘点,也可能是噪声或颜色变化引起的伪边缘点。为了得到精确的结果,应去掉由后者引起的弱边缘点。通常,真实边缘的弱边缘点和强边缘点是连通的,由噪声引起的弱边缘点则不连通。滞后边界跟踪算法可检测弱边缘点的 8 连通领域的像素,只要存在强边缘点,那么这个弱边缘点就被认为是真边缘。

5.2.2.2　Canny 边缘检测算法的接口函数

Canny 边缘检测算法的接口函数为:

```
image.find_edges(edge_type[, threshold])
```

该接口函数的功能是将图像变为黑白图像,将边缘保留为白色像素,仅支持灰度图像。参数 image.EDGE_SIMPLE 表示阈值高通滤波算法;参数 image.EDGE_CANNY 表示 Canny 边缘检测算法;参数 threshold 表示一个包含低阈值和高阈值的二值元组。

5.2.2.3　图像边缘特征检测的应用设计

本节使用 Canny 边缘检测算法实现图像边缘特征的检测。新建文件 edges.py,输入以下代码:

```python
# 使用 Canny 边缘检测算法实现图像边缘特征的检测

import sensor, image, time

# 初始化摄像头
sensor.reset()
# 设置像素格式:边缘检测一般设置为灰度格式
sensor.set_pixformat(sensor.GRAYSCALE)
# 设置帧尺寸
sensor.set_framesize(sensor.QVGA)
# 跳过 1 s,使新的设置生效
sensor.skip_frames(time = 1000)
# 设置增益上限
sensor.set_gainceiling(8)
# 获取时钟,以便跟踪帧率 FPS
get_clock = time.clock()

while(True):
```

```
    # 获取每帧之间的时间（以毫秒为单位）
    get_clock.tick()
    # 获取视频流图像帧
    srcImg = sensor.snapshot()
    # 使用 Canny 边缘检测方法
    srcImg.find_edges(image.EDGE_CANNY, threshold=(60, 90))
    # 输出帧率
print(get_clock.fps())
```

文件 edges.py 的运行结果如图 5.19 所示。

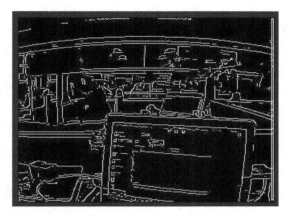

图 5.19　文件 edges.py 的运行结果

5.2.3　小结

本节主要介绍了图形处理技术的应用与开发。通过本节的学习，读者可以掌握文件的读写操作方法，通过 Canny 边缘检测算法实现图像边缘特征的检测。

5.2.4　思考与拓展

简述图像边缘特征检测编程的实现步骤。

5.3　人脸识别技术的应用与开发

5.3.1　人脸识别

人脸识别是指基于人的脸部特征，判断图像或者视频流中是否存在人脸。如果存在人脸，则进一步给出每张人脸的位置、大小和主要的面部器官位置信息，并依据这些信息提取人脸中所蕴含的身份特征，并将其与已知的人脸进行对比，从而识别每张人脸的身份。

完整的人脸识别系统主要涉及三个方面的技术：人脸检测、人脸跟踪和人脸对比。

（1）人脸检测技术。人脸检测技术可以判断图像中是否存在人脸，并可以裁剪出面部图像。常用的人脸检测技术如下：

① 参考模板法：首先为测试样本设计一个或数个标准人脸参考模板，然后计算采集的人脸样本与任何一个标准人脸参考模板之间的相互匹配程度，最后通过阈值计算来推测判断该图像中是否存在人脸。

② 人脸规则法：依据人脸本身具有的生理组织结构和细胞分布生理特征进行检测，先提取人脸器官纹理及形状信息特征，再生成人脸模型来判断图像中是否存在人脸。

③ 模式识别学习法：采用模式识别的方法对图像数据进行训练，通过训练包含人脸的数据集和不含人脸数据集，生成一定参数的人脸分类器，实现人脸检测。

④ 特征子脸法：将人脸图像数据化，将所有的人脸集合转化为一个人脸子空间，并通过不同的转换函数将检测的目标图像与训练好的人脸子空间投影做比较，通过判断欧氏距离的大小来达到检测人脸的目的。

（2）人脸跟踪技术。人脸跟踪是指对已检测到人脸的视频流进行持续的目标跟踪。通过人脸跟踪技术，可以将单一图像的面部特征有机地结合到时间域上，使动态的人脸检测操作不仅仅依靠单一的图像模型进行判断，加入了单一特征在时间域的变化特征，从而对视频流中每幅图像的人脸位置进行精确估计。常用的人脸跟踪技术有模型跟踪法、运动信息跟踪法、人脸局部特征跟踪法等。

（3）人脸比对技术。人脸比对是指对已检测的人脸图像或人脸特征与数据库中的图像或特征进行逐一对比，计算不同域下的距离，找到在数据库中的最佳匹配对象。人脸对比技术可分为基于特征向量的人脸对比技术与基于面纹模板的人脸对比技术。

人脸识别系统的一般流程如图 5.20 所示。

（1）图像采集和检测。通过不同的设备对人脸图像进行采集和检测。

（2）图像预处理。图像预处理是指对图像进行归一化或其他处理，使图像更符合人脸识别系统正常运行的要求。目前，光线补偿、灰度变换、直方图均衡化、归一化、几何校正、滤波和锐化等操作都是主流的图像预处理手段。

（3）特征提取。特征提取的目的是对人脸中可用于人脸识别的信息进行提取与存储。按照特征提取的方式，可将特征提取分为基于知识表征的特征提取与基于代数表征的特征提取。

（4）降维。对于同一个特征来说，数据的维数越高，其识别率就越高，但运算难度也越大，而且维数越高，

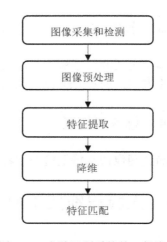

图 5.20 人脸识别系统的一般流程

运算所需要的时间就越长。为了便于图像数据的处理，降维是非常必要的。常用的降维算法是 PCA（Principal Component Analysis）算法等。

（5）特征匹配。特征匹配是指先对比个体所提取处理好的人脸特征与数据库，再通过设置阈值对匹配程度进行二分类。

5.3.2　人脸识别的关键技术

目前，人脸识别技术可分为两类，分别是基于知识的人脸识别技术和基于统计的人脸识别技术。基于知识的人脸识别技术利用人脸作为器官特征的组合，根据器官的特征以及相互之间的几何位置来识别人脸。基于统计的人脸识别技术将人脸通过特征计算后放到一个二维像素矩阵中，以统计的方法通过大量人脸图像样本来构造人脸模型。

本节采用 Haar 分类器进行人脸识别。Haar 分类器是一种利用 Haar 特征、积分图方法、Adaboost 算法、级联的，基于统计的人脸识别技术，其特点如下：

（1）利用 Haar 特征进行检测。

（2）利用积分图对 Haar 特征求值。

（3）利用 Adaboost 算法区分人脸和非人脸。

（4）利用级联提高准确率。

Haar 分类器是一种非常有效的人脸识别技术，先通过大量图像训练得到一个级联函数（Cascade Function），再利用级联函数来进行人脸识别。

Haar 特征包括边缘特征、线性特征、中心和对角线特征，这些特征可组合成特征模板。特征模板内有白色和黑色两种矩形，定义该模板的特征值为白色矩形像素和减去黑色矩形像素和。图 5.21 所示为特征原型。

图 5.21　特征原型

图 5.22 所示为矩形特征，可表示人脸的某些特征。例如，表示眼睛区域的颜色比脸颊区域的颜色深（中间的图），表示鼻梁两侧的颜色比鼻梁的颜色要深（右侧的图）。同样，眼睛等其他器官也可以用一些矩形特征来表示。

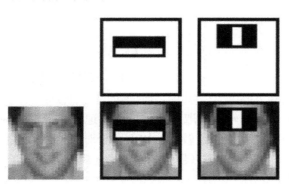

图 5.22　矩形特征

通过改变特征模板的大小和位置，可在图像子窗口中穷举出大量的特征。特征原型在图像子窗口中扩展（平移伸缩）后得到的特征称为矩形特征，矩形特征的值称为特征值。

在 OpenMV 模块中，通过 face_recognition.face_encodings()函数以及 shape_predictor_68_face_landmarks.dat，可识别出人脸的 68 个特征点位置，返回一个 128 维的向量。这个过程仅仅是一个粗定位的过程，如果要进行精细定位，则可以使用 face_recognition.face_landmark()函数，该函数会返回一个列表，列表中的每个元素都包含嘴唇、眉毛、鼻子等精细区域的特征点的位置。特征点的位置如图 5.23 所示。

图 5.23　特征点的位置

检测到人脸的特征点后，可以通过欧拉公式计算两个人脸向量之间的距离，具体可以直接通过 face_recognition.compare_faces()函数来实现。

5.3.3　OpenMV 模块的人脸识别开发接口

OpenMV 模块的人脸识别开发接口为：

image.find_features()

例如：

image.find_features(cascade[, threshold=0.5[, scale=1.5[, roi]]])

该接口用于搜索与 HaarCascade 对象匹配的所有区域的图像，并返回一个关于这些特征的边界框矩形元组(x, y, w, h)的列表。其中，cascade 是一个 HaarCascade 对象；threshold 是浮点数，取值范围为 0.0～1.0，较高的取值会降低识别速率，但也会降低误识别率；比例因子 scale 是一个必须大于 1.0 的浮点数，较高的比例因子对应的运行速度更快，但图像匹配效果较差，理想值为 1.35～1.5；roi 是感兴趣区域的矩形元组(x, y, w, h)，如果未指定该参数，感兴趣区域是整个图像矩形。

HaarCascade 类用于表示特征描述符，特征描述符可用于 image.find_features()函数。HaarCascade 类的构造函数为：

class image.HaarCascade(path[, stages=Auto])

上述的构造函数可以从一个 HaarCascade 二进制文件加载一个 HaarCascade 对象，该构造函数返回的是加载的 Haar Cascade 对象。其中，参数 stages 的默认值为 HaarCascade 对象中的阶段数，通过该参数可以指定一个较低的数值来加速特征检测器，但会带来较高的误识别率。

5.3.4　人脸识别技术的开发实践

在图像上使用 Haar Cascade 特征检测器可实现人脸识别，对一系列的区域进行对比检查。Haar Cascade 特征检测器内置的前探测器有 25 个阶段的检查，每个阶段有数百个检查块。此外，MicroPython 的机器视觉框架使用整体图像的数据结构，可在恒定的时间内快速检测每个区域的对比度。本节的人脸识别技术的开发代码如下：

```
# 人脸识别例程
import sensor, time, image

# 初始化摄像头
sensor.reset()

# 设置相机的图像亮度
sensor.set_contrast(1)
# 设置图像增益
sensor.set_gainceiling(16)
# 设置帧大小，将像素模式设置为灰度
sensor.set_framesize(sensor.HQVGA)
# 注意：人脸识别只能使用灰度图
sensor.set_pixformat(sensor.GRAYSCALE)

# 加载 Haar Cascade 特征检测器
# 在默认情况下，Haar Cascade 特征检测器将使用所有的阶段，较低阶段的步速更快
face_detection = image.HaarCascade("frontalface", stages=25)

print(face_detection)
# 获取时钟
get_clock = time.clock()

while (True):
    # 时钟计时
    get_clock.tick()

    #捕捉快照
    srcImg = sensor.snapshot()
    # 查找目标，较低的比例因子可进一步缩小图像并检测较小的物体，阈值越高，检测率越高，误报
也就越多。thresholds 越大，匹配速度越快，但误识别率也会随之上升。scale 可以缩放被匹配特征的大小
    imgObjects = srcImg.find_features(face_detection, threshold=0.7, scale=1.45)

    # 在找到的目标上画框
```

```
for c in imgObjects:
    srcImg.draw_rectangle(c)


# 输出帧率 FPS
# 注意：实际的 FPS 较高，视频流会使它变慢
print(get_clock.fps())
```

5.3.5　小结

本节介绍了人脸识别技术的应用与开发，主要内容包括人脸识别概述、人脸识别的关键技术、OpenMV 模块中的人脸识别接口，以及人脸识别技术的开发实践。通过本节的学习，读者可以通过 Haar Cascade 特征检测器来检测人脸并进行标注，掌握 OpenMV 模块的人脸识别接口的使用方法。

5.3.6　思考与拓展

人脸识别技术中的 Haar 分类器有什么特性？

5.4　目标跟踪技术和颜色跟踪技术的应用与开发

目标跟踪技术是指在由计算机自动检测或人工指定了跟踪对象后，可在一系列图像序列中，持续地检测给定的目标，输出的信息通常是给定目标在图像序列中的坐标及其大小、形状等参数。从输入视频的类型来考虑，目标跟踪技术可分为固定视角的视频跟踪、移动视角的视屏跟踪、单目摄像机的视频跟踪，以及双目或多目摄像机图像融合后的视频跟踪。

5.4.1　目标跟踪技术

目标跟踪主要利用目标的先验信息来预测该目标在后续视频流中的位置、尺寸、姿态等信息，其流程如图 5.24 所示。通常，需要在视频流的第 1 帧中给定目标的初始信息，初始信息一般包括目标的位置和尺寸，在一些综合算法中，可利用检测算法来获取目标的初始信息。获取目标的初始信息后，目标跟踪技术会提取目标特征并通过建模来获得观测模型。目录跟踪技术利用获得的观测模型来预测目标的位置、尺寸和姿态等信息。为了提高目标跟踪技术的可靠性和实时性，研究人员需要对算法的多个方面进行优化，以提高目标跟踪技术对具体使用环境的适应性。

目标跟踪技术的优化主要包括目标特征表示、搜索机制、模型更新策略、跟踪器重启策略等。

目标跟踪技术可利用获取到的观测模型，对视频流中的目标进行定位和跟踪，在监控安防、军事侦察等方面有广泛的应用。

目标跟踪技术的研究主要集中在运动模型、特征提取、观测模型、目标定位和模型更新这五个方面，其中在观测模型方面，根据观测模型的建模方式，可将目标跟踪技术分为生成式跟踪技术和判别式跟踪技术。

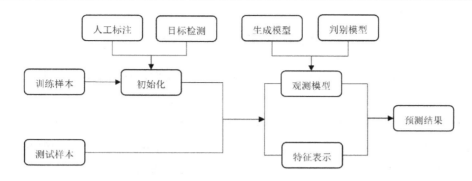

图 5.24　目标跟踪的流程

（1）生成式跟踪技术：首先围绕目标的外观构建观测模型，然后在后续视频流中利用观测模型寻找最佳匹配窗口，即寻找与目标最相似的感兴趣区域。

（2）判别式跟踪技术：该技术本质上是一种检测跟踪技术，首先将目标跟踪问题看成一个二分类问题来处理，即通过目标初始信息训练一个分类器；然后利用该分类器把目标和背景区分开来。判别式跟踪技术与生成式跟踪技术的最大区别在于判别式跟踪技术使用了背景信息，背景信息的使用大大扩充了训练样本，使得跟踪技术具有更强的判别能力。

5.4.2　颜色跟踪技术

颜色空间是指利用数学方法对图像颜色进行的描述和量化，是对坐标系统和子空间的描述，可将图像颜色与颜色空间中的点一一对应起来。在计算机视觉领域，针对不同的场合和应用，已经形成了多种颜色空间，如 RGB、HSV、HIS、CMYK、HSL、YUV 等。

HSV 颜色空间包括色调、饱和度和亮度 3 个分量，对颜色的描述更加自然，可以在颜色空间中提取色调分量所需的图像信息，不但可以减轻处理的工作量，而且可以加快计算机的运行效率。

5.4.2.1　颜色特征

颜色特征是一种描述图像或图像对应场景表面属性的全局特征。颜色特征是基于图像像素的特征，颜色特征对于图像本身的尺寸、方向和视角等变化不敏感，因此基于颜色特征的目标跟踪技术的缺点就是不能很好地表现目标图像的局部特征细节，也不能很好地表达颜色空间的分布信息。

5.4.2.2　颜色直方图

颜色直方图的基本原理是首先将选取的目标空间划分为不同的颜色子空间，然后对这些颜色子空间中的像素进行统计，最后将不同颜色像素的统计值分别表示在对应的颜色子空间中。颜色直方图就是将各个颜色按照设定的分类进行分布式的显示，横坐标是各个颜色所代表的值，纵坐标是不同颜色像素的统计值。在统计出像素的数量后，就可以建立图像对应的颜色直方图。

5.4.3 OpenMV 模块的目标跟踪开发接口

OpenMV 模块的 Gif 类用于处理视频流，相应的 gif 文件保存的是未压缩图像数据，其构造函数为：

```
class gif.Gif(filename, width=Auto, height=Auto, color=Auto, loop=True)
```

该构造函数可创建一个可添加帧的 Gif 对象。其中，filename 是 gif 文件的保存路径；width 表示图像传感器水平分辨率（除非显式覆盖）；height 表示图像传感器垂直分辨率（除非显式覆盖）；color 表示图像传感器颜色模式（除非显式覆盖），设置为 False 时将生成一个 7 bit 的灰度/像素 gif 文件，设置为 True 时将生成一个 RGB232、7 bit 的像素的 gif 文件；loop 表示是否自动循环播放，设置为 True 表示自动循环播放。Gif 类的常用方法如表 5.11 所示。

表 5.11 Gif 类的常用方法

方 法	方 法 说 明
gif.width()	返回 Gif 对象的宽度（水平分辨率）
gif.height()	返回 Gif 对象的高度（垂直分辨率）
gif.add_frame(image, delay=10)	将一张图像添加到 gif 文件

5.4.4 OpenMV 模块的颜色跟踪开发接口

OpenMV 模块的 Histogram 类（颜色直方图类）可用于颜色跟踪，Histogram 对象是由 image.get_histogram()函数返回的，灰度直方图有 1 个包含多个二进制数据的通道，所有二进制数据都会进行标准化，使这些二进制数据的总和为 1。RGB565 有 3 个包含多个二进制数据的通道，所有二进制数据都会进行标准化，使这些二进制数据的总和为 1。例如：

```
image.get_histogram([thresholds[, invert=False[, roi[, bins[, l_bins[, a_bins[, b_bins]]]]]]])
```

上面的函数在参数 roi 指定的所有颜色通道上进行标准化直方图运算，并返回 Histogram 对象。

5.4.5 开发实践

5.4.5.1 移动物体检测的开发

本节的开发可用于移动物体的自动检测，并生成 GIF 动态图像。本节使用 MicroPython 的机器视觉套件来录制 gif 文件，该文件可用于彩色图或灰度图。本节的开发演示了如何使用 MicroPython 的机器视觉套件的帧差异来检测移动物体。新建文件 move_detect.py，输入以下代码：

```
import sensor, image, time, gif, pyb, os
```

```
RED_LED_PIN = 1
GREEN_LED_PIN = 2

# 初始化摄像头
sensor.reset()
# 使用彩色图，设置格式为 RGB565
sensor.set_pixformat(sensor.RGB565)
sensor.set_framesize(sensor.QVGA)
# 关闭白平衡
sensor.set_auto_whitebal(False)
# 新建一个 example 的文件夹
if not "example" in os.listdir(): os.mkdir("example")

while(True):
    # 开启红灯
    pyb.LED(RED_LED_PIN).on()
    print("保存背景图像...")
    # 延时一定的时间
    sensor.skip_frames(time = 3000)
    # 关闭红灯
    pyb.LED(RED_LED_PIN).off()
    sensor.snapshot().save("example/example.bmp")
    print("背景图像已保存 - 开始检测运动物体!")
    # 开启绿灯
    pyb.LED(GREEN_LED_PIN).on()
    # 15 帧后开始捕捉移动物体
    diff = 15
    while(diff):
        img = sensor.snapshot()
        img.difference("example/example.bmp")
        stats = img.statistics()
        # state[5]是照明颜色通道的最大值。当整个图像的最大光照度高于 20 时，执行下面的代码
        # 照明差异最大值应该为零
        if (stats[5] > 20):
            diff -= 1
    g = gif.Gif("example-%d.gif" % pyb.rng(), loop=True)
    # 跟踪 FPS 帧率
    clock = time.clock()
    print("移动物体捕捉完成!")
    for i in range(100):
        clock.tick()
        # 由 clock.avg()返回帧与帧之间的毫秒数
        g.add_frame(sensor.snapshot(), delay=int(clock.avg()/10))
        print(clock.fps())

    g.close()
    pyb.LED(GREEN_LED_PIN).off()
```

```
print("继续监测...")
```

背景图像如图 5.25 所示，文件 move_detect.py 的运行结果如图 5.26 所示。

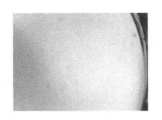

图 5.25　背景图像　　　　　　　　　　图 5.26　文件 move_detect.py 的运行结果

5.4.5.2　颜色跟踪的开发

新建文件 color_tracking.py，输入以下代码：

```python
# 本节的开发使用 MicroPython 机器视觉套件实现颜色跟踪
import sensor, image, time
print("注意：自动捕捉算法程序运行中，请勿在摄像头前放置任何物体！")

sensor.reset()
sensor.set_pixformat(sensor.RGB565)
sensor.set_framesize(sensor.QVGA)
sensor.skip_frames(time = 1000)
# 当进行颜色跟踪时，必须关闭自动增益
sensor.set_auto_gain(False)
# 当进行颜色跟踪时，必须关闭白平衡
sensor.set_auto_whitebal(False)
get_clock = time.clock()
# 捕捉图像中心的颜色阈值
c = [(320//2)-(50//2), (240//2)-(50//2), 50, 50]
print("自动捕捉算法运行结束，请将目标颜色物体放置在摄像头前")
print("注意：确保颜色物体全部放置在捕捉框中")
for j in range(120):
    srcImg = sensor.snapshot()
    srcImg.draw_rectangle(c)

print("获取阈值.. ")
thresholds = [50, 50, 0, 0, 0, 0] # Middle L, A, B values.
for j in range(60):
    srcImg = sensor.snapshot()
    hist_value = srcImg.get_histogram(roi=c)
    # 获取 1%范围的直方图的 CDF（根据需要调整）
    lo_value = hist_value.get_percentile(0.01)
    # 获取 99%范围的直方图的 CDF（根据需要调整）
    hi_value = hist_value.get_percentile(0.99)
    # 平均百分位值
```

```
        thresholds[0] = (thresholds[0] + lo_value.l_value()) // 2
        thresholds[1] = (thresholds[1] + hi_value.l_value()) // 2
        thresholds[2] = (thresholds[2] + lo_value.a_value()) // 2
        thresholds[3] = (thresholds[3] + hi_value.a_value()) // 2
        thresholds[4] = (thresholds[4] + lo_value.b_value()) // 2
        thresholds[5] = (thresholds[5] + hi_value.b_value()) // 2
        for blob in srcImg.find_blobs([thresholds], pixels_threshold=100, area_threshold=100, merge=True,
margin=10):
            srcImg.draw_rectangle(blob.rect(), color=(0,255,0))
            srcImg.draw_cross(blob.cx(), blob.cy())
            srcImg.draw_rectangle(c)
print("阈值已获取成功...")
print("跟踪颜色...")
while(True):
    get_clock.tick()
    srcImg = sensor.snapshot()
    for blob in srcImg.find_blobs([thresholds], pixels_threshold=100, area_threshold=100, merge=True,
margin=10):
        # 使用矩形框标识目标颜色物体
        srcImg.draw_rectangle(blob.rect())
        # 输出目标物体中心坐标，用于移动机器人的方向导航
        srcImg.draw_string(30, 20, "x=%.2f,y=%.2f" % (blob.cx(), blob.cy()), scale=2)
        # 显示目标物体坐标“十”字标记
        srcImg.draw_cross(blob.cx(), blob.cy())
    print(get_clock.fps())
```

文件 color_tracking.py 的运行结果如图 5.27 所示。

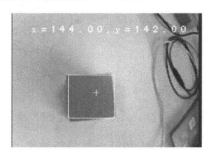

图 5.27　文件 color_tracking.py 的运行结果

5.4.6　小结

本节主要介绍目标跟踪技术和颜色跟踪技术的应用与开发。通过本节的学习，读者可了解移动物体检测的开发方法和颜色跟踪的开发方法。

5.4.7　思考与拓展

（1）目标跟踪主要有哪几类技术？各有什么特点？

（2）颜色跟踪主要有哪几类技术？各有什么特点？

5.5 卷积神经网络技术的应用与开发

卷积神经网络（Convolutional Neural Network，CNN）是一种前馈神经网络，由一个或多个卷积层和顶端的全连通层（对应经典的神经网络）组成，同时也包括关联权重和池化层（Pooling Layer），这一结构使得卷积神经网络能够利用输入数据的二维结构。与其他深度学习方法相比，卷积神经网络在图像和语音识别方面具有更好的效果。

5.5.1 卷积神经网络技术

感知机以数学的方式来形式化表达神经元的工作原理。感知机的工作原理如图 5.28 所示，包含输入层 x、隐藏层 h 和输出层 y。设输入序列为 x_1、$x_2\cdots$，引入权重序列 w_1、$w_2\cdots$，权重表示输入对输出的重要性。输出层 y 的取值为 0 或 1，由输入序列和权重序列进行加权求和，并输入预定义的阈值函数计算得出。

最常见的神经网络是前馈神经网络，从输入到输出，信息仅向前流动，其架构如图 5.29 所示，包括输入层 x、隐藏层 h 和输出层 y。输出神经元是进行最终计算的神经元，其输出的是整个前馈神经网络的输出。进行中间计算的神经元称为隐藏神经元，可以构成一个或多个隐藏层。输入层的神经元只负责将输入作为变量传递给隐藏神经元，不对输入进行处理。

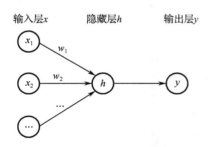

图 5.28　感知机的工作原理

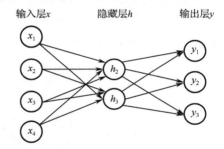

图 5.29　前馈神经网络的架构

卷积神经网络在本质上是一个多层感知机。与传统神经网络相比，通过卷积核进行局部连接和权重共享，不仅可以减少参数的数量，还可以降低模型的复杂度，适合大数据量的图像数据处理。卷积神经网络主要包括 3 类神经层：卷积层、池化层和完全连接层。卷积神经网络的架构如图 5.30 所示。

（1）输入层。卷积神经网络的输入层可以处理多维数据，如一维卷积神经网络的输入层可以接收一维数组或二维数组，其中一维数组通常为时间或频谱采样；二维数组可能包含多个通道。二维卷积神经网络的输入层可以接收二维数组或三维数组。

（2）卷积层。通过计算卷积核与覆盖区域像素值的点积来确定神经元的输出，卷积核的通道数量与输入层的通道数量相同。每个卷积层后都有一个修正线性单元（Rectified Linear Unit，ReLu），即将激活函数应用于卷积层的输出，其作用是修正卷积层的线性特征。

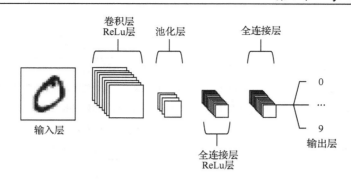

图 5.30　卷积神经网络的架构

（3）池化层。池化层沿给定的输入进行下采样，它的作用包括：①更关注是否存在某个特征而不是特征具体的位置，使学习到的特征能容忍一些变化；②减少下一层输入的尺寸，进而减少计算量和参数；③在一定程度上可以防止过度拟合。平均池化和最大池化是池化层最常用的方法。

（4）全连接层。全连接层中的神经元与前一层中所有的激活数据都是完全连接的。全连接层最终将二维特征图和三维特征图转换为一维特征向量。输出的一维特征向量既可以被前馈到一定数量的类别中进行分类，也可以被认为是进一步处理的特征。

（5）输出层。卷积神经网络中输出层的结构和工作原理与传统前馈神经网络中的输出层相同。对于图像分类问题，输出层使用逻辑函数或归一化指数函数（Softmax Function）输出分类标签。

基本卷积神经网络架构由一个卷积层和池化层组成，可选择增加一个全连接层用于监督分类。在实际应用中，卷积神经网络的架构往往由多个卷积层、池化层、全连接层组合而成，以便更好地模拟输入数据的特征。

5.5.2　OpenMV 模块的卷积神经网络开发接口

OpenMV 模块内置的 Net 类可用于卷积神经网络的开发，其构造函数为：

```
class nn.load(path)
```

该构造函数可以将卷积神经网络从 network 文件加载到内存，将卷积神经网络的层、权重、偏置等存储在 MicroPython 的堆中，返回一个可以在图像上进行操作的 Net 对象。

Net 类的常用方法如表 5.12 所示。

表 5.12　Net 类的常用方法

方　　法	方　法　说　明
net.forward(image[, roi[, softmax=False[,dry_run=False]]])	在参数 roi 指定的感兴趣区域上运行卷积神经网络，并以浮点数列表的形式返回卷积神经网络分类结果。如果参数 softmax 为 True，则分类结果列表中所有的输出总和为 1；否则，分类结果列表中的任何输出都可以在 0 和 1 之间

方　　法	方　法　说　明
net.search(image[, roi[, threshold=0.6[, min_scale=1.0[, scale_mul=0.5[, x_overlap=0[, y_overlap=0[, contrast_threshold=1[, softmax=False]]]]]]]])	以滑动窗口方式在参数 roi 指定的感兴趣区域上运行卷积神经网络，网络检测器窗口以多种比例滑过图像，以 nn_class 对象列表的形式返回卷积神经网络的分类结果。参数 min_scale 用于控制卷积神经网络模型的缩放比例；参数 scale_mul 用于测试多少个不同的比例；参数 x_overlap 和参数 y_overlap 用于控制与滑动窗口的下一个检测区域重叠的百分比；参数 contrast_threshold 用于控制跳过图像低对比度区域的阈值

5.5.3　卷积神经网络技术的开发实践

5.5.3.1　笑脸检测的开发

本节使用基于卷积神经网络的笑脸检测模型，对视频流中出现的人脸进行检测，根据人脸是否出现笑脸特征来判断人处于高兴状态还是处于正常状态。

新建文件 smile_nn.py，输入以下代码：

```
# 基于卷积神经网络的笑脸检测模型
import sensor, time, image, os, nn
# 初始化摄像头
sensor.reset()
# 设置图像对比度
sensor.set_contrast(2)
# 使用彩色图，设置格式为 RGB565
sensor.set_pixformat(sensor.RGB565)
# 设置分辨率为 QVGA（320×240）
sensor.set_framesize(sensor.QVGA)
sensor.skip_frames(time=2000)
# 关闭自动增益
sensor.set_auto_gain(False)

# 加载笑脸检测模型
netMode = nn.load('/smile.network')

# 加载 Haar Cascade 级联人脸检测模型
face_recognition = image.HaarCascade("frontalface", stages=25)
print(face_recognition)

#设置 FPS 时钟
get_clock = time.clock()
while (True):
    get_clock.tick()

    # 捕捉视频流
    srcImg = sensor.snapshot()

    # 检测人脸特征
    objects = srcImg.find_features(face_recognition, threshold=0.75, scale_factor=1.35)
```

```
# 检测笑脸
for p in objects:
    # 调整人脸位置
    p = [p[0]+10, p[1]+25, int(p[2]*0.70), int(p[2]*0.70)]
    srcImg.draw_rectangle(p)
    result = netMode.forward(srcImg, roi= p, softmax=True)
    srcImg.draw_string(p[0], p[1], 'smale' if (result[0] > 0.7) else 'nature', color=(0,255,255), scale=2)
print(get_clock.fps())
```

将 MicroPython 机器视觉套件安装文件夹中的 smile.network（其存放路径如图 5.31 所示）复制到 SD 卡，如图 5.32 所示。运行文件 smile_nn.py，就可看到本节的开发能够识别出图像中的人脸是否为笑脸。

图 5.31　smile.network 的存放路径

图 5.32　将 smile.network 复制到 SD 卡

5.5.3.2　图像分类的开发

本节基于 CIFAR_10 图像数据集，通过建立多层神经网络模型（DNN）来完成图像分类的开发。新建文件 cifar_10_nn.py，输入以下代码：

```python
import sensor, image, time, os, nn
# 初始化摄像头
sensor.reset()
# 设置图像对比度
sensor.set_contrast(3)
# 使用彩色图，设置像素格式为 RGB565
sensor.set_pixformat(sensor.RGB565)
# 将图像大小设置为 QVGA (320×240)
sensor.set_framesize(sensor.QVGA)
# 设置 128×128 的窗口
sensor.set_windowing((128, 128))
# 跳过 1 s，不要让自动增益运行太长时间
sensor.skip_frames(time=1000)
# 关掉自动增益以及自动曝光
sensor.set_auto_gain(False)
sensor.set_auto_exposure(False)

# 加载 cifar10_fast.network
net = nn.load('/cifar10_fast.network')
names = ['airplane', 'automobile', 'bird', 'cat', 'deer', 'dog', 'frog', 'horse', 'ship', 'truck']

# 创建一个时钟对象来跟踪 FPS 帧率
clock = time.clock()
while(True):
    # 更新 FPS 时钟
clock.tick()
# 捕捉视频流
    img = sensor.snapshot()
    out = net.forward(img)
    max_idx = out.index(max(out))
    result = int(out[max_idx]*100)
    if (result < 75):
        result_str = "??:??%"
    else:
        result_str = "%s:%d%% "%(names[max_idx], result)
    img.draw_string(0, 0, result_str, color=(255, 0, 0))

    print(clock.fps())
```

将 MicroPython 机器视觉套件安装文件夹下训练好的 cifar10_fast.network 模型文件复制到 SD 卡。在 OpenMV IDE 中选择菜单"工具"→"机器视觉"→"CNN 网络模型库"，如

图 5.33 所示，可打开如图 5.34 所示的 "要复制到 OpenMV Cam 的网络" 对话框。

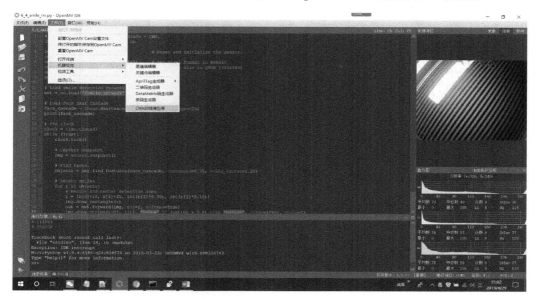

图 5.33　选择菜单 "工具" → "机器视觉" → "CNN 网络模型库"

图 5.34　"要复制到 OpenMV Cam 的网络" 对话框

在 "要复制到 OpenMV Cam 的网络" 对话框中，选中 cifar_10_fast 目录下的 cifar10_fast. network 文件，单击 "打开" 按钮，在弹出的对话框中，将 cifar10_fast.network 文件复制到 U 盘，如图 5.35 所示。

本节的开发使用一匹马的图像，运行文件 cifar_10_nn.py，可以看到图像被识别为马的概率为 71%，即在图像上标注 "horse：71%"，如图 5.36 所示。

图 5.35　将 cifar10_fast.network 文件复制到 U 盘

图 5.36　在图像上标注 "horse：71%"

5.5.4　小结

本节主要介绍卷积神经网络的应用与开发，通过 OpenMV 模块内置的 Net 类实现了笑脸检测的开发和图像分类的开发。

5.5.5　思考与拓展

简述卷积神经网络的基本架构。

本章主要结合前面章节的学习内容，介绍 Python 综合应用开发，首先利用多种传感器进行智能小车自动避障应用的开发，然后利用 AprilTag 标记进行智能小车视觉应用的开发。

6.1 智能小车自动避障应用的开发

6.1.1 超声波避障的原理

通常，人耳能够听到的声波频率范围是 20 Hz～20 kHz，因此把 20 kHz 以上的声波称为超声波（Ultrasonic Wave）。超声波具有波长短、绕射小的特点，能够成为射线而定向传播。超声波的频率越高，就与光波的某些特性（如反射、折射）越相似，超声波的这些特性使其在检测技术中得到了广泛的应用。

超声波测距原理与雷达测距原理相似。发射器向某一方向发射超声波，在发射的同时开始计时，超声波在空气中传播，碰到障碍物会被反射回来，接收器接收到反射回来的超声波后立即停止计时。由于超声波在空气中的传播速度约为 340 m/s，根据计时 t，就可以计算出发射端到障碍物的距离，即 $d=340t/2$。超声波测距原理如图 6.1 所示。

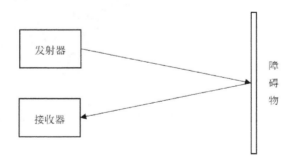

图 6.1 超声波测距原理

6.1.2 智能小车平台

AI-MPH7 开发平台通过扩展接口，可以连接车形机器人的底盘。利用 Python 程序，可获取摄像头、九轴传感器、超声波传感器等采集的数据，并控制车轮电机差速，实现车形机器人的前进、后退和转向等运动，以及超声避障、二维码跟踪。

AI-MPH7 开发平台控制车形机器人的原理如图 6.2 所示。

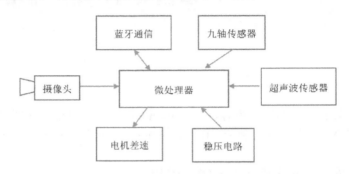

图 6.2　AI-MPH7 开发平台控制车形机器人的原理

本节的开发使用 AI-MPH7 开发平台和车形机器人底盘。AI-MPH7 开发平台通过扩展接口［见图 6.3（a）中的虚线框］连接到车形机器人底盘的控制接口［见图 6.3（b）中的虚线框］，连接后即可打开智能小车的电源。AI-MPH7 开发平台的扩展接口和车形机器人底盘的控制接口如图 6.3 所示。

（a）AI-MPH7 开发平台的扩展接口　　　　　　　　　（b）车形机器人底盘的控制接口

图 6.3　AI-MPH7 开发平台的扩展接口和车形机器人底盘的控制接口

6.1.3 智能小车自动避障应用的程序设计

智能小车自动避障应用的程序设计流程如下：

（1）初始化点阵屏、OLED、蓝牙通信、电机、超声波传感器。

（2）读取蓝牙接收到的数据，确定数据不为空，且数据内容为"mode=x"。

（3）当"mode=1"时，启动自动避障模式，OLED 显示"autopilot"。

（4）在自动避障模式中，通过 dist.get()函数获取当前测量的距离，并显示在 OLED 上。

（5）若当前距离大于避障距离阈值（35 cm），则保持直行；否则随机转向。

（6）通过 dist.start()函数重新开始测量距离。

（7）当 count = 5 时，点阵屏显示心形图案。

（8）当 count = 10 时，点阵屏显示心跳效果，并跳转到步骤（2）。

智能小车自动避障应用的程序代码如下：

```python
import pyb,machine
import sensor, image, math
from pyb import UART
# 开机启动延时
pyb.delay(500)

# 初始化点阵屏
dot=pyb.DOTS()
# 点阵屏显示心形图案
dot.display(b'\x30\x78\x7C\x3E\x3E\x7C\x78\x30')
dot.show()

# 初始化 OLED
lcd=pyb.OLED()
lcd.fill(0)
# 显示开机提示信息
lcd.text("zonesion",10,15,1)
lcd.show()

# 初始化超声波传感器
dist= pyb.Ultrasonic('F')

# 初始化电机
car = pyb.Vehicle()
car.run(0)

# 初始化蓝牙通信
uart = UART("BLE")
uart.init(57600, bits=8, parity=None, stop=1, timeout=100)

# 定义中间变量
count = 0
mode_run = 0
rng_flag = 1
dir_rng = 1

while True:
```

```
        data = uart.read(6)                          # 蓝牙接收
        if data != None:
            if len(data) == 6 and data[:5] == b"mode=":
                mode_rcv = int(data[5])-48
                if mode_rcv != mode_run:
                    if mode_rcv == 1:                # 自动避障
                        lcd.fill(0)
                        lcd.text("autopilot",0,10,1)
                        lcd.show()
                    else:
                        lcd.fill(0)
                        lcd.text("car stop",0,10,1)
                        lcd.show()
                        car.run(0)
                    mode_run = mode_rcv
        if mode_run == 1:                            # 自动避障测试
            d=dist.get()
            lcd.fill(0)
            show   = "Dist:%dcm" % d
            lcd.text(show,10,10,1)
            lcd.show()
            if d<= 35:
                if rng_flag==1 :
                    rng_flag = 0
                    dir_rng = (pyb.rng()%2)*2-1
                car.run(600*dir_rng,-600*dir_rng)
            else:
                rng_flag = 1
                car.run(500)
            dist.start()
        count += 1

        # 点阵屏显示心跳效果
        if count == 5:
            dot.display(b'\x30\x78\x7C\x3E\x3E\x7C\x78\x30')
            dot.show()
        if count == 10:
            count = 0
            dot.display(b'\x00\x30\x38\x1c\x1c\x38\x30\x00')
            dot.show()
```

6.1.4 开发实践

连接 AI-MPH7 开发平台的扩展接口和车形机器人底盘的控制接口，打开智能小车的电源开关，此时 AI-MPH7 开发平台的点阵屏会显示心形图案，OLED 显示"zonesion"。智能小车的启动效果如图 6.4 所示。

图 6.4　智能小车的启动效果

6.1.4.1　智能小车 App 的安装与蓝牙的设置

智能小车 App 的名称为 python 小车，其安装文件为 PythonTrolley.apk（本书的配套资源给出了该文件），在手机上安装并打开 python 小车（其图标见图 6.5），单击其中的蓝牙图标（见图 6.6），可弹出"请选择智能蓝牙小车"界面，如图 6.7 所示，选择其中的 WH-BLE 103（本书开发使用的硬件模块是 WH-BLE 103，不同硬件模块的名称并不相同），蓝牙连接成功的状态如图 6.8 所示。

图 6.5　python 小车的图标

图 6.6　蓝牙图标

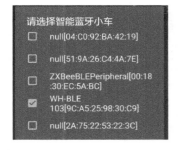

图 6.7　"请选择智能蓝牙小车"的界面

图 6.8　蓝牙连接成功的状态

6.1.4.2　智能小车 App 控制超声避障

打开 python 小车，在其主界面（见图 6.9）中选择"自动避障"后，智能小车在移动过程中，当感知到障碍物时，会随机转向 90°；当确定没有障碍物时，会继续前进。智能小车在移动时，OLED 会显示超声波传感器检测到的距离，如图 6.10 所示。

图 6.9　python 小车的主界面

图 6.10　超声波传感器检测到的距离

6.1.5　小结

本节主要介绍超声波测距的原理与车形机器人的硬件结构，通过连接 AI-MPH7 开发平台的扩展接口和车形机器人底盘的控制接口，以及相应的程序设计，实现了智能小车自动避障的应用开发。

6.1.6　思考与拓展

（1）简述超声波测距的原理。
（2）绘制智能小车自动避障应用的程序设计流程图。

6.2　智能小车视觉应用的开发

6.2.1　AprilTag 标记的追踪原理

AprilTag 是由密歇根大学的 April Robotics Laboratory 开发的视觉基准系统（Visual Fiducial System），其应用领域包括增强现实、机器人、相机校正等。通过对 AprilTag 标记的识别，可以确定相机的位姿（相对于 AprilTag 标记）。通过普通的打印机就可以制作 AprilTag 标记，

AprilTag 检测软件可以计算 AprilTag 标记相对于相机的精确三维位置、方向和 ID。

AprilTags 标记类似于 QR 码，是一种二维条形码，如图 6.11 所示，用于编码更小的数据有效载荷，以及更长距离的检测。

图 6.11　AprilTag 标记

AprilTag 标记的种类称为家族（Family），常用的有以下几种：

- Tag16h5：对应的 ID 为 0～29。
- Tag25h7：对应的 ID 为 0～241。
- Tag25h9：对应的 ID 为 0～34。
- Tag36h10：对应的 ID 为 0～2319。
- Tag36h11：对应的 ID 为 0～586。
- Artoolkit：对应的 ID 为 0～511。

例如，Tag16h5 的有效区域有 4×4=16 个方块，共有 30 个家族，每一个都有对应的 ID，即 0～29。Tag16h5 比 Tag36h11 的追踪距离更远，但 Tag16h5 的错误率比 Tag36h11 高很多，因为 Tag36h11 的校验信息多。AprilTag 种类如图 6.12 所示。

图 6.12　AprilTag 种类

6.2.2　AprilTag 类的开发接口

AprilTag 类可用于 AprilTag 标记的开发，其构造函数为：

```
class image.apriltag
```

通过调用 image.find_apriltags()函数可以创建 AprilTag 对象。AprilTag 类的常用方法如表 6.1 所示。

表 6.1　AprilTag 类的常用方法

方　　法	方　法　说　明
apriltag.corners()	返回一个由 AprilTag 的 4 个角组成的 4 个元组的列表。4 个角通常是按照从左上角开始沿顺时针顺序返回的
apriltag.rect()	返回一个矩形元组(x, y, w, h)，用于 AprilTag 边界框的 image 方法，如 image.draw_rectangle()
apriltag.x()	返回 AprilTag 边界框的 x 方向坐标
apriltag.y()	返回 AprilTag 边界框的 y 方向坐标
apriltag.w()	返回 AprilTag 边界框的宽度
apriltag.h()	返回 AprilTag 边界框的高度
apriltag.id()	返回 AprilTag 家族对应的 ID，Tag16h5 返回 0~29，Tag25h7 返回 0~241，Tag25h9 返回 0~34，Tag36h10 返回 0~2319，Tag36h11 返回 0~586，Artoolkit 返回 0~511
apriltag.cx()	返回 AprilTag 中心的 x 方向坐标
apriltag.cy()	返回 AprilTag 中心的 y 方向坐标
apriltag.rotation()	返回以弧度计的 AprilTag 旋度
apriltag.decision_margin()	返回与 AprilTag 匹配的色饱和度
apriltag.x_translation()	返回距离摄像机 x 方向的变换
apriltag.y_translation()	返回距离摄像机 y 方向的变换
apriltag.z_translation()	返回距离摄像机 z 方向的变换
apriltag.x_rotation()	返回以弧度计的 AprilTag 在 x 方向的旋度
apriltag.y_rotation()	返回以弧度计的 AprilTag 在 y 方向的旋度
apriltag.z_rotation()	返回以弧度计的 AprilTag 在 z 方向的旋度

　　AprilTag 类的标记追踪函数 find_apriltags()用于查找感兴趣区域内的所有 AprilTag 标记，并返回一个 image.apriltag 对象的列表。与二维码相比，AprilTags 标记可用于距离更远、光线较差和图像更扭曲的环境中。AprilTags 可应对所有种类的图像失真问题，而二维码并不能。也就是说，AprilTags 只能将数字 ID 编码作为其有效载荷。AprilTags 标记也可用于本地化，每个 image.apriltag 对象都从摄像机返回其三维位置信息和旋度，位置信息由 fx、fy、cx 和 cy 决定。

　　find_apriltags()函数的用法如下：

```
image.find_apriltags([roi[, families=image.TAG36H11[, fx[, fy[, cx[, cy]]]]]])
```

　　参数说明如表 6.2 所示。

表 6.2　find_apriltags()的参数说明

参　　数	参　数　说　明
roi	一个用以复制矩形的感兴趣区域
families	要解码的 AprilTags 标记家族的位掩码，可选值是 image.TAG16H5、image.TAG25H7、image.TAG25H9、image.TAG36H10、image.TAG36H11、image.ARTOOLKIT。默认设置为最好用的 image.TAG36H11。注意：每启用一个 AprilTags 标记家族，image.find_apriltags()的速度都会略有放慢

参　　数	参　数　说　明
fx	表示摄像机在 x 方向上的焦距，以像素为单位
fy	表示摄像机在 y 方向上的焦距，以像素为单位
cx	图像在 x 方向上的中心点，即 image.width()/2，而非 roi.w()/2
cy	图像在 y 方向上的中心点，即 image.height()/2，而非 roi.h()/2

6.2.3　智能小车视觉应用的程序设计

智能小车视觉应用的程序设计流程如下：

（1）开机延时，复位摄像头，设置参数。

（2）定义 AprilTag 标记。

（3）初始化点阵屏、OLED、蓝牙通信、电机。

（4）读取蓝牙接收到的数据，确定数据不为空，且数据内容为"mode=x"。

（5）当 mode=2 时，启动视觉追踪模式，OLED 显示"autopilot"。

（6）在视觉追踪模式下，通过 snapshot()函数获取最新的摄像头画面。

（7）通过 find_apriltags()函数，查找设定类型的 AprilTag 标记。

（8）当 AprilTag 标记的面积小于 55 像素时，如果 AprilTag 标记中心点（tag.cx）与图像中心点的偏离超过 30 像素（在图像中心点右侧方向），则控制车形机器人左转；如果 AprilTag 标记中心点（tag.cx）与图像中心点的偏离超过 30 像素（在图像中心点左侧方向），则控制车形机器人右转；否则车形机器人前行。

（9）当 AprilTag 标记的面积小于 55 像素时，车形机器人停止。

（10）count++，当 count == 5 时点阵屏显示心跳效果。

（11）当 count == 10 时点阵屏切换心跳效果，并跳到步骤（4）。

智能小车视觉应用的程序（main.py）代码如下：

```
# main.py -- put your code here!
import pyb,machine
import sensor, image, math
from pyb import UART
# 开机启动延时
pyb.delay(500)


sensor.reset()                              # 初始化摄像头
sensor.set_pixformat(sensor.RGB565)         # 设置帧格式
sensor.set_framesize(sensor.QQVGA)
# 设置帧大小（QVGA 为 320×240、QQVGA 为 160×120、QQQVGA 为 80×60、QQQQVGA 为 40×30）
# 设置跳帧，每隔 2 s 一帧
sensor.skip_frames(time = 2000)
# 在视觉追踪模式下，关闭自动增益
sensor.set_auto_gain(False)
# 在视觉追踪模式下，关闭自动白平衡
sensor.set_auto_whitebal(False)
```

```
tag_families = 0                              # 定义 AprilTag 标记
tag_families |= image.TAG16H5                 # 禁用
tag_families |= image.TAG25H7                 # 禁用
tag_families |= image.TAG25H9                 # 禁用
tag_families |= image.TAG36H10                # 禁用
tag_families |= image.TAG36H11                # 禁用
tag_families |= image.ARTOOLKIT               # 禁用

# 初始化点阵屏
dot=pyb.DOTS()
# 点阵屏显示心形图案
dot.display(b'\x30\x78\x7C\x3E\x3E\x7C\x78\x30')
dot.show()

# 初始化 OLED
lcd=pyb.OLED()
lcd.fill(0)
#LCD 显示开机提示信息
lcd.text("Hello world!",10,15,1)
lcd.show()

# 初始化超声波传感器
dist= pyb.Ultrasonic('F')

# 初始化电机
car = pyb.Vehicle()
car.run(0)

# 初始化蓝牙通信
uart = UART("BLE")
uart.init(57600, bits=8, parity=None, stop=1, timeout=100)

# 定义中间变量
count = 0
mode_run = 0

while True:
    data = uart.read(6)                       #蓝牙接收数据
    if data != None:
        if len(data) == 6 and data[:5] == b"mode=":
            mode_rcv = int(data[5])-48
            if mode_rcv != mode_run:
                if mode_rcv == 2:             # 视觉追踪
                    lcd.fill(0)
                    lcd.text("autopilot",0,10,1)
                    lcd.show()
                else:
                    lcd.fill(0)
                    lcd.text("car stop",0,10,1)
                    lcd.show()
                    car.run(0)
```

```
                mode_run = mode_rcv
        if mode_run == 2:                          # AprilTag 标记追踪
            img = sensor.snapshot()                # 获取摄像头快照
            valid = False
            # 寻找 AprilTag 标记
            for tag in img.find_apriltags(families=tag_families):
                if tag.w()<55:
                    diff=tag.cx()-80
                    if diff>30:
                        car.run(400,-400)
                    elif diff<-30:
                        car.run(-400,400)
                    else:
                        car.run(400)
                elif tag.w()>=55:
                    car.run(0)
                else:
                    car.run(0)
                show    = "ID:%d" % tag.id()
                lcd.fill(0)
                lcd.text(show,10,10,1)
                lcd.show()
                valid = True
            else:
                if valid == False:
                    car.run(0)
    count += 1
    # 点阵屏显示心跳效果
    if count == 5:
        dot.display(b'\x30\x78\x7C\x3E\x3E\x7C\x78\x30')
        dot.show()
    if count == 10:
        count = 0
        dot.display(b'\x00\x30\x38\x1c\x1c\x38\x30\x00')
        dot.show()
```

6.2.4　开发实践

（1）将智能小车视觉应用的程序，即文件 main.py 复制到 AI-MPH7 开发平台的 SD 卡，连接 AI-MPH7 开发平台的扩展接口和车形机器人底盘的控制接口，打开智能小车的电源开关，此时 AI-MPH7 开发平台的点阵屏会显示心形图案。

（2）打开 python 小车，建立蓝牙连接，具体请参考 6.1.4.1 节。

（3）在 python 小车的主界面选择"视觉追踪"，将 AprilTag 标记（见图 6.13）放置在摄像头前方大约 50 cm 处，智能小车会自动识别 AprilTag 标记，并随着 AprilTag 标记的移动而移动。这里的 AprilTag 标记使用的是本书配套资源"/25 智能小车视觉应用/AprilTag.png"。

在视觉追踪模式下，OLED 会显示识别的 AprilTag 标记编号，如图 6.14 所示。

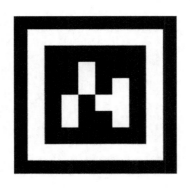

图 6.13　AprilTag 标记　　　　　图 6.14　OLED 显示识别的 AprilTag 标记编号

　　智能小车的摄像头会识别前方的 AprilTag 标记，并跟随 AprilTag 标记的移动而移动。智能小车的视觉追踪效果如图 6.15 所示。

图 6.15　智能小车的视觉追踪效果

6.2.5　小结

　　本节主要介绍 AprilTag 标记的追踪原理、AprilTag 类的开发接口，通过连接 AI-MPH7 开发平台的扩展接口和车形机器人底盘的控制接口，以及相应的程序设计，实现了智能小车视觉应用的开发。

6.2.6　思考与拓展

　　简述 AprilTag 标记的追踪原理。

参考文献

[1] 廖建尚. 面向物联网的 CC2530 与传感器应用开发[M]. 北京：电子工业出版社，2018.

[2] 廖建尚，张振亚，孟洪兵. 面向物联网的传感器应用开发技术[M]. 北京：电子工业出版社，2019.

[3] 谢希仁. 计算机网络[M]. 7 版. 北京：电子工业出版社，2017.

[4] 韦东山. 嵌入式 Linux 应用开发完全手册[M]. 北京：人民邮电出版社，2010.

[5] 王雷. TCP/IP 网络编程基础教程[M]. 北京：北京理工大学出版社，2017.

[6] 刘援琼. 基于 AT89C51 单片机的 LED 点阵显示系统设计[D]. 天津：天津工业大学，2016.

[7] 肖扬. 基于机器视觉的废纸箱分类识别技术研究[D]. 郑州：河南大学，2020.

[8] 宋春华，彭泫知. 机器视觉研究与发展综述[J]. 装备制造技术，2019(06): 213-216.

[9] 闫保双. 可燃气体探测报警系统的研究与设计[D]. 长沙：湖南大学，2005.

[10] 张斌，全昌勤，任福继. 语音合成方法和发展综述[J]. 小型微型计算机系统，2016, 37(01): 186-192.

[11] 李亭亭. 影响 OLED 寿命因素的研究[D]. 西安：陕西科技大学，2018.

[12] 袁进. 双发光层白光 OLED 器件制备及性能研究[D]. 西安：西安理工大学，2014.

[13] 刘援琼. 基于 AT89C51 单片机的 LED 点阵显示系统设计[D]. 天津：天津工业大学，2016.

[14] 镇咸舜. 蓝牙低功耗技术的研究与实现[D]. 上海：华东师范大学，2013.

[15] 李金羽. 多姿态人脸识别算法研究[D]. 北京：北京建筑大学，2020.

[16] 钟鲁超. 基于相关滤波的目标跟踪技术研究[D]. 杭州：杭州电子科技大学，2020.

[17] 王亚琴. 基于视觉的运动目标检测与跟踪研究[D]. 成都：电子科技大学，2020.

[18] 张志凡. 基于颜色表示的尺度自适应实时目标跟踪[D]. 南京：南京邮电大学，2018.

[19] 赵磊. 基于加权颜色直方图的视频目标跟踪算法的研究[D]. 沈阳：辽宁大学，2014.

[20] 赵红伟，陈仲新，刘佳. 深度学习方法在作物遥感分类中的应用和挑战[J]. 中国农业资源与区划，2020, 41(02): 35-49.